美丽的
标价

模特行业的规则

〔美〕阿什利·米尔斯 著

Ashley Mears

张皓 译

PRICING

BEAUTY

The
Making
of
a
Fashion
Model

华东师范大学出版社

目 录 |

第五章　0 号码的高端种族 243

第六章　T 台性别 303

第七章　退场 363

附录：民族志中的不稳定劳动

注释

参考文献

致　谢

要感谢许多人，没有他们这个项目将一直被遗留在 T 台上。我要感谢我的调查对象们，谢谢他们付出的时间，感谢他们不介意繁忙的日程被打断来分享他们的故事，并且认真对他们的工作反思。非常感谢我之前的经纪人们。这些文字有的地方表达出了对时尚界的批判，但我希望它们仍旧表明了我对模特经纪人工作的尊敬。

在纽约大学期间，我很幸运找到了一个有创造性的导师团队——事实上，我认为他们是"前卫有型"的典范。多亏了我的智慧缪斯 Harvey Molotch 和拥有鼓舞人心想法的 Graig Calhoun。我一直敬畏于 Judith Stacey 作为一位社会学家的慷慨、教导以及引人注目的风格；我不能从一位指导老师那里要到比这还多的了。

其他许多的学者已经读过并帮助改进了我的作品，包括 Ann Moring, Dalton Conley, Caitlin Zaloom, David Garland, Howard Becker, Lynne Haney, Sudhir Venkatesh 和 Richard Sennett。Viviana Zelizer 热情地欢迎我进入到她的研究领域。在伦敦期间，Joanna Entwistle 给予了我慷慨的帮助。在佐治亚大学的本科期间，我很幸运地师从 William Finlay，当我恰有需要的时候他助了我一臂之力，并继续做我研究生阶段的导师。

在纽约，我有极其支持我的朋友阅读（并反复阅读）许多章节：感谢 Noah McClain, Amy LeClair, Jane Jones, Sarah Kaufman,Tey Meadow, Rebecca Glauber, Melissa Velez Owen Whooley, Harel Shapiro, Grace Yukich, Beowulf Sheehan, Melissa Aronczyk, Claudio Benzecry, Alexander Frenette 和 Frederic Godart。两个写作小组是尝试新想法的重要论坛：NYLON 研究网（形成于纽约大学和伦敦经济学院），由 Graig Calhoun 和 Richard Sennett 领导，以及在纽约大学的，由才华横溢的 Sarah Damaske 与 Allison McKim 二人组织的性别与不平等研习会。Magali Armillas-Tiseyra 和 Beth Kramer 致力于维持"研究生讲堂"这一宝贵的传统。同样感谢 Olya 的好心与好奇心，感谢 Dasha 令人愉快的陪伴。

完成本书这一挑战因有了波士顿大学同仁的支持而变得轻松，特别是 Sigrun Olafsdottir, Julian Go 和 Emily Barman 的帮助。我刚好得益于本科时期的助理研究员 Laura Wing 的工作。我的编辑 Naomi Scheider，感谢她在一开始就对这个项目的信任，以及直到最后都对我展示出的无限耐心。

一些章节的早期版本在其他地方已经出现过了。第二章和第四章的部分出现在由 Jens Beckert 和 Patrick Aspers 编辑的《商品的价值：经济学中的估价与定价》（伦敦：牛津大学出版社，2011）一书的《定价外形：时尚模特市场中圈子的价值》，并得到了牛津大学的转载许可。第三章的部分内容出现在《T 型台的纪律：时尚模特界的性别、权利和不确定性》，载于《民族志》9（4）：429—56 页，得到了 Sage 出版社的转载许可。第四章所出现的数据同样也出现在《文化生产者如何做出创造力的决策？来自 T 型台的一课》（与 Frederic Godart 合著），刊于 *Social Forces* 88（2）：671—92，获得北卡罗来纳大学出版社 *Social Forces* 转载许可。还有第五章的一部分出现在《0 号尺码高端种族：时装模特界文化生产与文化的再生产》，刊于 *Poetics* 38（1）：21—46，使用许可来自 Elsevier 出版集团。我非常感激获得这些资料的使用许可。

　　这本书的出版在国家科学基金会博士学位论文进步奖金、纽约大学艺术与科学研究生院长学术奖金、剑桥大学性别研究中心 Mainzer 学术奖金以及波士顿大学社会学系 Morris 基金的资助下才得以成为可能。

　　特别感谢 Beowulf Sheehan 友好地提供了本书中除了有标注出处外的其他所有图片。

　　最后感谢我的家庭，感谢这些年来家人的爱与鼓励——谢谢我父亲和 Kathy，谢谢他们为我煮的面，谢谢我的妈妈，谢谢她深夜里备下的茶，还要谢谢与我一起写作的 Alexander Gilvarry。还要感谢我的姐妹 Jennifer，感谢我们一生的友谊，这本书也是你的。

1

第一章

进入

"你外形条件非常好。"

听到这句话的时候，我正坐在曼哈顿市中心的一家星巴克里。作为纽约大学社会学研究院新生，我本是来这里找一个安静的位子啃一本社会理论教科书的。然而我发现对面坐着个模特星探，他递给我名片并告诉我，我日后可以靠做时装模特赚大钱。

之前排队等咖啡的时候，我就注意到有位男士正与坐在他两旁的年轻漂亮的女士高声谈论时装模特界的工作。他四十多岁，头发棕褐色，有些秃顶，认真听他讲话的同伴则看起来二十多岁。我猜想他是位带着两位模特出来的模特经纪。我假装漫不经心地听他们谈话。大概半年前我把我所有的模特资料打包放到母亲的阁楼里，结束了5年的模特生涯，开始了新的学术生活。我从上大学开始做模特，起初接些家乡亚特兰大当地百货公司的小工作；之后，在学校的长假期间去米兰、纽约、东京和香港做模特。之前的一切恍如隔世，我刚刚庆祝了自己的23岁生日，也早过了模特的退休年龄，肩头沉重的书本提醒我一个新的事业在前方。

在我经过他们桌子的时候，高谈阔论的模特经纪拦住了我："嗨，你是哪个经纪公司的？"两位年轻女士也冲我微笑。我告诉他，我没有什么经纪公司，半年前我已经不做这行，现在是全日制的研究生。他像没有听到我的回答，"你没有经纪公司？

怎么会没有？"他开始赞美我的外形，要我的电话号码，并说要将我推荐进纽约的模特经纪公司。他自我介绍说叫托德，是模特星探。他称身旁的两位美女为他近来发现的"女孩子们"。[1]

遇到托德是件纠结的事情。我在纽约大学的研究内容是美容与美体中的性别政治，这源于我少年时期在纽约做模特的经历——我的经纪人告诉我要尽可能瘦。"厌食症是当季流行"这句笑谈在他的经纪公司盛行。作为一名社会学学生，我很想从时尚圈内部去研究模特的世界，去发现这个行业到底是怎么形成这种变态审美的。"参与其中"是社会学研究的传统方法，只不过现年23岁的我已经高高兴兴地脱离这个不得不让我改小年龄以显得更加年轻的行业了，而这位积极的星探则铺路让我又回到了时尚产业的门口。

在接下来的几天里，托德频繁给我打电话，并解释他的工作是为纽约的大经纪公司在整个北美寻找有潜力的模特。作为回报，每成功找到一位模特，他都会得到一笔佣金。他对我的潜力毫不吝惜地赞美，"你有一个很好的外形，一定会有人喜欢你，我认为你外表很酷，是纽约范儿，我这个人很有眼光的……你需要出来透透气，而不是一直读书。你可以一边学习一边做模特，我这边最顶尖的女孩子们一天可以赚10000美元。"[2]

最后，他承诺："我可以让这一切都在未来几小时内发生。"

这一切都听起来很好，但从社会学角度来看，托德的世界引出了很多我从未考虑过的问题。什么是他所说的"外形"（look）？像托德这样的人又怎样从中看到价值？

遇见萨莎和莉兹

　　"时装模特"这个词如有魔法般变出这样的一幅画面——富有、炫目的女人们穿着奢侈的服装走着"猫步"，在国际知名的摄影师面前摆着姿势，名气、荣誉、财富——所有这些都是鲜活的。

　　对于身在其中的大多数男女来说，时装模特行业可并不是如此。萨莎和莉兹是我认识的两位姑娘，她们在两大时尚之都——伦敦和纽约书写她们的故事。

　　当萨莎15岁的时候，她在家乡海参崴的一个公开选角（casting）上遇到了一位日本模特经纪。直到今日，她依旧记得那天那位模特经纪为她拍摄的宝丽来照片："我看起来像是被吓到了！"她被邀请在学校暑假期间离开她所在的俄罗斯南部港口城市，前往日本做模特。对于像她这样瘦到要在牛仔裤里穿三条打底裤的姑娘来说，这真是意料之外的际遇。在东京她成长迅速，学习怎么给自己做饭，管理自己的钱，并学会用英语交流——在刚开始她只能用极少的单词会话。"我记得我站在汽车外面问我的司机，'你去我家吗？'（Are you go me home），他回答，'什么？'"当她回到家的时候，她同时带回了5000美元现金，"一笔巨款"，说到这里，她自嘲地笑了笑。让她的朋友和家人惊讶的是，她最后把这笔钱全花在了装修房子上。

　　在萨莎赚她人生的第一笔1000美元的同时，世界的另一端，一位我称她为莉兹的姑娘，正在新泽西州普莱森特维尔的一家意大利餐馆里端着通心粉给她的老顾客。顾客像往常一样对她说："你应该当模特！"这位腼腆害羞的少女服务员，在家乡市郊找到了第一份工作，觉得中学的社交与体育更有趣。这想法一直持续到她19岁搬到曼哈顿去上巴鲁学院的时候，她的中产家庭供她在那儿学习营养学。有一天，星探在第十四街拦住她："你有没有想过做模特？"这一次她说："好啊！"

我第一次见莉兹是在纽约的一个杂志试镜上。那时她已经22岁了，在学习与试镜中艰难寻求平衡，但两者都做得不好。她的成绩开始下滑，并不断地向经纪公司借债，用来打造她的图片简历。她少女时代所攒下的积蓄被迅速花光。她开始越来越频繁地谈论到要前往洛杉矶，她曾经被告知，在那里模特们可以通过参加报酬更加丰厚的电视节目来"套现"。

莉兹考虑离开纽约的时候，萨莎正要搬来。22岁的她在世界各地工作——巴黎、东京还有维也纳，每次要在经纪公司为模特们准备的"模特公寓"里住三到四个月。高中毕业后，她申请上俄罗斯排名第一的大学，但仅仅上了一个学期就受到来自世界各地的诱惑而退学了。她也赚过钱，一年大概50000美元，足够自己的开销并寄回大部分给海参崴的家人。然而，当我在伦敦的一个化妆品拍摄试镜通告上见到她的时候，用她自己的话说，她"可怜得像只老鼠"——以120英镑一周从一位摄影师位于东伦敦区的公寓里分租到一间房间，银行账户总是见底。她正着手准备前往纽约，希望在那里转运，也希望她的形象可以被时尚界关注。

这两位姑娘，都是有着棕色头发和眼睛的白种人，都是身高 1 米 75，瘦得没有美感，都是 22 岁，虽然看上去更显年轻一些。在未来的几年里，她们都将再参与上百次试镜。虽然她们不认识对方，但可能已经在纽约的试镜中无数次擦身而过。她们从全世界成百上千追逐同一个梦想的女孩子们中脱颖而出。她们都知道，她们的竞争者也知道，拥有恰好的"外形"并成为下一个超级模特的机会渺茫。

在一个像时装模特界这样的文化产业中，成功或者失败都是有巨大倾斜的。就像艺术和音乐市场一样，时尚界也只有极少数的人主宰最高等级，得到金钱与看得到的荣誉。而大多数人仅仅是在时尚光环褪掉之前赚取微薄的收入以维持生活。如此极端，恰如经济学家所说的"赢家通吃"的市场[3]。然而，在全世界范围内数以千计的竞争者当中，像萨莎和莉兹这样的年轻姑娘怎样才能脱颖而出，成为一件成功的商品？是什么使得一位模特的"外形"比其他相似的竞争者更有价值？这个价值的衡量标准来自哪里？

在像模特界这样的市场中取得成功，表面上来说是依靠撞大运或者单纯的天赋。但是，运气从来不光顾无准备的人，也不可能单纯靠天赋。作为时装模特，每一位成功者在"赢者通吃"的市场下，其背后都是复杂的、有组织的生产过程。所以，想要获得成功，研究模特自身远没有去研究这个不稳定的市场社会情境有用。很少有固有的标准可以将一个模特在体形上与其他相似体态的青少年区别开。当处理像"漂亮""时尚"这样的审美问题的时候，我们很难确立一个客观标准去衡量。更确切地说，无形的社会世界一直运作在时尚背后，努力将文化价值加诸"外表"之上。时尚的背后有这样的一群人——模特、经纪人、客户，当然还有隐藏在明亮的 T 台下的，电光纸的杂志页中的，时尚魅力（glamour）里的潜规则。

这恰恰说明魅力是怎样起作用的：通过伪装。魅力，起源于中世纪凯尔特人的炼金术。魅力是一种巫术，神奇的魔力，将人们的视线变得模糊，使得物体看起来发生变化，当然，通常好过它们自然的状态[4]。当魅力投射到模特外形上的时候，她所有的工作——经纪人、客户、助理的工作以及她所有的社交圈，都被耍弄至看不见了。社会对时尚与美丽的理念有着巨大的决定力，毕竟，文化生产的关系决定着文化消费的可能性。最终，私密的时尚界教给我们比美妆与穿戴更多的东西，为我们就现代工作的性质、市场、决策制定、种族和性别不平等的新形式都上了一课。我们通常看不到这些，但全书所讲的就是进入到似乎是一个自然状态的模特"外形"的生产中。

外　　形

"外形"（look）与"美丽"（beauty）不是一回事。不论萨莎还是莉兹都不是被夸为绝世美人的姑娘。萨莎有一双大大的棕色眼睛，小脸盘棕头发，就像日本漫画书里的人物。莉兹瘦得皮包骨头，并且牙齿不好，浓粗眉毛杏仁眼。她们两个都不能称为漂亮，但用时尚界的语言，都可以被称为"有型"

（edgy）[5]。

20 世纪初期世界上第一位起用真人模特的设计师指出，好模特的标志就是拥有"瞬息的特质"（ephemeral quality）。法国设计师让·巴度（Jean Patou）在 20 世纪 30 年代表示，他最喜欢的模特洛拉就不需要有多漂亮。让·巴度认为模特因为"非常的时髦"（chic）而能够卖出衣服——这似乎是个精神上的特质[6]。

这一不可言喻的特质就被称为模特的"外形"。这是一种特殊的人力资本——在社会学家华康德（Löic Wacquant）关于拳击手的研究中被称为"身体资本"[7]。模特们将自己的身体资本出售给摄影师、导演、造型师和设计师。而模特经纪公司则通过经纪人作为中介从中协调这种买卖。

"外形"这个词似乎是在描述一个固定的身体属性，比如说长得怎么样。确实，模特的选择标准符合西方的基本审美：年轻、白皮肤、健康的牙齿、对称的五官。根据这个框架，他们有着严格的身高、体重要求。女模至少要有 1 米 75 高，三围接近 34，24，34。而男模要有 1 米 83 至 1 米 9 高，腰围在 32，胸围在 39 到 40 之间。一位造型师告诉我，这个骨架标准对于模特来说是个古老但好用的公式。

但是这个公式本身也并不构成"外形"。凌驾于基础的体型之上，细小而又微妙的不同使得客户选择这个模特而不是另一个。模特、经纪人和客户将这种差别归因于"外形"。[8]

对于时尚圈内的人来说，谈论外形异常地困难。当被要求定义一种外形的时候，经纪人和客户常常会争论最恰当的词语。

他们努力去解释外形是一个参照点、一种主题、一种感觉，一个时代甚至是一种"精髓"。毫无疑问，外形不等于美丽或者性感。当经纪人和客户谈论一些外形"漂亮""极其动人"的时候，他们只是想区分那些被他们描述为"奇怪"、"丑"甚至是"丑陋"的外形。经纪人强调区别：一个人是否火辣看他的性吸引力；而看一个人是否合适做模特，区别一个人与别人不同的细微特质被描述为"特别的东西"或者"别的东西"（something else）。

部分这种"别的东西"出现在模特的个性中。大部分模特、经纪人、客户们表示外形不仅仅是模特们的身体。那是对模特"整体打包"，包括个性、名声、在工作中的表现（包括拍摄中的表现）和外貌。在一个以外貌为前提的产业中，个性竟是走向成功的一个重要因素。哎！外形也是可以骗人的！

我认为"外形"是在特定时间对特定客户有吸引力的独特外表和个性，它取决于所销售的产品的需求。判断任何一位模特的外形的价值，不可仅看这个模特自身，因为外形不是一个人与生俱来的或者说客观可辨识的特质。事实上，如同语言或者密码，外形的内涵与社会评估体系联系在一起。人们学习阅读和破译这套密码，以便看清楚模特之间的区别和他们在时尚大局里的地位。这不仅仅表现了一个人或者个体的美丽，还是一个人和与之地位相关联的产业中的一整套知识和关系体系。

外形是一种被社会学家称为创意经济或者审美经济、文化经济的商业流通。文化经济包括迎合消费者的装饰、娱乐、自我肯定及社交表现的需求。文化经济的产品带有高度美学、符号学特征，毫不掩饰地想要激发消费者的购买欲。它们提供了远超过它们功能的社会地位与身份，所以价值也是不固定和难以预测的。许多商品组成了文化经济，例如艺术、音乐、电视、电影和时尚[9]。

模特的外形是文化商品的一个重要范例。它们在纯粹的审美范畴内，价值不受控制快速浮动，这意味着在模特市场工作需要面对很高的不明确性。鉴于这些不确定性，模特怎样做才能有市场认可度高的外形呢？经纪人和客户如何决定模特的价值？最后，对价值更宽广的文化理解是如何影响具体外形的价格？

模特的世界

关于"外形"的调查将我们引入一个看不见的社交世界。在这个世界中，亲密的社会关系引导经济运作，这里最低报酬的工作也超过上千美元，这里欺骗对于把一件事情完成必不可缺，这里世俗、理所当然的假设给流行文化以及其媒体宣传，如T台、广告、广告板和杂志带来巨大的影响。

了解这个世界的第一步是驱散魔法，将暗藏的演员们公之于众。当模特如同流行音乐偶像一般收获巨大的关注时，没有模特可以在没有经纪人和重要客户的影响下走得长远。由经纪人、星探、助理、编辑、造型师、摄影师和设计师所组成的生产世界将模特与时尚消费者联系在一起。星探与经纪人"发现"原始的身体资本，然后筛选出来，交给客户、摄影师、设计师、艺术和选角导演、造型师、产品目录制作公司。这些客户短时间"租借"模特,可能几个小时或者几天、几周,在这段时间里他们有效利用这些资源,使之出现在产品目录、广告、杂志、秀场、展示室和成衣图册[10](look book)这样的宣传媒介上。模特们的这些影像有助于吸引买手们的注意,最终,吸引到时尚消费者,那些最终为"外形"买单的人,如图 1.1 所示。

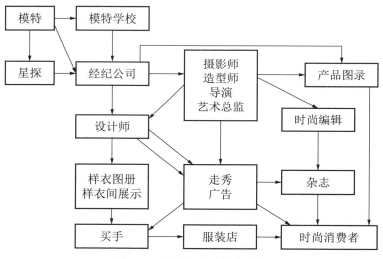

图 1.1 外形背后的生产世界

这些生产者们组成了生产的幕后世界,或者如社会学家霍华德·贝克尔(Howard Becker)所说的一个"艺术世界"。在这个艺术世界中,天赋是艺术品制作过程的一部分,但不应该是重心。像音乐、艺术或者书籍这样的创意产品不会神秘地从个人的艺术天赋中出现。它们在机构、组织、产业结构和人们每天的工作中产生。一件艺术品是这一整套媒介和它们共同的标准、角色、意义和日常活动的产物[11]，也是艺术家个人的创作作品。换句话说，世俗的生产过程对于文化塑造也很重要。

艺术世界的运作方式有违常识。我们过去常常认为最出色的人会爬升到任何一个市场的最顶尖位置，如大众媒体一直所宣扬的。这引诱人们认为模特们是某种"基因乐透"的幸运儿。虽然社会承认他们的身体是自然的礼物，并且的确，进化论学者也回应这一观点[12]。但这样的理论不能解释体制上的异常者——像凯特·摩丝（Kate Moss），她身高只有 1 米 68，比模特的正常标准要矮；或者像索菲亚·达尔（Sophia Dahl），她以 10 码身材成名，远比 T 台上的其他人胖。也有成百上千有天赋的人永远也得不到社会的认同，就像莉兹和萨莎以及另外 38 位我在本书中采访的模特。他们的故事只有在整体的生产者网络和他们所构成的社会关系、他们所共享的惯例等情境下才有意义[13]。

把外形看作是世界生产的一部分，而不是被称为漂亮的个人特质，让我们看到关于美的评判如何在一个合作过程中实现。外形是人们为人处世共同作用的结果。

游 戏 规 则

幕后，参与者一同工作，但他们不需要和谐地工作。文化生产者们为了权力与被认可而争斗。每个人都试图在一个赢者通吃的等级体系中以其他竞争者的牺牲为代价拿走全部。

这些无形的玩家构成了一个高风险的职业所在的竞争世界。他们依据两种相反的逻辑来计算自己的每一步：一方面赚钱，另一方面创作艺术[14]。那种最关注如何在短期内得到经济利润的生产者被称为商业时尚生产者。这些模特、经纪人和客户主要为牙膏、电子产品、商业服装等拍摄目录或电视、平面广告。另一部分则是为了时尚而在时尚圈工作。他们被称为媒体时尚生产者[15]，你们会在高端的T台秀场、杂志和奢侈品大片中看到他们的作品。媒体时尚生产者遵从"反经济的逻辑"，追逐的不是金钱而是名望。这就是说，他们愿意为获得社会尊重而放弃钱。这种声望可能（但也可能不会）从长远看有着巨大的经济回报。这场赌博存在于整个时尚界，如同社会学家皮埃尔·布尔迪厄（Pierre Bourdieu）所说的，这是时尚的游戏规则。

生产者们倾向于将他们自身分成两个广泛的社会网络：一群人为媒体时尚工作，另一群人为商业时尚工作。生产者们在每个社会网络中，或者每个"圈"（circuit）中，以不同的方式思考时尚，他们面对不同的风险，也以不同的标准定义成功，追逐不同的回报方式[16]。当一群同样的模特站在他们面前的时候，经纪人和客户会以不同的眼光看他们，因为他们以不同的标准体系来定义什么是"有价值的外形"。所有的生产者都与另一方交流，观察与模仿其他人，维系构成时装模特市场基础的社会关系和友谊。

时尚生产者们常常通过电话、邮件交谈传播八卦。这些八卦从他们的办公室和工作室里传出，散布到全曼哈顿或者伦敦中心的酒吧、餐厅、夜场聚会。许多次，我发现自己与经纪人和模特们一起喝到天明。"这是我们工作的一部分。"一位化妆师曾经在我抱怨社交活动太多时这样对我说。

标价美丽的问题

在媒体与商业圈里，经纪人们必须弄明白哪些客户喜欢哪种类型的模特，也要决定这些模特的价值。他们如何依据不可量化的"外形"来决定模特的价格呢？

对于文化生产者来说定价是件麻烦事，因为在大多数创意产业里价格与质量没有明确的对应关系。在圈内并没有一个定价标准可供经纪人们用来衡量模特们时间的价值。模特的费用视经纪人和客户对他或者她的外形的估价而定，在一季里可能会骤升或者骤降。

定价问题是文化生产者们和任何一个市场中的人们所面对的重大窘境。这个问题产生于不确定性，我们难以提前知道一个人想要什么。

模特界像艺术、音乐、时尚、电影这些"文化"市场一样，高度的不确定性和不平等性是规范[17]，使这些产业区别于传统的法律、制造业、医药界的是在确定价值上品位所处的夸张的角色地位。一件艺术品不是因为它的功能而是因为它的形式被售出。这是一件很主观的事情，取决于买手、评论家、中间商和最后的消费者的一时心血来潮和辨识力。在时尚模特领域，经纪人不知道哪类外形会吸引客户，同样，客户们也不知道哪些模特会成功帮助销售他们的产品。因为消费者的需求很大程度上是未知的，市场生命周期内的一个棘手事实就是广告商和市场研究者们经常试图尝试补救，但从未取得显著成功。[18] 如好莱坞知名编剧威廉·戈德曼（William Goldman）曾经表示的，在文化领域"无人知晓一切"。因为没有人知道"下一件大事会是什么"，"所有的成功都是侥幸"，而所有的失败也都是意料之外的。在这种不确定之中，时尚需要不断产生革新。模特市场在保持流动，在一季里"新面孔"变"热"而在下一季又被遗忘。时尚从根本上说是变化不定的[19]。

面对不容易做出决定的高度的模糊性，生产者们倾向于转向彼此，依靠八卦、名声、分享历史和行业惯例去做决定。所有这些社交和模仿会有一个累加的优势影响，富的越来越富，拉大两极分化。通过八卦炒作的刺激，成功的商品变得更加成功，而大部分的参赛者失败，留下一道巨大的鸿沟横在成功者与失败者之间。

少数的成功掩盖了大多数人少得可怜的报酬。据说琳达·伊万格丽斯塔（Linda Evangelista）在 20 世纪 80 年代事业的最高峰，少于 10000 美元的工作是不能让她起床的，而在 2009 年，吉赛尔·邦臣（Gisele Bunchen）总合同价达到 2500 万美元。然而，根据就业统计，2009 年模特平均收入估计为 27330 美元。[20] 经纪公司中的模特收入有巨大差距，在纽约有的模特一年可以赚 10 万美元，而另一些可能还会留下 20000 美元的债务。由于模特的收入浮动很大，平均收入是难以测算的。因为除了薪酬低，文化产业的工作还不稳定，差不多都是自由职业或者按照每个项目单签合同。社会学者们表示，在第二产业"不好的工作"类似于不稳定的工作，例如那些朝不保夕的临时工和散工[21]。这类工作几乎不需要技能，也不需要正规的教育资格认证，当然也还不会提供健康或者退休保险。

然而，不像其他"不好的工作"，文化生产拥有较高的文化地位。虽然，将其做大（或者做成事情也一样）的几率很低，但模特还是被看成很吸引人的工作，特别是对女性来说。在美国流行文化中，对于年轻女性来说，模特职业光彩迷人并且有职业声望，这在青少年时尚杂志中就能看出来[22]。此外，行业门槛较低，结果人满为患，成功路上多崎岖。虽然可能性极小，但是获得成功赢得头筹的可能性还是极具吸引力，以至于模特行业吸引了更多的竞争者，造成了要通过淘汰来消除泛滥的市场特征，犹如职业拳击一样。

为了知道他们是否有好的外形，模特们被置入一个系统化的选择过程或者说过滤过程中。经纪公司会安排他们面试或者试镜去见未来的雇主[23]，旺季一天要排15场试镜。极少数的胜利者在筛选过程中胜出，他们拥有两次幸运：一次是进入到这个竞争中，再一次是赢得奖项。模特们用这些长期的优势来对抗年龄的增长，从签约的那一刻起，他们的那扇机遇之窗就在缓缓关上，特别是对于女模来说。平均来看，大部分模特的职业生涯短于5年。

我们现在对于模特市场有了这样的一个印象，这里高度易变和混乱，被标记为不确定、模仿、不平等和高流动性。模特们试图展示自己的外形，经纪人们争相去发掘外形，客户们追求第一个选用那个外形的声誉。他们都很脆弱，容易快速、巨额地失去一切，就如同快速而巨额地赢得一切时一样。什么决定一个模特是升至顶尖的位置还是成为在底部的大多数？换个方式说，这个市场中的商品——外形怎样获得价值？

在本书中，我将证明一个外形的价值是由媒体和商业时尚圈中生产者们的社会互动产生[24]。首先，生产者们通过在时尚圈中的社交了解到哪些模特对其他生产者来说是有价值的。他们还会仔细地观看试镜过程中模特们怎样被系统"过滤"出来，以确定一个模特的潜在价值的信号。超级模特源于在媒体时尚界中一个狭隘逻辑的区分：在任何一个季度，一伙强大的客户总会武断地支持一个女模（在极少的情况下是一个男模），掀起了市场一系列的积极反馈链，从而创造了一个巨大的经济"赢家"，她看起来与其他候选者没有差别，除了已经被正确的人在正确的时间视为有价值的。

为什么研究时装模特？

时装模特受到了很多关注。我们从流行读物、新闻、历史叙述、文化和媒体研究中了解他们。他们经常被作为性别、种族、阶级与两性压迫的符号受到批判。尽管有这么多对他们价值的关注，时装模特还没有像工人们和时尚商品一样被重视[25]。但在新的社会学领域里，时装模特在文化与经济如何相互定型上教会我们很多。

本书通过四个方面来研究模特市场的商品价值。第二章揭示了模特市场的历史与体系结构，区别了媒体与商业两个圈子。第三章审视了模特们为了能成为赢家而所做的多样但收效甚微的努力。在第四章我们回过头来研究那些创造时尚风尚的人，那些一同协商哪种模特外形有价值的经纪人和客户。最后，在第五章和第六章，我们将看到种族与性别这样的文化概念怎样更为广泛地塑造模特身体的价值。

为 之 工 作

模特的工作需要投入。模特们将我们在工作中做的和我们社会互动的几乎每个方面做到极致：他们经营这个。第三章审视了模特们如何把自己最好的面孔展示出来，展现出一个理想化的自我，并且或成功或失败地依靠他们的任性多变而吸引许多潜在的雇主。他们越来越多地成为"美学劳工"（aesthetic laborers）的一部分，这些工人们的身体和人格——整个人——是准备在市场上出售的。但不像大多数工人那样，模特做这些的时候没有老板的指导，也缺乏社会保障。

尽管有其文化底蕴，模特的自由职业特点意味着不稳定和不安全。大体上说，这同时也是低收入的工作。劳动市场越来越有去正规化趋势，模特行业也是如此。他们独自应付着这个无情的市场，和在扩张的非正式经济中的临时工、佣人和其他散工一样。

文 化 掮 客

在近距离观察过模特们的工作空间后——从他们在 T 台

图 1.2　秀场前台

图 1.3　秀场后台（文字：模特们请沿着 T 台中间走）

上走台步到背后刻薄的节食，接下来关注推销与最终购买这些"外表"的文化媒介。第四章着重研究经纪人和客户如何为模特们定价，即文化价值如何变为具体客观的价格。

抽象文化到经济价值的转化是市场中重要的一部分，但由于创意产业和软性知识（soft knowledge）劳动力密集型产业成为经济类型的核心，这种转化在社会学家看来则越来越显而易见。例如在伦敦，2007 年创意产业创造大约 80 万个工作机会和大约 180 亿英镑的年交易额。在纽约，文化生产中的核心创意部分提供了 30.9 万个工作职位（超过 2005 年全纽约工人数量的 8%），仅排在伦敦之后[26]。在 2011 年，纽约经济发展局数据显示，纽约的时尚产业创造了 16.5 万个就业机会、90 亿美元的工资、17 亿美元的税收和 550 亿美元的销售收入。这并不是一个边缘或者无足轻重的行业，事实上，它是这个城市乃至全球经济的引擎[27]。

在这个行业工作的人也是新兴的服务阶级"文化媒介"的一部分。社会学家保罗·赫希（Paul Hirsch）称他们为"守门人"，职能是代理消费者们，负责创建和传播审美价值，以在这一进程中形成可能的、更广泛的时尚消费主义倾向。他们在流行文化形成过程中扮演重要而又常常看不到的角色，他们是广告策划、杂志编辑、流行音乐制作人、时尚设计师、买手还有艺术品经纪[28]。

即使我们在台前看不到他们，经纪人和客户却对我们能接触到的世界各地的模特面孔有着巨大的影响。那么，他们是怎样知道哪个模特会红的呢？他们怎么揣测消费者想要什么？为了能回答这些问题，在第四章我们将探索文化生产中的经纪人和客户们，从他们在办公室里的人际交往到将他们与城市和整个世界绑定的社会生活。他们的估价行为无法避免地根植于先前已存在的种族、性别、性取向和阶层这些社会范畴之中。

表 现 身 体

时尚创造出强大的阶级意识、性别、种族和性的认同。第五章和第六章主要调查种族与性别这样的文化价值观，如何制定出一个身体比另外一个更有价值的标准。对于生产者们来说，不会如同一张白纸入行，而是浸透在其文化中。他们利用并繁殖根深蒂固的种族主义和性别歧视差异，不知不觉地，他们就会跟从制度化下生产的规则。

模特们不仅仅推广销售时尚。模特的外形同时也在推广与传播女人和男人应该是怎样的外形这种理念。时尚大片展示的是阳刚与阴柔。性别，我们知道，是积极主动认知而不是消极的接受。所以模特这一职业可以被认为专业化的特别形式，交错着种族、性欲、阶级和其他社会地位的性别操演（gender performare）。[29]

许多研究文化、传媒、女性主义和交叉性的学者已经分析了时尚大片和广告的文化意义。女性主义学者已经提出了时尚模特的影像表现女性身体的客观化，以定义和强调规范性的理想的女性之美而贬低了所有女性，特别是工人阶级和有色人种中的女性[30]。在这个意义上，这些处在展示性职业顶端的女性构成了"一个使得上百万的女性与她们保持一致的精英团队。"[31]

从时装模特图片中的效果和父权意图出发进行讨论，可以解决本书中的一个重要部分。但这遗漏了这些图片产生背后的生产过程。看名牌服装的广告，你不会看出男模特比他旁边所站的女模少赚多少。当你看一场 T 台秀的时候，你会将其漏掉。杂志上完美的影像只是那一刻的一瞬，抹去了画面外的工作以及不平等。如果说模特行业是专业化的性别操演，那么这里应该是可以观察男性和女性化的建构过程的重要场所，同理，还应该有种族、性取向和阶级结构。

制定市场

时尚是研究市场社会面的绝佳地点，事实证明，生产者们怎样社交与他们怎样为一个模特的外形估价有着明确的关系。

然而，在正统的经济学理论中，市场并不是完全社会的。依据新古典经济学理论，市场由跟随供求关系理智的利己主义个体组成。在那些例如艺术这一特别"离经叛道"或者是异常的市场中，经济学家假定人的喜好是固定的，从而将抽象的逻辑强加于复杂的社会领域中，或者他们将这些市场全部忽略为太远故而不能被认真对待的无价值外围市场[32]。但是，没有异常市场这回事。相反，只是围绕着特定的社会关系而创立了不同类型的市场。这些经济学家们打破了古典主义经济学的正统性，例如行为经济学家，通过连接经济决策与人和团队的心理历程获得研究结果[33]。通过将经济行为放入它所在的社会环境中将其情景化，之前认为理所当然的类别（categories），例如价格就变成了过程，而价值就变成了散乱的谈判结果和有争议的含义。

本书探讨关于构成市场的争议协商与社会关系，这个市场并不仅是时尚市场或者文化市场，而是所有的市场。

外形的民族志

为了能够更好地弄清楚"好的外形"在模特行业的意义，我决定接受托德的邀请去见模特经纪。我于早上 9 点到格拉梅西公园酒店的门口，站在遮篷下避雨，等待托德来为我打造这个大日子。当托德穿着雨衣手端星巴克咖啡到达的时候，这里还聚集着一小群年轻人——9 位少女和 3 位男孩还有几位他们的父母，我们一同拥上前去，在他身边围成半圆听他的寒暄。

托德首先说明在未来的两天里要跟随他去见来自十几家经纪公司的经纪人们，接着他警告："你们能来到这里就已经是赢家了……就像生活中的其他事情，竞争超强，并不会很容易就得到。他们可能会花 5 分钟和你聊，但不会真的给回应，或者会花 30 秒从头到脚看你一眼然后就真的喜欢你了。对于接下来的一切我不知道。不要问我，因为我不会告诉你什么。"这时，几位母亲在她们湿漉漉的雨伞下咯咯地笑。这用来抵消焦虑和紧张的笑声，似乎是在开启艰难的一天。

托德安排了多个不同经纪公司的面试，其中来自 Metro 公司的经纪人最友好并且最有同情心（至少在最初阶段），他询问了我的学校课程安排[34]。Metro 提供给我一份包含两项大致条款的合同，独家代理和 20% 的抽成。我同意授权给 Metro 在纽约的独家代理权，付给公司标准的 20% 的抽成；附加额外 20% 的代理费用由我的客户支付。作为回报，他们同意推进和管理我的模特事业。在这种自主就业安排下，经纪公司为模特安排工作机会以换取他们的成功，但是他们对模特的失败不负责任。Metro 的会计师拿着我的合同时，也同样向我解释："在这里我们不能承诺给你星星和月亮，但我们会尽最大的努力推荐你。"

在之后的六个月里，我在 Metro 的经纪人把我介绍给了 Scene 经纪公司的老板，Scene 是一所规模和名声都与 Metro 相当的经纪公司，位于伦敦。Scene 的总监给了我和 Metro 相似的合约，邀请我加入。我用两年半的时间在这两家经纪公司进行参与式观察研究，在这期间我会参与到完整的模特工作中，包括参加五届时装周，上百次面试，几十种模特工作——走秀、杂志棚拍和户外拍摄、产品目录拍摄、位于纽约第七大道的服装展示室的试衣。

签约的那一天，我参加了客户的试镜。之后不久，我在 Metro 见了一位秀导，和他讲了我有兴趣把我这次田野的经历写成论文。在协商了诸如为公司和公司雇员保密这些细则之后，我开始记录我的观察。Scene 公司的合伙人也同意了类似的条款。通常，我会将笔记本藏在我图片档案集的后面，在面试后记下些重要短语。大部分模特在电梯里脱下她们的高跟鞋换上休闲鞋的时候，也是我趁机记笔记的时刻。我通常会在 24 小时之内整理誊写我的所有田野笔记，每天都会有上百页的详细记录。

随着计划的进展，我开始沮丧于试镜过程的不透明和信息的稀少。关于模特费用的条款是不清晰的，经纪人有时会明确告诉我不要和其他模特谈论我的费用，告诉我"这与他人无关"。为了弄清楚经纪人和客户的逻辑，我决定还是去采访他们。

在 Metro 和 Scene 的两年职业生涯中，我坐在经纪人办公位的旁边，一同去他们最爱的夜店喝酒，和他们一起在时装周后台打发时间。我正式地采访了一些经纪人、会计，一共 33 位经纪公司雇员：25 位经纪人和 6 位会计师（包括 2 位老板），另外还有 2 位办公室助理（在这本书里简要地区分为"经纪人"和工作人员）。我通过我的关系网诚邀经纪人和工作人员参与访谈。这两组经纪人和管理人员样本代表了一个人能够在纽约或者伦敦遇到的任何一个中等规模的经纪公司。

之后我又以滚雪球式抽样法采访了 40 位模特，20 位在纽约，另外 20 位在伦敦，男女各占一半，都是从工作和试镜中招募到的。虽然在时尚圈里男性的比例低于女性，但我还是以同等的男女比例来做访问，因为我认为在模特界男性的声音比女性要少，并且获得的学术关注低于女性。

为了弄明白选人的最终决定是如何制定的，我也以滚雪球式抽样法采访了 40 位分别在伦敦和纽约工作的客户。我招募了这些曾经在试镜中、秀场后台或者拍摄现场遇到的设计师、摄影师、编辑、造型师和导演。因此这并不是一个随机的样本，这些被研究的客户像模特们一样，在时尚市场中的各个阶层工作，从中端的目录图册摄影师到高端的奢侈品牌造型师[35]。

像所有田野调查工作一样，这个调查需要相当多的时间，但时间似乎总是短暂。从我进入这个田野的那一刻到最后的几天，都无法避免地有着时间紧迫感。特别是在经纪公司里。我的一个经纪人罗尼，总是一只手做着笔记一只手敲打着电脑同时还在接电话。大部分的日子里，我会幸运地收到一个火急火燎的语音留言指示我"放下手头一切"，穿过城市去参加一个"真的特别重要"的试镜或者是最后一分钟定下的通告。常常紧随其后，我又在十分钟之内收到一个特别激动的语音留言，提醒我前一通留言信息的重要性。

　　这使得安排采访困难重重。模特们常常因为最新的工作和面试而取消掉访谈。有一次在纽约提前一周预约了一位经纪人的访谈，她迟到十分钟后，怒发冲冠地冲进会议室说："米尔斯，你得快点！"客户们是最难根据他们给的那些飘忽不定的时间表敲定时间的。我曾经在豪华轿车的后座上采访一位正赶往伦敦希斯罗机场前去美国的摄影师，尽管时间难以敲定，但我惊喜于所采访的这些模特、经纪人和客户都很欢迎我到他们的办公室、家里或者是当地的咖啡馆里，慷慨地分享他们的故事。

　　这个调查，和模特工作一样，令人身心疲惫。在这个行业里每天都会有尴尬、屈辱、不安全、拒绝和许多次的愤怒。通过回顾我的田野笔记，我又一次回想起了一次最不舒服的遭遇。那是在纽约苏豪区，一大早的身体乳电视广告面试。我被要求与两位看起来可能只有16岁的模特一起穿着短裤在布景前跳舞。在舞蹈暂停后，导演让那两个模特留下来参加下一轮——"除了你，"她轻声地对我说，"你可以走了。"

　　站在外面的街道上，我在我的田野笔记本上写下："感觉自己太老了，想要退出。就到这吧！"

　　但是田野工作持续超过了两年，远远长于我最初设想的，部分的原因归结于，就像我采访的模特们一样，我找不到一个好的时机离开。当然，曾经出现过许多这样的时刻，例如身体乳的面试通告，那时我除了想离开脑子里别无他想。然而我也被这个行业的无限魅力深深吸引。我开始去追逐 Neff，Wissinger 和 Zukin（2005）所简称的"重大工作"。我发现我兴奋于每次新的通告，也为没有下文的面试而失落。遇到知名的时尚摄影师的时候我突然变得紧张。当我在深夜收到电话确认自己能够在四大时装周走秀的时候，我确实会兴奋得头晕。我找不到一个绝佳的时机离开，因为总觉得下一个转角就能够遇到让我成名的"大机会"。我以解构这个充满魅力的产业作为最初计划的目标，但我发现一旦进入这个行业内部，就对其肃然起敬。作为一个"参与观察者"，我以一个少有学者进入的优势位置见证并且切身感受着模特市场[36]。这本书遵从民族志从内部访问的传统，包括所有身在其中所要遭遇的惊奇与残酷。

模特市场术语

以下是一些模特界术语的定义。模特参与的重要活动主要分为"试镜"（test）、"面试"（go-see 或 casting）和"预定的通告"（booking）。当一个客户，例如百货公司，设计师或者拍摄各种各样的产品目录的工作室，有空见一下模特，这就叫做"go-see"。[37]"casting"是预约去见当下有模特需求的客户。当"go-see"或者"casting"是由客户提出时，他们会邀请特定的模特，相反，"cattle call"（面试会）是全城的模特都可以参加。

客户们通常在第一次面试时就给模特们分类，只会邀请少部分进行复面或者终面。

通常，无论是一对一还是群体面试，go-see 和 casting 客户都会欢迎模特来。模特们出示他们的宣传册或者图片档案集，给客户"模特卡"，里面有他们的照片、姓名、经纪公司名称和个人数据信息。一位模特的基本资料包括：身高，西装或者裙子的尺码、尺寸（女模是胸围、腰围、臀围，男模是腰围、衬衫大小、裤档底部到裤管底的长度），鞋尺码，头发和眼睛的颜色。如果感兴趣，客户可能会为模特照相，让他试穿样衣，用宝丽来照下来。对于 T 台走秀的通告，会要求他在房间里走一个来回的台步。模特通常会留下模特卡给客户，告别，被感谢到来。这是很快速的、非正式的会面。

在面试之后，如果客户想预定这个模特，就会请经纪人安排。选择权（options）是客户和经纪人之间的一个协议，它让客户们可以按照自己的兴趣等级来排列模特们未来被采用的可能性，从第一选择（最强烈）到第三选择。与金融市场中的期权（options）相似，这种选择给了买家利但不是义务去付款。在模特界，这种选择权可以让客户在最终确认下模特前，先将他（她）的时间预留 24 至 48 小时。与金融期权不同，模特的选择无成本，是对客户的专业性的礼貌，也是经纪公司安排模特们繁忙日程的方式[38]。

"试镜"的明确目的就是拍出照片放到模特和摄影师的作品中。"通告"是模特们接的那些拍摄和走秀的工作。所有这些模特的日常活动，从试镜到排长队等候面试，都是为了得到工作。

模特们有三种主要的工作形式：杂志、广告、产品目录的平面硬照拍摄，时装秀的 T 台走秀（包括时装周），成衣展示间和非正式的试装，在设计师的展示室里模特们为买手们试穿服装，以帮助他们为全国的百货商店和精品店补货。

模特经纪公司：Metro 和 Scene

位于纽约的 Metro 和位于伦敦的 Scene 都是很好的研究地点，因为他们都是中等规模的精品经纪公司，在世界排名 80 名左右，十分有知名度[39]。他们在时尚圈已经信誉卓著，每家都在时尚界的各个需求领域有代表模特——从高端的 T 台秀、广告大片拍摄到面向大众市场的图册目录拍摄。每家经纪公司都会有几个编辑大爱的巨星，一到两个超模和一组稳定数量的商业模特。在 Metro，有时在 Scene，模特们也为非正式的打版工作，模特们试穿成衣，比如在第六大道上的那些设计师工作室。

另外，那些在纽约或者二线市场提供全方位服务的经纪公司，会签更多种类外形的模特，比如生活类的、大码的、小码的或者少数族裔的。

Metro 已经在这一行里有 20 年了，签约超过 300 名模特（其中 200 位女模、100 位男模），拥有 20 多位雇员（主要是经纪人，少数的会计和助理）。大概有 70 位模特住在城里随时接通告。Scene 有 25 年的历史，有 150 名模特，100 位女模和 50 位男模。在我的研究过程中，Scene 不再做男模业务，以 50 位女模替换了原来的男模业务，这一决定的经济学意义我们将会在第六章分析。Scene 有 10 位雇员，其中包括会计。经纪人希望有 20 到 30 位模特住在城里，人数依据不同时期决定。

	Metro 模特经纪公司，纽约	Scene 模特经纪公司，伦敦
规模	200 位女模，100 位男模	100 位女模，50 位男模
	16 位经纪人，3 位会计	8 位经纪人，2 位会计
债务	女模 <$15000	女模 <6000（≈£3500）
	男模 <$2000	男模 <900（≈£500）
模特收入	女模 $50000～100000	女模 $28000～$80000
	男模 $30000～50000	男模 <$10000
年接单	几百万美元	几百万美元
业务	大片拍摄；女模（赚钱）走秀；男模	女模；男模

　　虽然 Metro 在规模上大一点，但两家经纪公司一年所接工作的盈利总和大致相当（基于 2006 年美元与英镑的汇率）。虽然组织构架相似，但两家经纪公司规模不同，在某种程度上，这个事实也反映出时尚圈在纽约和伦敦的位置。

城市：纽约和伦敦

　　时尚，像其他文化产业一样，在大都市产生，因为大都市能够为文化产业履行其作用提供必需的文化互动[40]。模特们涌进纽约、伦敦、米兰、巴黎这样一年会有两次被全球媒体广泛报道的国际时装周的时尚之都。除了这些超顶尖的时尚大都市，还有一打竞争城市用时尚作为城市的标志和国家品牌来定位自己，以与国际大都会竞争。2008 年《纽约时报》调查显示，全世界有 152 个时尚周，从柏林、安德卫普、斯德哥尔摩到迪拜、香港、斯里兰卡、津巴布韦[41]。地理学家伊丽莎白·科瑞德（Elizabeth Gurrid）在她 2007 年的著作《创意城市》（*The Warhol Economy*）中表示，一个全球化的城市的竞争优势在于它的创意产业的规模与是否成功。这使得时装模特们确实地在全球经济秩序中将自己最好的一面展现给这些城市。

虽然同为全球化大都市和时尚之都，伦敦与纽约的时尚市场类型是不同的。作为"二战"后发展轨迹的成果，当纽约已经被广泛认为是时尚商业中心的时候，今天的伦敦时尚则轻商业而重视创意和艺术，"为了时尚而时尚"[42]。以地理区分开来的艺术时尚与商业时尚也映射到两个城市的不同市场——商业市场和媒体（杂志）市场中。在纽约，模特们寻求商业上的成功，而伦敦则被认为是创意中心，是为非商业模特提供大量名望的地方。虽然，这种区分在实践中是粗糙的——就像纽约会提供非商业机会一样，伦敦也会提供商业工作——这两个城市定位了参与者对全球时尚市场的理解。研究伦敦与纽约这两座城市，通过他们对待名声与利益的不同态度，可以勾画出一幅关于商业时尚圈与非商业时尚的全景图。

魅力与社会学

在之后的三年里，当我作为一名参与观察者工作于其中并收集了几十个行业内的故事的时候，莉兹和萨莎彻底从她们的相似点上转移。她们其中的一个将会跌跌撞撞挤进中上层阶层，每天通过拍摄目录赚取 5000 美元给家里。她将会租下位于曼哈顿的宽敞的公寓，在此学习表演并准备注册大学课程，成为纽约精英大学中的一员。另一位姑娘的人生则会以破产并搬回家乡告终。她将会完全放弃大学，在服装陈列室做每个小时几百美元的工作，直到通过训练成为一名瑜伽教练。虽然她们其中的一个会通过在模特市场的经历改善经济状况，但她的故事也没有什么特别吸引人之处可讲。

这就是关于魅力的一切——诡计和骗局。如果广告引诱消费者为时尚和美容产品买单，那么不让他们察觉其中的大量伪装很有必要。就像雷蒙·威廉斯（Raymond Williams）提出的，大多数消费产品的品质是不足以吸引人去购买的。"他们必须被验证，"他主张，"如果只在不同文化模式下个人和社会联系的幻想中可能会更直接可行。"[43] 这一文化模式可以被最恰当地描述为魔法。广告业是一个魔法体系，而模特是它的魔法棒。

任何魔法行为预先假定和造成一种对其自身任意性的集体无意识——无知[44]。对于外形的集体认知需要对于其产品的协作的错误认知，即外形一直都是独立出现的。所以魔法就是精神领域的文化产品，超出了科学研究的范畴。"你无法解释为什么有人喜欢你而有的人不喜欢，"关于为何被客户从众多模特中选中，一个来自巴黎的男模曾经有次在伦敦这样对我说，"就像问为什么你喜欢巧克力或者可可。你知道你就是喜欢，无法解释。"

社会学的赌注，同时也是这本书的赌注，就是主张你可以去解释它。美丽既不在模特那里也不属于旁观者。外形的价值基于社会关系和可以被系统研究的文化内涵。事实上，这种模特拥有的美丽特质是一种经济存在。我将会证明美丽有一种特定的逻辑。

发掘魔力产业中的生产关系就要去神秘化。社会学一直在做这样的挖掘，当社会组织、参与者和惯例一起时组成社会。社会学家去掉奇迹的神秘面纱使其进入世俗的人类交流中。这种方式下，我们就像魔术观众里的质问者、背后诡计的揭露者，让被迷惑者恢复清醒[45]。最终，我们展示出产品本来的样子，而这恰恰就是性别、种族、阶层的差异——社会生产的类别差异似乎是分割世界正常而又自然的方式，但事实上，文化生产系统合法再现了它们。

在下文，我用四个分析步骤将视线从迷人的外形上转移。开始于时尚圈和模特劳动实践，之后转移到潮流缔造者的战略网络，最后以性别和种族的文化标准结束。本书是一张邀请函，它让你走到幕布后面去探索模特制造的神秘过程，就如同欧文·戈夫曼所说："一场秀的核心秘密在后台。"

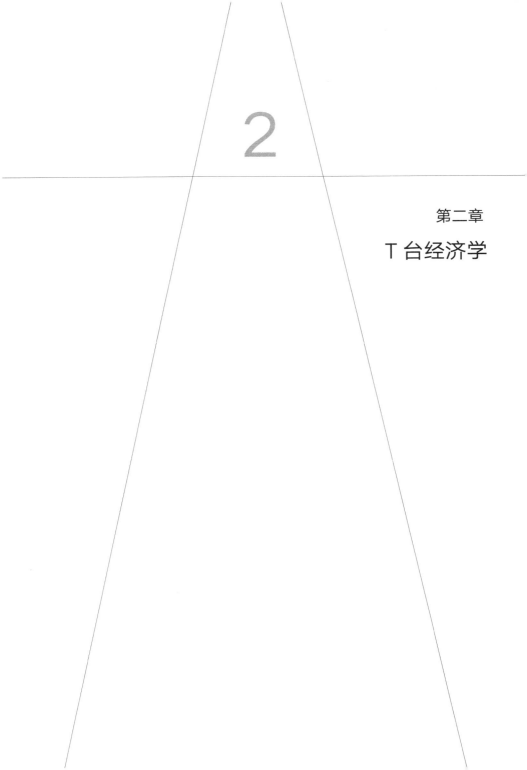

2

第二章

T台经济学

无论从哪方面来说，作为模特，JD 的入行第一年都是很成功的。作为一名生活在家乡曼彻斯特的大二学生，他每周坐火车前往国王十字车站，去接伦敦的经纪公司安排的时尚拍摄通告。他 20 岁，在一个月里他赚到了比之前 20 年所有兼职工作还多的钱。他的第一个通告是日薪 10000 英镑的时尚广告大片（campaign）。这对于从未想过当模特的他来说显然不错，毕竟他最初是陪朋友去参加的面试。

JD 认为模特只需最小的努力就能有稳定的现金流入。"来钱容易"，我经常听到这个词，模特们用来评价这种至少是从短期来看十分讨喜的付出回报率。"很容易就赚来的钱"源源不断地进入 JD 的银行户头。他开始拒绝接那种只付 800 英镑一天的小广告——"愚蠢，"他现在这样评价当时的自己。他向他的经纪人抱怨这种工作收入的微不足道，"你就不能给我另一个广告吗？"对于这个，他的经纪人耐心地解释："广告大片很难接到，不是每个人都有这种机会的。"但这种解释显然无济于事。JD 只是用钱来衡量一份工作的价值，他更加不可能接受无酬劳的工作：

"你知道吗，他们称像我这样的人是'昏了头不清楚状况！''你必须做这些！'那好，这个会付我多少钱？没有？那我不做。我不会大老远从曼彻斯特过来就为了做一件没有酬劳的事情，比如说那个 Daze 什么杂志的拍摄。"

Dazed & Confused，是一本国际一线大刊，对于设计师、音乐人和模特来说无疑是成名的良好平台。他拒绝了许多类似的知名杂志和广告大片的拍摄：*i-D* 杂志、东京三宅一生品牌的拍摄、与一位顶尖女超模合作拍摄高级定制系列。"这是和一些真的很有名的女模，但是我真的不知道她是谁。阿努克·莱柏（Anouck Lepere）[1]？"那些他接下的有着高酬劳的工作被他在曼彻斯特的朋友和家人认为很酷。

"但是，当我接下 Sportswear Now 的通告，"他回想起来，"我的状态就是，'耶，那是 Sports Now！我的朋友们都可以在橱窗里看到我！'那是个卖很丑的运动产品的店，但是当我回到曼彻斯特村的时候每个人都说，'你就是 Sports Now 的那个人吧！'但就像我拒绝了 *Vogue* 一样，我犯了这些错误，我拒绝了一些真的很重要的工作。"

花无百日红，模特界的变化更快。*Vogue* 杂志失去了耐心，三宅一生也没有了兴趣。电话不再响了，JD 成为了明日黄花。他由一周制定一次工作安排变成了一个月一次，现在可能制定一次工作合同几个工作排够一整年。

22 岁，JD 结束了大学学业，获得计算机科学的学位。他生活在伦敦市中心，在广告公司找工作，希望日后能自己制作广告、面试模特。这些天有位客户罕见地邀请他参加了面试，但不得不说他的模特事业已经过气。*Dazed & Confused* 杂志的造型师在男装界举足轻重，在被拒绝三次之后，JD 已经被拉入黑名单。"现在我永远也不会被邀请去任何面试了，"JD 摇了摇头说，

"我犯了一个多么大的错误。"

在模特界什么才叫做重要的大通告？有很多的钱？很大平台的曝光度？很有声望的客户？两年前 JD 想当然地认为：大通告就是有大钱。这就是他最大的错误。他的错误之处并不是拒绝了工作，而是不能区分出超出工作金钱价值之上的不同种类的价值。这个问题的实质是低估了时尚精英们的价值而高估了现金的价值。这是没有做到将长期的回报超越短期利益、将象征性回报（symbolic rewords）与经济回报区分开来、认识到名望在时尚产业的重要性，并去了解它们之间的联系。简而言之，问题就是对于时尚领域和其指导逻辑的无知。

在布尔迪厄的定义中，在文化生产场域出现的外形，如同一个拥有自己功能独立甚至相反的规则、逻辑和资本的独特社会宇宙[2]。在这个场域里，外形，就像其他文化产品一样，会陷入两个明显独特而又重叠的领域，一个被认为前卫或者说"文艺 / 媒体"，另一个则是市场的或者说"商业"的。这两个领域在 JD 短暂的职业生涯中被形象化：*Dazed & Confused* 是媒体的那部分，而 Sportswear Now 是商业的那头，在两者中间出现了文化裂缝。人们主要在这两个领域的人际网络中工作，这被社会学家维维安娜·泽利泽称为"贸易圈"（circuits of commerce）。泽利泽这里的"贸易"一词是这个词的旧概念，这个贸易意味着交谈与相互交换[3]，是社会网络或者社会组织的经济行为。但它并不仅仅是个网络，因为其中还突显着理解、实践、信息、义务、权力、符号、媒介交换。[4]

我们可以将媒体时尚和商业时尚看做是"价值圈"（circuits

of values），因为其中的参与者分享着不同的成功与价值的衡量标准。文艺 / 媒体与商业生产者对于好的品味、好的作品、合理的价格有着不同的理解。事实上，来自客户的一大笔钱在文艺圈看来无法比得上杂志拍摄的几百美元。文艺与商业生产者对于"外形"的理解也大不相同。在这个领域，模特、经纪人、客户都为了一个更好的名声而奋斗。从一个社会学的角度来看，时尚领域更像一个战场。

作为一名曾经在时尚世界游走的无名小卒，20 岁的 JD 不会明白他自己市场价值的根源，因为他尚未进入社会化的时尚领域。这一章节将会对当年的他有用，因为它提供了时尚界的地图，包括对好工作以及相应的外形、价格体系的分类方法。但是，在了解全球时尚复杂的架构的意义之前，我们首先要知道它是怎样出现的。

第一位人体模特

时尚模特最早出现于 19 世纪晚期，英国人查尔斯·弗莱德里克·沃斯（Charles Frederic Worth）于 19 世纪 50 年代在他位于巴黎的时装沙龙首次用真的"人体模特"展示服装[5]。这些模特通常是从制衣车间招集来的，或者来自风月场所。当首位女模穿着服装出现在展示厅，她们引出了一个模糊的紧张问题，究竟什么是被推销的？是服装还是穿着这件服装的女人。时装模特既不是受欢迎的职业，也不是什么有社会地位的职业。因为模特为了钱而展出她们的身体，从道德角度看她们被认为值得怀疑。的确，维多利亚时期的社会判定时尚作为伪装的艺术和虚伪的实践是有罪的，如同引起广泛社会恐惧的隐藏在妆容背后那罪恶的"荡妇"。伦敦裁缝露西尔于 19 世纪晚期最早举办时装展览，她从伦敦近郊的工人阶级中招募模特。像可可·香奈儿（Coco Chanel）这样的设计师在 1910 年后很注重对模特的外表进行挑选，其中首要考虑因素是模特"苗条的身材和良好的仪态举止"。[6]

随着大规模生产的崛起和消费文化的扩散，时装秀成长为有着固定日期的半正式活动，截止到 20 世纪 20 年代，模特成为设计师沙龙里的固定角色，典型的是于贵族茶歇时在他们面前展示服装。1910 年美国费城的沃纳梅克百货公司引进了欧洲的时装秀，在午餐时间于百货公司餐厅里用真人模特展示新季时装。

随着时尚的日益全球化，设计师们对于模特的需求有所发展，20 世纪 20 年代时装展示发展成为女性寻求向上流移动的一个重要的工作新选择，虽然这份工作曾经（现在也是）薪酬相当低并且是非正式工[7]。1923 年，约翰·罗伯特·鲍尔斯（John Robert Powers）于纽约开办了第一家模特经纪公司。为了克服"模特"一词的负面影响，他偏爱使用"鲍尔斯女孩"这一绰号。第一次模特海选是 1924 年为法国设计师让·巴度寻找模特，500 多名美国申请者中，六位幸运女孩最终被选为模特。大西洋的另一边，露西·克莱顿（Lucie Clayton）的模特经纪公司于 1928 年在伦敦创办[8]。由于有了经纪公司的代理，模特费用增长。截至 20 世纪 30 年代，美国模特收入为平面拍摄 65 美元一周，试装和成衣展示 40 美元一周。20 世纪 40 至 50 年代，受欢迎的模特们迫使这一价格升高，特别是朵薇玛（Dovima），她的平面拍摄费用从一小时 25 美元飙升到 60 美元，由此被称为"一分钟一美元女孩"[9]。

在那时，像朵薇玛这样的女性工作在分离的市场中，T 台走秀模特与平面摄影模特是分开的。秀场模特的工作是时装屋的走秀、试装和样衣展示，最流行于欧洲，全职满足高级制衣沙龙的需要。而平面拍摄模特为杂志和目录拍摄工作更可见，因此最负盛名。平面拍摄模特的收入更高，如走秀模特一样，准永久地以 Vogue 和《时尚芭莎》这样每小时报酬与目录拍摄相当的杂志为基础。

截至 60 年代，随着年轻和流行文化在欧洲和美国的扩张，时装打破了"阶级时尚"的控制。从巴黎高级定制自上而下支配全球风格，变为"消费者时尚"通过生活方式和亚文化群从下而上推动。与之并行的是一个更广范围的令人轻松的社会规则的转变，服装设计师作为唯一的"合法性品味"（legitimate taste）的决定者，让位于多重影响因素，如摇滚和街头风格[10]。渴望通过精品设计师而打开年轻人和大众市场，时装屋引进了奢华成衣线（ready to wear）。1961 年，皮尔·卡丹（Pierre Cardin）在巴黎举办了男装成衣秀；1966 年，伊夫·圣·罗兰（Yves Saint Laurent）开办了他的"左岸"（Rive Gauche）成衣精品店。大而华美的百货公司引发了精品购物的盛行，而封闭的高级定制行会体系的黄金时代被遗忘于"无阶级"的时尚之中。现今，中产阶级可以通过负担得起的成衣设计买一件精英时尚单品。同时，高端时尚开始从街头风格中汲取灵感，新趋势来自拼凑起来的灵感。如早期社会理论家托尔斯坦·凡勃伦（Thorstein Veblen）和格奥尔格·齐美尔（Georg Simmel）所假定的，上层阶级失去了定义时尚风格的权威。在西方消费社会，如在时尚界，同质类文化衰退，取而代之的是许多的利基（niches）[11] 或者不同的亚文化消费品位涌现，跨越不同的社会经济背景[12]。

自 60 年代起大部分的时装生意变成了"亏本买卖"，这意味着时装失去金钱，但产生了围绕品牌的知名度与声望[13]。1975年，克里斯汀·迪奥时装屋（Maison Christian Dior）发展了革命性的品牌授权，通过销售配饰单品增加利润。在 20 世纪初，时装屋外包香水业务，例如 1921 年推出的著名的 Chanel No.5。迪奥通过签约世界范围内的家居、美妆和配饰产品制造商扩大利润。为了使用迪奥的品牌，这些厂商向迪奥时装屋支付费用。腰带、手袋、太阳镜、香水、蜡烛和床单，凡是你能说得出的，便宜但又有质量监控的大量工业制成品被标上迪奥的商标，销售到全世界。"迪奥模式"因此尽人皆知，现在是时装屋使用的占主导地位的商业策略[14]。品牌的这种转变需要新型的时装特，既能走 T 台秀场，又能拍摄广告和杂志。这一新型模特也即"媒体杂志模特"（editorial models）衔接了硬照和走秀的划分，而模特自身的事业地位也因此上升到名人的高度。

春光乍泄

随着成衣时尚如雨后春笋般迅猛发展，模特产业也在 60 年代迅速成长。由于时装秀变成了更大的活动，设计师们以雇成名的模特作为提高曝光的手段。70年代早期，米兰的经纪公司将走秀费用从一小时50美元提高到200美元，不久平面硬照界的明星如杰莉·霍尔（Jerry Hall）和帕特·克利夫兰（Pat Cleveland）转向T台秀场。杂志明星取代了驻店模特，她们离开T台，转投试装或者样衣展示这样的幕后工作。

随着杂志明星出现在主要时尚都市的秀场上，模特们在国际上声名鹊起，费用和地位也因此飙升。模特变成了流行电影明星，例如电影《放大》（Blow Up）和"青年运动"文化的象征。60年代，美国 Vogue 杂志主编戴安娜·弗里兰（Diana Vreeland）将模特的名字标注在杂志上，其他杂志随后效仿。

当时杂志首先结束了雇佣固定模特的做法。杂志成为有天赋的新人事业腾飞的开始，同样地，他们的费用也从近50美元一小时落到100美元一天，直到今天仍旧如此[15]。然而，商业广告和目录的拍摄工作仍旧是既不走高声望T台秀也不拍高端时尚杂志的大多数模特稳定的收入来源。因此平面硬照和T台走秀的分界被重新分为媒体和商业模特两个新的阵营。

截止到70年代，福特模特公司的劳伦·哈顿凭借露华浓（Revlon）化妆品广告一年20天的工作获20万美元的酬劳成为世界最高薪酬模特。70至80年代，在米兰，设计师们平均付给模特们2500美元一场秀，对于T台明星是高于10000美元一场[16]。通过电视卫星转播，80年代时装周在世界范围内播放，时装秀开始如摇滚音乐会一般：长队的观众沿着天鹅绒围栏鱼贯入场，狗仔队的相机闪光灯不停闪烁，秀场头排坐着好莱坞明星。

时尚产业自身也在 80 年代经历了巨大的产业变革。随着全球化的发展，新的柔性制造技术使得服装制造在全球商品链中快速而廉价——在巴黎和纽约的零售商和时装品牌公司开始外包海外生产，向发展中国家分散制造网。结果就如肖恩·尼克松（Sean Nixon）在他对英国男装的研究中所提到的那样，更多的细分市场（segmented market）可以快速地对消费者喜好的细微变化做出回应[17]。最近，大规模的零售商如 Topshop 和 H&M 在设计师成衣系列秀后的两到四周内就能销售便宜的相似款，这种做法被称为"快时尚"，以其快速产出新样式而得名。

随着市场的不断细分，广告从事实导向传达消息的模式转变为一个梦想媒介，打造出精心制作的一系列围绕产品的情感意义和价值。这一在广告上的"创意革命"于 1970 年左右最先出现在英国，标志着"图像导向"或者"梦寐以求"的广告走向的开始。这一新的推广准则通过将消费品与生活方式和象征意义联系，推动"情感卖点"[18]。传统的时尚广告过去一直是展示服装，随着这些在时尚和广告上的全球变化，服装发展成为在整个有型的时尚"外形"下的一件单品，其中时装模特扮演了重要的角色。

在图像导向的广告领域，70 至 80 年代时装模特膨胀，发展进入"超级模特"这一泡沫中，这些名模一场秀出场费高达四万美元[19]。在极少的超模和资金雄厚的买家的带动下，模特费用如火箭般飙升，使得他们的经纪人让设计师自相竞争。模特界"三位一体"之一的琳达·伊万格丽斯塔——另两位是娜奥米·坎贝尔（Naomi Campbell）和克里斯蒂·特林顿（Christy Turlington），以"少于一万美元一天"就不会下床工作闻名。90年代，超模的年总收入达到百万美元。2010年，福布斯杂志的百强名人榜里有三位超模入选：吉赛尔·邦臣，2500万美元，海蒂·克拉姆，1600万美元，凯特·摩丝，900万美元[20]。纵观整个20世纪，模特从地位低下的女店员一跃成为百万富翁。

模特与数字世界

市场自90年代起经历了巨大的变化。随着网络和数字科技的发展，星探和经纪公司前所未有地接触到世界各地的客户和模特。许多80年代进入这行的经纪人们都记得柏林墙是一道物色新模特的障碍，现在大量涌入的东欧模特已经在与其他地区（例如拉丁美洲）的年轻女性和女孩子们竞争。模特经纪公司也因此更加国际化——精锐模特公司（Elite Model Management）目前在全世界有超过30家分公司，从亚特兰大到迪拜——这些"一站式"美容中心可以满足全世界客户的需要[21]。现在经纪人们用数码相机拍摄照片和视频，他们可以通过邮件发送这些资料供世界上任何地方的客户虚拟面试[22]。

随着找到和推销模特能力的增强，经纪公司的数量在全球范围内激增。单在纽约，经纪公司的数量就在经济危机前达到了巅峰。如威辛格（Wissinger）报告，1950年曼哈顿企业黄页上列出了30家模特经纪公司，1965年41家，1979年60家，1985年95家，1998年117家，2002年132家[23]。2008年，只有

120 家，下降可能是由于经济衰退。

经纪公司的增加意味着模特的增加。身体资本的供给在近二十年里已经膨胀，有些经纪人们惋惜地表示，现在模特变多而工作少于过去。凯西从 1991 年起做模特经纪，表示模特的数量大增："两倍，三倍！天啊，不计其数！有多少经纪公司啊！我都不知道。"模特的确切数量在任何一个给定的市场中都无法获得，因为模特一直在流动，工作于全球各地的时尚市场中[24]。根据 Model.com 的信息，十大经纪公司瓜分了纽约大部分的工作；每家经纪公司代理 150 至 600 名模特。2003 年，美国持非移民签证的模特达到 800 人，2008 年众议院法案提出分配给外国模特每年 1000 人的名额，以便不与其他专业工人——换句话说，就是那些计算机工程师——竞争[25]。Metro 经纪公司的经纪人们估算，有 3000 到 5000 名模特在纽约时装周期间涌进纽约。据一个在英国的调查估算，伦敦时装周超过 80% 的模特是外模[26]。

时尚产业还得到了来自流行媒体的更多关注，例如 *Vogue* 杂志旗下的网站，由康泰纳仕集团于 2000 年创办的 Style.com。Style.com 展示每一季时装周上每位设计师的服装。电视真人秀突显了在比赛竞争中可以成为时尚产业里的下一个顶级时装设计师、发型师、杂志编辑助理，当然还有时装模特[27]。随着更多的宣传曝光，经纪公司被梦想成为模特的青年男女簇拥。在 Metro，许多充满希望的候选者为了得到给经纪人留下印象的机会，排着长队前来参加工作日下午的公开海选。在 Scene，每天都有年轻人不断地徘徊在大堂，只为了能有机会和经纪人见面。在两个经纪公司，每天都有大量的电子邮件和信函涌进助理的邮箱，而它们中的大部分都会变成垃圾。

尽管规模增长，但整个产业带给个人的利润却在收缩。超模和他们的高费用的背后是成千上万渴望成功的竞争者们、低收入和随着时装季而快速流动的模特。模特价格整体上随着供求过剩和广告吸引观众的能力日益下降而一落千丈。像 TiVo[28] 这样的数字录像设备的出现，电视观众可以跳过广告看录像，削减了广告的效应，猛烈冲击了模特电视商业广告的收入。80 年代全球范围内的电视商业广告初始支付一百万美元，余款或者说"使用费"每播一次付款一次，每 30 秒几百美元的播出费可以让经纪公司每隔几个月进账数千美元。电视商业广告产生了高额的收入，成为时装模特经纪公司的摇钱树。21 世纪初，国际电视商业广告的费用缓慢降到 2008 年的 15000 美元，一次性买断使用权，这就意味着客户不论播出时间、规模和用途，一次性付费[29]。

高端时尚广告大片不再是模特的专利，名人文化将好莱坞明星和流行歌手推为新的时尚和美妆广告大片代言人。直到 90 年代后期，演员才开始认可支持商业广告或者时尚产品——除了像东京这样的海外市场，以免让正经演员形象受损。时尚杂志也如法炮制。10 年前，美国 *Vogue* 12 期里有 10 期封面都是模特，而在 2008 年，只有一位是模特——琳达·伊万格丽斯塔[30]。这些曾经是模特职业最高峰的工作，需求也越来越少。

最终，价格自 9·11 事件而停滞。2001 年的 9 月 11 日，是纽约时装周的第一天，时装秀被取消而服装系列一年未售出也相当程度地打击了整个广告产业。模特价格受到了经济的冲击，自那以后经纪人们很难提升模特身价。据经纪人估计，有些客户现在的支付价只是"9·11"之前的一半，并抵抗试图涨价的行为。

在这一全球供大于求和价格紧缩的背景下，经纪公司在2008 年经济危机之前就已经很难生存。为应付低价格，他们用更多的模特来追求成为最高位置的那个面孔，得到百万美元的合同，提高声望和财富。问题是，寻找下一个巨星外形是不可测的，所以经纪人们加强寻找尽可能多的候选人。这些候选人被使用很短的一段时间，当看起来不像会赢得头彩的时候就会被放弃。从经纪人的立场来看，这个循环每季加速。

"天啊，现在模特太多了！这太疯狂了。"瑞秋，纽约的一位模特经纪人感叹，"每个人发现的新人十倍增长，而价钱却没有过去高，所以每个人都要为更多的工作竞争，所以每个人都在想，拥有越多的模特就是拥有更多的钱和更多可以得到的工作"——她停了一下，似乎要喘口气，"甚至上一个时装周，就好像这个城市里来了好多好多的女孩。"

一位模特的事业被认为是短暂的：任何一位模特对职业生涯的长寿不抱太高期待，所以模特被视为一个阶段而非一项事业。经纪公司有着高流动率的模特，Metro 每年约有 25 位进出，而 Scene 每年有 10 位新面孔加入，老的那些就被淘汰，如同旋转门一样。模特在这些经纪公司的时间从几个月到几十年，平均下来大部分模特是 5 年。

如 Scene 公司资深经纪人海伦所讲，结果就是现在的模特市场已经和三十年前她刚入行时大不一样，在她看来现在不那么有趣了。现在，年轻人被领进来，试用，然后再迅速地被抛出。"每个人都在寻找凯特·摩丝和纳塔利·沃佳诺娃,"海伦说,"那些能赚取大价钱的女孩。但事实是,你说不清能否获得,只能静待奇迹发生,所以每个人只是不停地在找。"

海伦讲这些的时候,看起来已经失去了信心,工作变得令人沮丧。她继续说:"我发现这真的很艰难,他们从各地找来模特,浪费了大量的时间,很多人被送回家并被告知,'哦,你不够好。'我认为这很丢脸。"

随着低价和高度竞争,Metro 和 Scene 变得如同在齿轮上飞奔的小老鼠。虽然两家经纪公司在 2000 年初都经历了经济增长和办公室的扩张,但相对于他们的竞争者而言还是忙得焦头烂额。媒体 / 文艺模特不同于商业模特的崛起,拉开了经纪公司抓紧寻找新面孔的序幕,在这一过程中供给膨胀而价格下降。

在两年前,从曼彻斯特坐火车冒险般进入伦敦的时候,JD并没有看到他在这个经历结构性转变的行业中所处位置的危机。乘着全球化经济、饱和市场和价格减少、快时尚加速发展和古老职业进入夕阳的浪潮,他短暂的职业生涯拥有过一万美元的时尚广告大片工作,现在变为流星乍现。

市场体系结构

外形,如任何艺术作品一样,聚集成类型。生产者们命名这些不同外观要比界定它们的内容容易得多。例如,在纽约从业六年的摄影师比利,可以飞快说出"知名"的不同外形类型:

"有瘦得像嗑了药一样的小伙，健壮的 Abercrombie & Fitch 哥们，Dolce & Gabbana 同性恋范儿的，等等。"以下是生产者们多彩多姿的命名描述中的范例：

打扮花哨的家庭妇女型，朝生暮死的波西米亚人，美国甜心型，沉迷毒品型，瑜伽健美型，拉丁美洲型，豆芽菜型，高端时髦小妞型，小鸟翠迪型，巴西人型，比利时人型，俄罗斯娃娃型。

类型是没有止境的。这些不同的类型随着时尚趋势来来走走，以便在特定的时刻某个外形可以成为该阶段时尚的"那个外形"。

但它们的活动并不是随机的。在这一堆外形中有一个经济体存在，它遵从一个反经济的逻辑[31]。在这一经济中，有些最令人渴望的工作酬金却最少，而那些有着很大累积收益的工作却处于最低的地位。这是个"被颠覆的经济世界"，如布尔迪厄所提出的，因为在这里输家会赢，而且他们可能潜在地特赢大赢。

颠覆的经济世界

外形的生产者们如任何一个文化生产领域的生产者一样，有着复杂的利益关系。有些拥抱经济原则，而另一些拒绝对于货币的追求。这取决于他们是在媒体时尚还是商业时尚圈。伴随着这些圈子不同的价值观，模特们接不同的工作，赚取不可兼得的名声和钱，面对不同程度的风险。他们还拥有每个人都声称可以预见的不一样的外形。媒体模特拥有不寻常的或者用圈内术语来说"前卫"（edgy）的外形。商业外形则被广泛地描述为"温和"或者"经典"的外形。每种外形吸引不同的受众，如在前卫艺术圈，媒体外形是为编辑、造型师和时尚圈内人出现的，而商业外形是为了大众消费。一个商业外形产生即刻的经济回报，但是以牺牲长远收益为代价。同时，媒体外形的价值需要长期才能成形，这就是说，它不会只出现一季就消失得无影无踪。

媒体类工作，得名于展现编辑们主张的"媒体版"，这类工作主要是杂志拍摄和 T 台秀场。到目前为止这些都是收入最微薄的模特工作，并不是所有都等价[32]。虽然媒体类工作的经济回报低，或者说"经济资本"低，但它们有很高的声名，或者说"象征资本"高。声名独立地拥有价值，可以让一个人"成名"，赋予拥有好品味的权威。经纪公司和模特都在押注象征资本在长期内最终会取得成功，模特会得到奢侈品品牌广告大片的工作。这是个职业头筹，可以有百万美元的薪酬，且延续好几年。

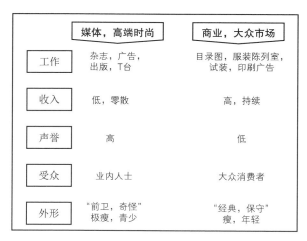

图 2.1　时尚领域的媒体与商业世界

商业工作，如平面广告、目录拍摄、电视商业广告、非正式的试装和服装陈列室展示，在短期内薪酬非常理想，有着一贯的高日薪和时薪。商业工作给经纪人和模特带来稳定的收入，但代价是：这是目前来看最低声誉的工作。这些拥有中等偏上稳定收入的模特给经纪公司带来有价值的经济资产，然而他们的象征性一文不值。他们无法赚取象征性地位去获得拍摄广告大片的工作，而一个以商业广告工作成名的模特基本上退出了赢取头奖的竞赛。贫穷的媒体模特同时享受着高的文化地位，但鲜为经纪公司入账（有时还要欠债）。

乔安妮·恩特维斯特尔在关于审美经济的研究中，记载了时装模特和买手在塞尔福里奇百货公司的权衡交易，其中注意到从媒体时尚领域到商业时尚领域估价的过程。而帕特里克·阿斯佩拉（Patrik Aspers）也在对瑞典时尚摄影师的研究中发现了相似的关系。他们发现，稳定的商业工作暗中伤害了其象征资本，长期来看阻碍了经济收益。自相矛盾地，这意味着生产者们要有拒绝经济激励的动机，他们对经济的非功利性感兴趣[33]。

在理论中，媒体（文艺）和商业圈是两极相对的，但实践中，时尚圈子是相互渗漏的体系，它们拥有模糊和重叠的边缘。模特们在媒体和商业圈之间移动，调整他们的外形以适应客户。客户们同样是动态的，一位媒体客户可能会选一位商业型的漂亮模特，或者一份商业目录工作可能会倾向于前卫外形。例如巴尼斯（Barneys）、内曼·马库斯（Neiman Marcus）这种高端目录向大众呈现前卫外形，而维多利亚的秘密的目录拍摄也能拥有很高声誉，虽然目标受众是中级市场消费者。

总体来讲，一位模特外形的价值来自于两个不同圈子的相互影响。这种关系可以函数表示，见图2.2。

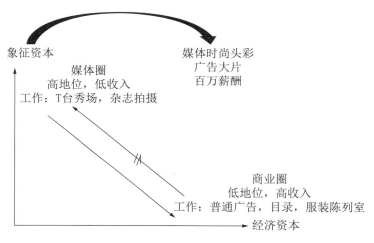

图2.2 时尚领域结构

模特工作，在经济资本轴的远端赚取高额收入，如目录拍摄、服装陈列室展示和商业广告，但本质上被禁锢了，在"下等"的目录拍摄工作圈子里，不能向上到媒体去工作。模特工作在象征资本轴的远端是赚取少量金钱的杂志拍摄、T台工作，但当他们向经济资本轴移动的时候，他们的声望可以转化为更高的商业工作价格，于是他们可以而且希望，能够通过获得奢侈品大片的拍摄来赢取头彩。

美丽世界的颠覆

商业模特和媒体模特之间有着身体上的区别，即使对于外界来说这种区别是难以发觉的。无论 Metro 还是 Scene，商业模特都会比媒体模特年纪大一点，体型也大一点。商业模特的尺码从 2 到 6，而媒体的尺码从 0 到 4。"女孩"这个词颇为准确地描述了大部分媒体女模特。她们的年龄从 13 岁到 22 岁，显著低于那些至少 18 岁最大超过 30 岁的商业模特。媒体男模们倾向于修长，腰围 28 英寸胸围 32 英寸。而商业男模更大些，腰围 32 英寸胸围 40 英寸。大块头健美男们年纪要大些，从 18 岁到 55 岁以上，而媒体男模是 16 岁到 20 多岁。

除了这些身型上的差异，媒体类型和商业类型的模特在被如何看待（how they are seen）上也有巨大不同。经纪人、客户和模特们描述商业外形为"有传统的魅力"。商业女模被经纪人们亲切地称为"财女"：她们看起来就像并且也的确是会赚一百万美元的那种。她们主要做像服装陈列室工作，拍摄产品目录和商业广告这些给模特也给公司钱的工作。对于商业类形，业界有各种的陈述，啦啦队队长那样漂亮的，整齐的，健康的，古典的，干净的，十足美国范儿的，冷艳的。这些当然很有吸引力，但更有普遍吸引力的是如邻家女孩般的，一位 Metro 的经纪人这样说。这种"邻家女孩"并不一定要白，但就如字面所表示的那样，她贴近中产阶级。商业男模要同样"英俊"，优雅，看着像是正常男人。一位经纪人解释道："他们是看着就像好男友的那种人。"相对而言，商业模特看起来"正常"，他们的"正常"转化为可靠度高和稳定的收入。

这种"安全"的商业类型模特有的专门在服装陈列室里工作，做试装和非正式的服装展示，有的从事产品目录拍摄。对于试装模特来说最重要的一点是身材尺码要精确在 4 号到 8 号之间，因为客户雇他们是为了帮助定型和推销样衣。目录拍摄模特需要体现主流审美中的漂亮，这样可以吸引到美国中部的中等水平的顾客。

所谓绝对的漂亮，就是一个女孩走在大街上，你路过会说"她好辣！"你走过她会回头看。这种我就会认为她是目录模特：干净、美国范儿、非常健康。通常，如果一个中产阶级男人认为她很辣，那也是一种目录模特。（布蕾，纽约经纪人）

与那些"每天都微笑的产品目录女孩"或者那些"大众化"英俊男孩相对的，是被看做"独特的""强势的"（strong）媒体类型的模特。一个媒体类型的模特通常会被形容为拥有"不寻常"或者用一个在商业中经常出现的词就是"前卫的"（edgy）外形。生产者们定义这种"前卫"为一种不合规则的或者古怪的特质。

在这一行里，每个人都会有一段困难的时间，尝试把前卫转化成具体文字。超越于年轻和过于消瘦的这种未发育的生理特征，前卫是一种不明确的特质，可能极其容易被定义得消极。前卫不是商业上的漂亮，而是一种背离了传统吸引力标准的外形代码。它是离奇的，处于美丽与丑陋的边界之间，熟悉而又陌生，同时吸引和拒绝它的观众。就如同纽约造型师克莱夫所解释的："你知道真的特别特别好的女孩子们是什么样吗？她们都是怪胎。绝对的怪胎！不像是人，在身体上她们是畸形的……但即使是畸形的，也非常迷人。"

然而，生产者们珍视每一个"前卫"外形，他们知道这种外形的价值可能不会为圈外人所认识。

一个媒体类型的模特通常有很"strong"的外形……在学校里，她可能会被同学们认为难看。有些人，像我妈妈或者其他无论谁，可能会看着一张她在 *Vogue* 上的照片说："这样的人怎么能当模特？她看着太奇怪了。"她是看着奇怪，但她的奇怪恰到好处。（弗里亚，伦敦经纪人）

当分类的方式不是自然而然的明显，"柔和"、"前卫"、"经典"——怎么样才能区别出外形的不同类型？当市场的边界模糊的时候，经纪人们该如何去管理模特们的"个人介绍"？这个问题的答案需要去问那些模特们想要吸引的人。消费者的社会等级同样也符合外形的分类和等级划分。商业外形是假定与所在领域中的大部分消费者产生共鸣。商业模特拥有"柔和"和"令人厌倦"的美丽，吸引中产阶级，更频繁地被表示为"美国中西部"或者"俄亥俄州"。一位经纪人表示，美式甜心的形象在商场中效果最好。相反，"前卫"的外形被认定为在限定的生产中引起共鸣，即那些高端时尚的创造者，例如前卫的杂志读者们。

比如，*i-D* 杂志自夸读者是"观点创造者和产业风格引领者……他们可以预测流行趋势，影响大众市场和建构品牌信誉"。[34] 媒体模特们在创造品牌认同和传达声望的时候，商业模特仅仅在运输商品。与之类似，意大利社会学家露西娅·鲁热罗尼（Lucia Ruggerone）在对意大利设计师的研究中发现，工作于高端时尚意味着一个人投身于品牌认同和美学生产——那种前卫的东西——这最多仅仅与可供销售的产品和最终消费者有着微弱的联系[35]。

媒体型的外形并不意味着对"俄亥俄州"的那些消费者们有着文化意义，而是对于时尚圈的内部人士，在纽约和其他时尚都市的圈内人有意义。（这并不是有意轻视俄亥俄州，时尚生产者们也有在美国中西部的，更广泛地说是"美国中部"，内布拉斯加州，伊利诺伊州，他们自己的母亲也都是商业消费者。）恰恰因为他们不会在大众市场中兴旺，所以媒体时尚有较高的地位。不论是真的还是被认为的，一位模特可以吸引到的人的类型越多，她的独特之处就越少，因此价值就越低，就被划归于商业外形。在这里我们可以从艺术领域学到：作为一个普遍的规则，对于任何文化产品，随着规模和受众的增加，它的声誉在下降[36]。

因此模特界也例证了艺术与商业之间的经典张力，模特向我们展现了时尚生产者们如何去操纵由来已久的对立面[37]。因为艺术被视为高于粗俗的物质利益市场，它承载着道德的权威，是一种可以通过品牌和生活方式广告转移给产品的信誉。媒体型的外形给手袋、香水或者高跟鞋授予了文化权威和信誉，通过奢侈品品牌认同的特殊性屏蔽廉价的消费品。

媒体类时尚在布尔迪厄的理论中既是"经济世界的颠覆"（economic world reversed），也是"美丽世界的颠覆"（beauty world reversed）。传统经济衡量和主流审美标准下的胜出者，在这里是输家。这就是说，"漂亮"而收入颇丰的商品目录模特被排除于长期的声誉竞争之外，至少，是受冷落的。

当然，"前卫"和"柔和"的差别也如同外形本身，是偶然的和自我强化的。一位媒体型模特认为声望足以让她能够拍摄Prada的广告大片，通过出镜，她会成为更有声望的媒体时尚界明星。同样，"商业"也有其自我实现的标签，例如一个模特被她的经纪人视作外形商业而安排拍摄目录这种工作。她会调整她的外形使之适应目录客户的期待，无论是否更加想成为一位媒体类超模。的确，经纪人解释到，对于任何模特来说，众所周知的是这山望着那山高。媒体类模特经常总是想去拍赚钱的产品目录，而商业模特则感觉被轻视，想去追求高端时尚的工作。模特太过于计较所属分类，经纪人可能就会"放下"她，结束合约。社会学家常常说，我们相信是真的的事情，就会影响它真的成真。如果说有什么是我在时尚圈即刻就学到的，那就是信念的力量。

在这个游戏中的信念

时尚生产者们相信独特外形的存在，"前卫"或者"经典"，因为，简单地说，他们必须这样。在任何一项游戏规则中，信任是参与其中的前提条件。放任怀疑，去质疑一个模特是否真的看起来与众不同，就是去质疑整个产业的宗旨，要退出这个游戏。生产者们必须相信他们在做的事情，这就是会有一个外形完全不同于其他，"好品味"也确实会出现，这是创造好时尚的必然条件。简单地说就是，他们相信，为了创造时尚而时尚。通过相信这些规则，生产者们忘记他们正在遵守社会规范，他们在一个错觉下工作：时尚游戏独立地存在于他们的信念之外[38]。

所有时尚生产者们都在这个错觉，这个自发的对于"外形"的寻找的信念下行动。模特们想要成为它，经纪人们努力去找到并且售出它，客户们想要选择它。但是胜利——成为、推销、和选择一个赢家，对于时尚生产者们来说似乎在媒体圈要比商业时尚圈更有魔力。

让我来解释一下。

"前卫"的媒体类外表主要存在于传达品牌形象，挑战艺术革新的极限，相对于那些永远不会过时的"安全"和"正常"的商业形象，它们更难获得认同和被出售。媒体类时尚生产者因此面对更大的主观不可预测性，也不能提前声明什么是他们想要的。在商业时尚圈，决策更加透明和容易预测——一个正常的外形足以吸引主流消费者；而在媒体圈，决定一个外形是否比另一个更"前卫"的标准是模糊的。这个模糊意味着不可预知。媒体模特不能预知他们下一年甚至下个月赚多少钱。经纪人不能预知他们的新模特是否可以走红。客户们不能评估这个媒体模特是否将使他们的时装更时尚。

相对而言，在商业市场中工作是一个安全并且可预测的过程。生产者们有较强的能力去提前声明什么是他们想找的模特。每多做一项工作就是一步增量，虽然这个胜算仍然很小——世界上极少数的人会成为彭尼百货的广告明星，但是在商业时尚圈似乎也没有真正的挑战，因为这里不存在超越。目录图与服装展示室，伴随着保险又稳定的收入和"正常"的外形，似乎直截了当并且明显地确定了这些工作。商业上没有赢家可以抢占所有的报酬，因为在商业圈里没有值得赢的。没有了敲击大奖的潜力，就没有奇迹。商业圈打破了这个幻像或者说游戏中的信念。

媒体圈则相反，在这里没有一个工作和另一个工作之间的一步一个脚印，而是不确定着陆地的跳跃。回报丰厚，但为了拿到这些回报而进行的争斗不可靠并且充斥着歧义。一个人有下沉的感觉，可能就不会再进行下一步，而一旦继续，则是多么非凡的事！由于巨大的赌注和不可预测性，在赢者通吃的媒体时尚界，赢家似乎已经得到了一些不仅不可能得到并且还神奇的东西，仿佛被施了魔法。

资　金　链

大多数人都倾向于认为像美元这样的法定货币是"真正的钱"，而非法定货币的交易例如礼物和以物易物，是额外的，只在重要的经济交易的边缘，仅仅"外快"而已。但非货币性的支付在审美经济中对价格系统至关重要。现金只是一种被承认的流通形式，不一定是最有价值的那种。支付可以有多种形式，从几千美元到免费的手袋、照片，对于宣传的承诺，与社会地位高的客户例如 *Vogue* 杂志和摄影师史蒂文·梅塞（Steven Meisel）合作。

这种特殊的支付并不与工作时间和付出的努力一致，相反，可接受的货币范围由于社会地位和圈子不同而不同。在媒体和商业时尚的人们共同有一种恰当匹配媒体、交易和地位的意识，他们努力工作以确保做出最恰当的匹配。恰当的匹配需要维系，因为它们标志着时尚等级层次中的位置[39]。追踪时尚的金钱链需要首先考虑到钱的象征意义。

现 金 价 值

媒体时尚圈的不确定性和风险在于它的高端，模特们要么获得巨大成功，要么一无所有，在这里没有太多的中间阶级。这适用于久负盛名的杂志、T 台秀场和名牌的广告大片。

杂志拍摄的价格在平均每天 100 美元左右。*Vogue* 一天 8 小时的拍摄酬劳是 150 美元（英国是 75 英镑），而封面则会额外再加 300 美元。少数的出版人会提高到 120 英镑或者 225 美元。许多纽约和伦敦的杂志是没有费用的，但会提供午饭和零食。（见表 2.1）

表 2.1 女模特每项工作的收入范围及一般金额（美元）

工作种类	最低	一般	最高
香水广告	100000	100000	1500000
奢侈品牌广告	40000	100000	1000000
商业电视广告	15000	50000	100000
商业广告	10000	30000	50000
高端产品目录	7500	10000	20000
中端产品目录	2500	3000	7500
低端产品目录	1000	2500	5000
服装陈列室 / 天	400	1000	2000
服装陈列室 / 时	150	250	500
时装秀	0	1000	20000
媒体类拍摄	0	100	225

最有知名度和曝光率的 T 台走秀工作中模特的酬劳也很低。超模一个秀有 20000 美元，这个价格还算不错，但要考虑到，一场时装秀会持续 30 分钟，还需要至少 4 个小时做彩排、试衣和妆发准备，而大部分模特只是赚取很少或者没有酬劳的廉价劳动力。平均来看，在伦敦，模特们一场秀赚 280 英镑（大约 500 美元），而在纽约一个典型的时装模特一场秀的价格是 1000 美元。每一季，少部分模特会被像 CK、吉尔·桑达（Jil Sander）和迪奥这种高端品牌的设计师挑走专门为他们走秀，这种秀的

费用可以达到六位数。

最终，媒体类模特竞争奢侈品品牌广告，这是业内市场的大奖。这在产业中属于成功梯队的最高级，只有通过走风险高的媒体时尚之路才能到达，也只有很少一部分人可以到达。像 T 台走秀一样，客户定下模特独家时装或者香水广告，支付额外的费用以确保拥有独家版权。广告可能会支付几百万美元，根据独家版权、地点、使用长度而不同。全球独家并且多年使用权的广告会赚取最多的钱。在我采访的模特中，女模提到过六位数的天价费用，男模是 5 万美元，也有传闻独家的香水合约例如迪奥有 10 万美元。

稳定的财源来自商业领域。产品目录、服装陈列室、商业硬广是模特的大部分收入来源。产品目录拍摄提供了模特的基本生活来源，以天来计，一位新出道的模特一天会收入 1000 美元，而顶尖模特可以达到一天 20000 美元，对于大多数模特来说一天平均 3000 美元。产品目录零售商经常会预定模特们一连几天或者几周的时间，这种拍摄需要"出外景"去异国他乡，所以客户们除了提供住宿和交通费，还会额外支付模特们一定比例的差旅费。我采访过一些拍摄目录日赚超过 10000 美元的女模，大部分人认为 5000 美元已经算高收入了。

硬广包括为非奢侈品时尚拍照和为非时尚的客户例如酒、香烟等大众消费品和"高街"零售商品拍摄。这些工作的收入平均从 5000 美元到 50000 美元。

Metro 还有另一项叫服装陈列室通告的工作，专门针对非正式的服装陈列室造型和试衣。这项工作工作量大而收入少，平均一小时 200 美元，但一次会持续几个小时、几天或者几周。一些已经有一定地位的服装陈列室模特的价格会升高到每八小时 2000 美元。这加起来是一笔丰厚的收入。事实上，服装陈列室业务为 Metro 带来了一半的利润。在 Metro，年复一年的连续最高收入者是一位有着精准 8 号身材的试衣模特，美国的一家主要零售商需要她提供试衣。她的价格是一小时 500 美元，每天都工作。让我惊讶的是，那位模特当时已经 52 岁了。

服装陈列室模特有机会发展为主要的精品时装店里的"高级时装店模特"，他们会专门为一位设计师试衣和进行非正式的服装展示，有时也会亮相时装周，但他们的地位仍旧低于媒体类型的模特，一位设计师的驻店模特年薪通常在 150000 美元到 300000 美元之间。一位驻店模特会和设计团队保持亲密关系，这可以让他们有额外收益。最突出的例子是，我得知一位长期雇主为他的一位驻店模特定制设计了婚纱礼服作为结婚礼物。

专门的 T 台模特部门在 Scene 和大多数伦敦的其他经纪公司中并不存在，在这里服装产业的规模要比纽约小得多[40]。在伦敦与服装陈列室同等意义的是发型秀。在英国，美发造型是个重要的业务，这里是许多跨国美发造型沙龙的总部。美发秀需要在现场专业人士和新闻媒体观众面前修饰、整理或者染模特的头发；这些秀通常一年当中都有，为经纪公司提供了一项稳定可靠的收入来源。伦敦美发秀的报酬是一天 300 到 500 英镑，一场美发秀会持续两到三天。美发秀的工作收入不如服装陈列室的工作稳定，模特们在危及到外形之前只能折腾他们的头发。

最后一种商业工作是电视商业广告，这种非常赚钱的工作偶尔才会有。调查样本中的一位模特表示，曾经在一个百货公司的皮草广告中赚得 20000 美元，另一位拍摄洗发水广告，加上尾款获得 100000 美元。Metro 和 Scene 公司偶尔会接到广告客户邀请安排的电视广告面试，但大多数时候他们会安排专门做电视商业广告人才机构的模特。

如果我们以小时来细分这些收入，一份 8 小时的媒体类工作是 12.5 美元每小时，T 台走秀是 166 美元每小时（平均 5 个小时，1000 美元的秀），服装陈列室展示 200 美元每小时，产品目录拍摄工作 343.75 美元每小时（8 小时，2750 美元），广告拍摄是 2287 美元每小时 [41]。

试想一下这个例子：伦敦的 i-D 杂志是最受模特们欢迎的媒体客户之一，为 i-D 杂志拍摄是没有费用的。既不会给车马费，也不会寄样刊。模特们必须自己花 10 英镑买样张——杂志中散开的内页，放在他们自己的工作简历里。所以最终，模特们是在赔钱为 i-D 工作。相反，在产品目录的拍摄工作中，例如为彭尼百货拍摄，女模 2500 美元起价，服装陈列室展示或者试衣一个小时 150 美元，最少 4 个小时，也即至少 600 美元。经纪人两边下注以避免损失：i-D 杂志拍摄会提高模特简历的资本，从长远来看，其将有可能得到奢侈品广告大片的拍摄机会，最终这些广告大片的费用将会远远超过目录和试衣的费用。但这是个危险系数高的赌局，经纪人们承认，会计会来提醒，名声不会为账单付款。

除了赚钱少，媒体类模特的职业生涯也很短。随着"快时尚"的高速翻新，一位模特在媒体类时尚的受欢迎度短到只有两三个时装季。商业外形可以维持最长达到十年的稳定工作，因此服装陈列室展示和目录模特终身所得很有可能超过那些典型的媒体模特。

但是媒体类时尚的参与者并不单是为了钱，一次又一次，我发现从 *Vogue* 那里赚的 150 美元被视为比从塔吉特百货那里赚来的 1500 美元更为特别。古典主义社会学家齐美尔曾经提出金钱具有"空的定量性质"，只在数量极大时才能呈现超越其客观数字的意义，因为大量的总数点燃我们对奇妙可能性的想象。维维安娜·泽利泽后来反驳道，小的金额（事实上，一切款项）也有与众不同的意义，例如"象征法郎"这个例子，象征性的一笔钱在大陆法系国家被提倡作为补偿金支付给孩子意外死亡的父母。这与齐美尔的原理论背道而驰——以回应不断增长的对资本主义市场潜在的非人道性的恐惧——小数额可以承载巨大的象征重量[42]。这不是一个数量而是由支付所引发的社会特性。

付以承诺和声誉

当被问到为什么杂志和走秀的客户付那么少的钱的时候，许多经纪人们简单陈述为"因为他们可以那样"。因为媒体类客户以宣传和象征资本作为支付，没有必要给模特以进一步的鼓励作为吸引。高端时尚和前卫的头衔也提供机会给模特，例如与史蒂文·梅塞、马里奥·特斯蒂诺（Mario Testino）、史蒂文·卡莱恩（Steven Klein）和帕特里克·德马舍利耶（Patrick

Demarchelier）这样的顶级摄影师合作。在时尚界，所有公认的大人物的名字都会起到增加模特声名的额外资本的作用。

在很大程度上，模特接受这一逻辑，理解最终经济上的回报将会补偿他们暂时的低收入。"有些杂志可以改变你的职业之路"，克莱尔，一位在伦敦工作的 25 岁模特告诉我，她仍旧记得第一次出现在英国 *Vogue* 上之后事业的上升。"这听起来很极端，但肯定是有一些拍摄可以让一个女孩从小模特变成秀场和广告大片中最显著位置的头牌。"

虽然有些广告大片会有天价酬劳，但其他的报酬会低得惊人。有些十分有名的时装屋以付很少的钱给模特而臭名昭著。瑞秋专职为纽约媒体类工作做经纪人，她解释道：

> 我记得在另一家经纪公司时为一个女孩接一份工作，我们很惊讶报酬的低廉。就像在其中的那些人一样，像给 Prada 工作一样，一个女孩可以去 Prada，每天为了 1000 美元而工作。这没什么！真的没什么！所以这份工作的名声越高，得到的钱就越少。

经纪人们知道，名声是它自己的货币。经纪人们知道，有声望的客户们知道，他们不必付给他们的模特太多钱，因为他们为模特们提供了有价值的象征资本，而它可以开启任何一个模特的事业：

> 阿玛尼并不是最好的广告大片工作，但是无论如何，阿玛

尼可以转变和建筑一个女孩或者男孩的事业。模特和客户之间有着有希望地互惠互利的关系，反之，没有人会将他们的时尚事业构建在百事广告上。（伊万，纽约经纪人）

与著名的碳酸饮料相反，著名的时装品牌为模特的名声增加价值，也增加其终生所得。模特们也为图片和杂志曝光工作，虽然这些形式的报酬普遍存在问题。有的客户可能从来不像承诺的那样发回成片，或者那些照片并不像承诺的那样被用在杂志中。

这些对于未来成功的承诺可能（事实上多数是一定）不会实现。然而，媒体类工作的名声有着挥之不去的社会效益。离开这圈子几年之后，Metro 的经纪人们还在天真地提及我当年走过的少数的高端时装周秀。

愿意为了时装而工作

"你留下那些衣服了吗？"

在我的研究中，这个问题常常在非正式访谈中提出。无懈可击的时尚风格是我们对于模特的文化想象的一部分，我们认为她的衣柜里一定充满了都要溢出来的极好的免费赠品和那些礼物的袋子。但是，那些提供的衣服、鞋子和手袋，任何礼物都不是免费的。这些模特们的"额外收入"不仅仅是真正经济交易中的额外副业。额外礼物事实上是支付的主要形式，是被承认的承载着象征意义的交易媒介。它们标志着模特和客户的社会地位。

服装礼物在时装周期间最为频繁，许多设计师在此期间以交易（Trade）作为支付，"交易"这个术语是以衣服支付给模特的体系。所有级别的设计师，从预算少得可怜的刚刚起步者到已经建立了时尚帝国的大人物，都可以用"交易"支付。但是通常地，只有新人设计师在他们事业的初期会以物物交换的形式在雇佣模特时将上一季剩下的服装给他们。这些服装"礼物"的范围非常广泛。在我两年的田野中，我几乎收到过所有的东西，从亲手递交的贵重的定制单品，到攒在一个旧盒子里的褶皱 T 恤。在我为一个新品牌走了一个小秀之后，设计师指挥模特们去她工作室的楼上，在那里我们被告知每个人可以从会议桌上堆着的衣服、腰带、包中挑选出两件出来。17 位模特疯狂地抢夺着。两周之后，走完一个明星云集的大设计师的秀后，我得到了一个装有 5 件设计师往届设计的袋子，里面都是昂贵的单品，但是尺码都不合适。这些单品都变成了我送给朋友们的礼物。

以货物交换作为支付方式是一种随意的安排，很可能不会兑现。许多设计师从来不像承诺的那样给衣服，或者他们只给损坏的或者不想要了的衣服。有一次，我为一位后起之秀拍摄了 13 个小时的样品图，她承诺给我一件非常棒的绣花夹克，但一直没有履行承诺，我也再没见过这位设计师。她的公司破产了。相反的例子是在另一个时装周秀场上，模特们可以在线提交一个他们想要的单品表格，两个月之后一同收到的还有一张感谢卡。

　　这种非正规的支付体系绝对不会被目录客户允许。恰恰因为可以在时尚界更多地利用声望和社会地位高的名字，媒体类客户可以摒弃他们商业同僚所面对的对货币支付的期待。因此这些额外礼物标志着这些客户的高社会地位。客户们可能不会如承诺的那样进行物物交换，因为他们已经给了模特们出现在T 台和拍摄的机会。

　　正如额外礼物标志着媒体客户的名声，它们也意味着新面孔模特较低的社会地位。超模不会去挑那些盒子里的 T 恤，这样的安排对于超模的社会地位来说是不合适的。顶级模特可以要求每场秀上万美元，而新人只能接受任何报酬。这就是在服装陈列室以物抵资的逻辑，在那里新人模特被雇来试衣的报酬是店里的折价券。在一位大设计师的时装周秀前夜，我被雇去服装陈列室试装，试穿第二天超模会穿的那一整套昂贵的设计。4 个小时，我得到了设计师苏豪门店 750 美元的代金券。我听说那家店平均一条裙子的价格是 800 美元，我的这个代金券还要报税。对于社会地位低的新人模特来说，这种交易也被认为是他们发展道路上的一部分。

　　更多看似无关紧要的额外收入便是那些所谓的赠品，模特们通过参加其他服务业或者娱乐业的工作得到的。作为模特，我收到过曼哈顿美发沙龙的免费理发，健身房的大折扣会员卡，来自纽约米特帕金区的夜店的许多"免费"的晚餐和饮料。但是，正如马塞尔·莫斯（Marcel Mauss）曾经提出的，没有不求回报的礼物[43]。这种礼物造成了义务，使得接受者有义务去报答。一件礼物表示一种交换关系，伴随着每杯免费的饮料、每次免费做头发和每张健身打折卡，模特们支付他们的身体资本，无意识地对这些商品和服务进行广告宣传。仔细想想，那些作为礼物的衣服对于设计师是多么好的广告：

> 你为客户当模特是因为在他们眼中你很有吸引力，客户们知道你将会是推销这些衣服的极好的传播媒介。现在，你被支付以这些衣服，所以你穿上这些衣服，穿着它们出门，你在做什么呢？你再一次推销了这些衣服！客户们的这个想法多好！（伦纳德，纽约模特公司工作人员）

有次，在排队等待面试时，模特们收到了一条"免费"的牛仔裤。但客户留了一手：模特们必须穿着这条牛仔裤离开面试，这是一个聪明的营销策略，在高端的时装周期间有几十位模特穿着统一的牛仔裤，使得曼哈顿街头变成了引人注目的 T 台。对于模特来说，没有免费的午餐，人们因为他们的外形而给他们赠品。

因此，媒体类模特为了名望，相比商业模特可能身无分文。这些定价的阴谋难于对外人道。我见过一位东欧的年轻女模，她的职业在伦敦如日中天，然而她却一个子儿都没有。更糟糕的是，她还得向父母解释为什么即使她工作很忙还要借钱。我对此感同身受。父亲得知我在时装走秀之后得到的是一袋子样衣，也评价道："这些再加上 1 美元你就能买杯咖啡了！"

钱从哪里来？

我很吃惊地发现许多造型师、摄影师、设计师和媒体类模特一样穷。摄影师和造型师常常要搭钱拍杂志，自己出影棚和设备的租金，自己支付午饭和交通费用。面对这些损失，高端客户们如何设法为广告大片拍摄支付过高的酬劳？换句话说，这些钱从哪里来？

跟踪 T 台秀场从开始到结束的过程揭示了一个令人吃惊的复杂的资金链。时装秀对于设计师来说是非常昂贵的。在纽约，一个秀的预算可以达到几十万美元：50000 美元用于租用布莱恩特公园（现在改在林肯中心）的场地，100000 美元制作成本，包括妆发造型、布景道具、灯光音乐，还有几千美元用于支付模特的薪水[44]。这些花费的直接所得利润为零。办秀对于大部分设计师来讲是无法直接拿到回报的投资，但是，从长远的成功来看是一种品牌建设的策略。许多走秀款的设计并不实用，或者说并不实穿，也不是他们要做的。在历史上，那些在服装沙龙中亮相的最引人注目的展示品从未投入生产，因为他们的目的就是引起公众注意，提高高级定制的声望。现今，据传著名的意大利设计品牌 Dolce & Gabbana（杜嘉班纳）在新一季设计发布会举办之前就会卖掉 75% 早春早秋成衣系列[45]。

T 台秀是昂贵的公关手段，是品牌的实践。秀场是重要的形象塑造机构，要么增加要么减少国际媒体出版物对品牌的关注，因此，产生的销量主要依靠副线例如香水和高级成衣线。这

图 2.3 秀场图片记者区

些高端项目少有利润，但为那些真正赚钱的香水、床单、太阳眼镜创造形象。如摩尔（Moore）所提出的，高级定制系列里那些标价 10000 美元的礼服利润很少。一位设计师的高级成衣系列是利润最高的，纯利润普遍在 25% 到 50% 之间。而那些床单、蜡烛甚至同品牌矿泉水的纯利润会更高 [46]。用扶植品牌和在市场中创出品牌认同的眼光来看，T 台变为给圈内人留下深刻印象的舞台。例如，在伦敦一位新锐设计师煞费苦心为他的秀选择了恰好的前卫外形，以便给观众中"真正的时尚天才"留下印象，换句话说，给时尚杂志的编辑们留下深刻印象：

这对那些真正有才能的观众，那些工作在 *Vogue* 和 *W* 杂志，那些各种时尚杂志的编辑，你在展示一个真正时尚的外表而他们从中看到你的时尚潜力。（维克托，伦敦设计师）

有了好的表现和对的模特，一个秀可以获得媒体和买手的关注，给品牌带来媒体报道、必要的资金支持，还有可能最终帮助其签订全球特许经营权和产品生产许可。

媒体时尚圈就是这样的一间纸牌屋，整个时尚产业就建筑在这脆弱的文化内涵之上。被广泛宣传报道的少数媒体类巨星们吸引新人加入竞争，引诱当前的模特们去为非正规的报酬工作，以个人财产的损失吸引客户来投以大注。入不敷出，模特们前往其他时尚城市，期待在那里能够"兑现"他们缓存的象征资本。

紧跟全球价值体系

所有的模特市场都根植于城市，依靠各种对文化产业运行十分必要的独特团体和社会网络。不同的城市有着不同的历史和规范，所有这些都为外形的出现定下了地域性的调子。伦敦和纽约就是这样的比较案例。

作为一座城市，伦敦是一座著名的创意中心。作为时尚之都，伦敦面向前卫的设计和媒体类时尚的制作，但进入商业产业化之后它有着历史性的弱点。由于起源于定制时装和关注精英细分市场的传统，英国的设计师们易于形成狭窄的产品线，实际上将他们自己关在那些真正赚取高利润的副线之外。市场易于形成路径依赖，一旦确定了一个方向，早期的发展就会沿着最初的路径设置未来的航线，在合作的机构、演员和规则下变得无法改变。作为这种路径依赖的结果，伦敦时尚市场相对于米兰和巴黎这些时尚之都而言狭小，也少有上市公司。

理论上，伦敦是那些前卫模特们理想的目的地。当安娜从纽约来到伦敦的时候，她的经纪人很兴奋地告诉她：

"我真的认为你应该来这里工作，因为你真的很伦敦范儿，特别符合 i-D 杂志的外形要求……"你知道 i-D 杂志，它是非常古怪、前卫、漂亮但绝对非商业化的。

大多数客户和经纪人都是开空头支票，这种"伦敦范外形"

是一种基于伦敦历史而独特定制的亚文化风格——摇滚、酷和有创意。他们对这种风格的介绍和英国后朋克风格的设计师们联系在一起：亚历山大·麦昆（Alexander McQueen），斯特拉·麦卡特尼（Stella McCartney），维维安·韦斯特伍德（Vivienne Westwood）。摇滚是这种风格的基础，再融入古典元素，像性手枪（Sex Pistols）乐队。其他那些常常被制作人们用来描述"伦敦外形"、"英伦外形"的词汇有：实验性的，革新的，刚强的，标新立异的。对于男士来说，特别描述的词有"头发凌乱""摇滚明星""嗑药上瘾""非常非常非常瘦""歌手皮特·多赫（Peter Doherty）类型"[47]。有着这样外形的模特们来到伦敦与那些最富盛名的先锋杂志合作以增加简历资本，其中最常被提及的是 *i-D*、*Pop*、*Dazed & Confused*，还有现在已经不存在了的传奇 *The Face and Arena*。

伦敦有着丰富的文化荣誉，却不像米兰和纽约这些时尚都市一样有很多赚钱的机会。从 1994 年的 15 场秀 50 家参展商发展到 2007 年的 49 场秀超过 200 家展商，伦敦时装周为这个城市带来了 1 亿英镑的税收。然而，纽约有 250 场秀（其中 75 场是"重要的"设计师品牌），产生了 7.73 亿美元的税收，使得一些经纪人们描述伦敦时尚产业为"微小的"[48]。

在伦敦，秀的费用标准化并且便宜。通过模特经纪公司联合会（AMA），伦敦的设计师们付很少的钱。AMA 是由伦敦主要经纪公司组成的一个松散的网络，这个组织预定 90% 的模特工作。2008 年 AMA 的最低收费依据设计师事业发展的不同等级从 100 英镑第一次办秀到 345 英镑四次以及以上。英国时尚中心的数据显示，在伦敦办秀的设计师中，35% 是第一、二或者第三次办秀，这符合伦敦作为时尚新兴人才之城的声誉，而不像美国，是大牌时尚的基地[49]。这个结果就是，在伦敦走秀模特的收入会比其他时尚之都像纽约和米兰少，大约 500 美元（283英镑），而美国是 1000 美元一场秀，米兰和巴黎是 2000 美元。男模和女模都表示米兰是四大时装周里面他们最期待能够赚钱的地方。然而，在我调查的时候，由于英镑的坚挺，伦敦是一个吸引人的市场，在 2005 到 2006 年 1 英镑兑换 1.8 到 2 美元。即使是低收入的目录拍摄工作，1000 英镑一天的收入兑换之后也比纽约高。

鉴于伦敦是一个指向艺术"为了时尚而时尚"的城市，纽约被广泛理解为时尚产业的中心。纽约获得这个头衔是由于在"二战"时期创意设计师和他们的制作团队跨过大西洋来到美国，随之而来的结果就是欧洲时尚产业的荒废[50]。由于纽约时尚的起源是大众市场和成衣产品，纽约总是一个服装制造中心。在纳粹占领巴黎后，纽约才从一个服装制造中心上升为一个真正的创意设计之都。美国时装设计师协会创建于 1960 年，当时明确的目标就是将纽约的时尚产业从商业转变为艺术。

虽然近几十年来曾经坐落在第七大道上的缝纫工厂都已经搬往海外，纽约仍旧在时尚设计和市场中占据统治中心。美国设计师们迅速而有效地开展多条产品副线和特许经营权运营。与美国的时尚零售额相比，英国的零售额是小巫见大巫。克里斯托弗·摩尔（Christopher Moore）估算，12 位美国主要的国际设计师在 1998 年总计售出 150 亿美元，与此相比，英国的国际设计师总计售出 30 亿美元。美国的设计师们变成"麦当劳时尚"，他们精通通过授予特许经营权而出售商品这一合作模式[51]。

可能因为商业和创意深深的交织，在我采访的人中很少有人可以区分出什么是"美国式外形"。它最多可以被描述为前卫，气质上有商业吸引力，参考传统的运动服在美国人外表上的影响。毕竟，大部分客户们解释美国 *Vogue* 比起它的欧洲姊妹，例如法国版来说太不够前卫了。模特们来到纽约去见那些大设计师、摄影师、杂志编辑和造型师。有一些坦率地声明纽约是一个掘金的地方，但是大部分会表达一个更多重的目标：他们来到纽约去获得"实现"，更多的人用弗兰克·辛纳特拉（Frank Sinatra）的经典语句表达：如果我可以在这里做到，那么我将在任何地方都做到。

但即使是在纽约这样大的市场里，模特们也要当心会被埋没。克莱尔是一位从业 8 年的英国模特，她解释为什么在纽约、巴黎和伦敦之间工作："我呆在伦敦一段时间做些工作，然后发现我不得不再离开，因为他们对我感到厌烦了。"约翰，一位来自俄克拉何马州、从业三年的目录拍摄模特，一年赚 50000 美元，一年当中会轮流在纽约过夏天和秋天，在迈阿密过冬天，这中间还会在芝加哥停留。仅仅一年之内，他就会在美国六个不同的地方生活。

模特们总是在全球穿行，寻找新的样张，去增加他们的通告和给新客户留下深刻印象。模特们需要新的照片和杂志带来的名声去巴黎[52]、伦敦和新加坡，需要稳定目录拍摄的现金的时候就去慕尼黑、迈阿密、东京和香港，去洛杉矶拍电视广告，去米兰走秀曝光赚拍摄目录的钱。

与他们的经纪人一起,模特们计算每种形式的工作收入中的花销和盈利。东京是一个重要的商业利润获胜的地方,也是唯一的一个与全球高端时尚圈[53]有紧密联系的亚洲城市。世界各地的经纪人们为了单纯的经济效益把他们的模特送到东京,这表面上是个没有坏处的让模特们去"赚钱的地方"。不同于欧洲和北美的杂志,日本的杂志付给模特们有利可图的目录拍摄价格,从 1000 美元到 5000 美元一天。一年到头,除了 8 月和 12 月的假期,东京对于外国模特有着不断的需求,不论是在商业时尚还是在媒体杂志的时尚界。有大批的日本时尚设计师、广告制作人、杂志编辑、走秀面试导演和目录图册客户雇佣外籍模特。日本当地经纪公司通过提供包含担保了最低收入的短期合同吸引国际模特前来。这些合约的时间从四周到八周,根据模特的不同身价,付酬在 10000 美元到 50000 美元。

这种追求高收入的权衡交替会损失声望。日本的样张鲜有象征价值,除了日本版的 *Vogue*,其他的样张通常并不用于模特们在西方时尚界的档案中。实际上,有一天,我与 Metro 公司的经纪人聊天的时候,身旁的一位平面设计师正在仔细用修图软件把杂志图片中的日文修掉。去除掉里面的亚洲文字,用他的话说叫做"清理干净",将会使得这张图片可以放入模特的宣传档案中。有着亚洲文字的杂志拍摄作品不适合展示给纽约的客户看,因为这与金钱的世俗向往联系过于紧密。

在经纪公司中幸存

Metro 和 Scene 都被认为是"精品"经纪公司，这意味着它们相对的小并且相对的专营媒体型外形的模特，那些"全面服务"的经纪公司，像国际巨头美国国际管理集团，管理多个分支，例如大码模特、电视模特、明星和体育明星、童模、老年模特等。精品经纪公司的业务范围划分得很细，这种公司试图通过差异化的产品从竞争者中脱颖而出[54]。模特经纪公司通过特定类型的外形填补每一个细小商机。虽然他们可能会迎合各种各样的客户，但是他们促进他们的专小市场也是在庞大的市场中促进自我认同的手段。就如一位经纪人表示的：

> Metro 有一种外形，Scene 有一种外形，他们都有自己的持色。我的经纪公司做值钱的商业工作。《体育画报》、维多利亚的秘密，我们的人是美式风格的，有甜美的笑容和迷人的双眼。（伊万，美国经纪人）

一位造型师评价经纪公司就如同超市里的熟食区，每家都会提供一个独特的"本月味道"。虽然我所研究的两家公司都是通过服装陈列室、发型沙龙和目录图库这种安全可靠的商业外形所带来的生计型量产业务保持增长，但也都被认为是专门的媒体型经纪公司。Metro 以"先锋"外形促进自身成为精品经纪

公司，这种外形突破限制并且打破美丽的常规。相似的，Scene
以"时髦"精品经纪公司自我标榜，发掘新的和"古怪的"外形。

尽管 Metro 的规模大一些，两家经纪公司一年的收入都在
几百万美元（基于 2006 年美元与英镑汇率）[55]。这个总额包括经
纪公司直接从客户们那里得到的 20% 收益和从模特收入里抽取
的 20% 佣金[56]。例如，我有一个两天的目录拍摄工作，共给了
1600 美元，减去 20% 模特佣金 320 美元，我最终拿到 1280 美
元。Metro 之后还会从客户那里拿到 20% 的中介费，所以客户
们一共需要支付 1920 美元，经纪公司总计赚取 640 美元利润。

一个经纪公司也从它去往其他市场的模特们身上抽取佣金，
在这种情况下，模特最初签的经纪公司被称为"母经纪公司"。
"母经纪公司"有责任将他们的模特派往其他市场，作为交换，
他们从在那些市场里完成的工作中赚取佣金。机票和差旅花销
通常由当地经纪公司支付，从模特们将来的收入中抵扣。欧洲
的母经纪公司会从模特的总收入中抽成 10%，占当地经纪公司
收入的 25%。

打破平衡

像所有的文化生产组织一样，模特经纪公司为了生存，必
须在盈利和赢得声望中找到一个平衡[57]。媒体大片的工作对于提
升形象和增加曝光很重要，对获得目录客户和高端香水、化妆
品广告很重要。没有一家经纪公司可以承受太多的媒体类型工
作，因为他们削减金钱和资源，而模特们可能不会偿还。这对

于像 Metro 和 Scene 这样的小型公司来讲特别危险，因为他们不能承受太多的损失。在一家经纪公司排斥很高地位的奢侈品广告客户和他们社交网上的摄影师和造型师之前也不会有很多的商业模特。商业工作为模特和经纪人买单，但是他们使得一个经纪公司的形象不再高冷。一家经纪公司的每位成员都精通于在赚钱和得到名声之间交易。我们可以通过图 2.4 形象化地评估 Metro 公司的财政含义。[58]

图 2.4 描述了 Metro 公司的收入，公司大约 20% 的模特是赤字的，意味着他们欠公司对他们职业的投资。他们是那些经纪人们希望可以"冲击头奖"的媒体类模特，近期 Metro 公司从他们带来的一个独家时尚广告大片中赚取了 50 万美元[59]。但这些"大奖"鲜有，并且每一位成功的媒体模特背后都有大约 50 位失意者，她们因为照片、模特卡片制作甚至是差旅机票、签证费这些前期投资而负债。希瑟是纽约的一名模特经纪，她用戴文，一位有着短发和纹身的超级媒体模特作为例子：

　　像戴文那样的媒体类模特是很好的例子，因为她并不是那种漂亮的女孩。你不可能雇她拍摄欧莱雅的广告大片，你不可能雇她做那种公众是为了看她的美的那种工作。这不可能。所以我确定从她最初入行就只能做媒体类工作，而不是赚钱。所以，她很幸运，她是媒体类幸运女孩中的一员，她遇到了广告大片的工作，然后赚到了钱。

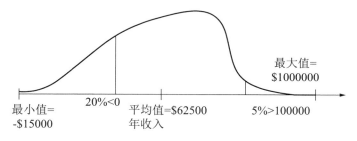

图 2.4 Metro 经纪公司模特年收入分布

大部分像 Metro 和 Scene 这样的精品经纪公司在任何时候都有一或者两位像戴文这一级别的模特。截止到本书出版，他们可能又被更新换代了。

Metro 和 Scene 两家经纪公司相对较小的规模意味着他们不可能在没有利润的模特身上冒太多的风险。在 Metro，300 名模特中大约 60 人有着从几百美元到 15000 美元不等的负债。Scene 的赤字模特数量较少（表格上没有提供）；它试图将模特的负债控制在 2000 英镑（3480 美元）以下，极少数为 3500 英镑（大约 6000 美元）。

Metro 依靠其每年赚钱超过 10 万美元的 5% 的模特，来收回所投入的。例如高需求的试衣模特、头牌的"摇钱树"和偶有的媒体类超模。如 Metro 一位经理人所讲的：

你只需要确保赢家所赢取的足够弥补输家所投入的。这才是经纪公司确切正在做的。我不得不说，经纪公司有 20% 的人是赔钱的，但我们仍旧在他们身上投资——给他们做模特卡，

让他们去参加试镜，这些都是在他们身上花钱。你得在其他方面把这些钱补上去。（伦纳德，纽约经纪公司员工）

Metro 的大部分利润来自这两个极端的中间区域：大约 200 个收入没有那么悬殊男模和女模，从几千美元到十万美元。他们的工作包括服装陈列室展示、试装、目录拍摄和"直接预定通告"。经纪公司控制一定数量的直接通告，这是外地的一次性工作，不需要面试，会安排给常驻当地的模特。这些工作相对于支持公司生计的跨界模特而言赚的少并且太过于分散。跨界模特被认为是一个经纪公司的中流砥柱。他们外形的可塑性高，可以前卫到足以为杂志工作，也让目录客户喜爱。如果说媒体类模特身无分文但是足够酷，而单纯的商业模特有钱但缺少灵气，那么大多数模特是两者的混合。缩短了两者赚钱的极端，大多数模特都是为中端时尚杂志拍摄大片，也赚中等的钱。他们为像 Elle 和 Glamour 这样的商业时尚杂志拍摄，接稳定的目录拍摄通告，偶然也有小的广告宣传。他们通常也会为萨克斯第五大道百货商店、内曼·马库斯百货、巴尼斯百货拍摄目录杂志（目录和杂志的混合体）。这种跨界模特平均一年约赚60000 美元，在伦敦是一年 87000 美元（50000 英镑）[60]。两家经纪公司都从跨界模特这里得到大部分稳定收入。

这种有输有赢，有平稳收入的商业计划在两家公司都或多或少被证实是成功的，然而，两家公司的会计们倾向于认为，如果媒体类模特这个财政无底洞较少，公司的商业表现会更好。这凸显了一个问题：为什么经纪公司还要为媒体类模特费心？这个问题有助于我们完整理解外形怎样产生价值，甚至在他们损失利润的时候。

欲速而不达

当我在 2006 年返回 Scene 的时候，经纪公司已经从伦敦一位亿万富翁社会名流那里得到投资重组。我到达的时候正好赶上参加经纪公司在投资人位于摄政公园的豪宅里举办的时装周派对。派对很奢华，有一个开放的吧台、精美的菜肴，还有一位 DJ。有一间房间的装饰是一件由灯泡组成的巨大的欧元标志。在这个明亮发热的巨大欧元下，我开始了与经纪公司会计的交谈。他很快开始叙述那些模特们进入他的办公室要求支付薪水的恐怖故事。虽然他们可能在近几周工作频繁，但仍旧赤字。模特们接受这个消息时眼中常常充满敌意或者泪水。会计的这些财政悲剧故事在这个亮闪闪的亿万豪宅里似乎显得那么不真实。

之后，当我采访这位会计的时候，他的大部分烦恼显然来自媒体类模特们，他们似乎会永远赤字下去。事实上，他根本不能明白为什么经纪人们会喜欢媒体类模特，在访谈中他解释道：

你知道这些经纪人们，他们太过于……我不知道该用什么词汇来说，你知道，我看待事情从经济的角度，他们看待事情只是从"新的模特外形"来，那种只是吸引摄影师的新女孩子们，我猜因为人们就是喜欢新人。

有时会计师们鼓励经纪人们去寻找些目录模特，"但是我只是被要求闭嘴，到后面去。"在这个违背经济利益的世界里做会计师，可不是件容易的事情。

提供更高、更稳定、更有保证的工资的商业工作，似乎所有的模特经纪公司都将只追求商业圈，放弃那些没有利润的前卫外形。事实上，这两家经纪公司的会计们失望于这种违反经济学的媒体类型工作逻辑，反复告诉我他们不明白为什么所有的模特们不能只做目录拍摄工作。在 Metro，当我问一位会计师公司有多少媒体类工作的收入时，他沮丧地摇头。他的同事，会计师主管叹气，说目录拍摄工作不够酷。媒体类型的赌注伤害了那些更多关注公司收入与支出的会计师们。在 Metro，会计师表达了他们关于为什么要投资媒体类模特，特别是那些极端前卫外形的模特的疑问：

> 有时候我想知道，我们那些女孩子们有的一看就知道不是那种类型，她们的那种前卫的外形就是适合媒体类工作，你知道她们绝对不会给 CK 那种品牌拍摄拍广告。许多时候这些女孩子们都有很多的债务，但是你知道，我不是做决策的人。我不是星探，我是个会计。（乔，纽约模特公司会计）

即使那些模特们离拔得头筹还差很远，经纪公司还是会加入媒体类竞争的这个游戏中来，因为媒体工作产生名气和文化荣誉，会让经纪公司的所有模特沾光。首先，媒体类明星吸引最佳潜力新人进入工作。这是 Scene 的例证，这里有一位著名的顶级模特：

> 她在我们的简介里，这本身就是一个很好的公关，这很值得。但是在我们签下她时，我们不知道她会是什么样子……你知道，有学生妹们想来当模特的时候，她们就能看到；如果你的公司介绍里有娜奥米·坎贝尔，就可能会吸引她们前来。或者拥有凯特·摩丝的经纪公司会吸引她们去。（詹姆斯，伦敦经纪公司职员）

模特们普遍同意，越是名声好、荣誉多的经纪公司，越能提供更多大型工作的机会。模特们因此倾向于在他们的职业生涯中至少更换一次经纪公司，以图在他们所能找到的最有名望的经纪公司中去寻求正好符合的市场缝隙。同样地，一家经纪公司的名声越好，越会吸引到更好的模特。有名气的超模构成他们所在的经纪公司的大众形象，大众根本看不见数以百计的模特身后的赤字。

就T台走秀而论，经理人像他们服务的设计师一样，不期待能够立即看到利润。经纪公司并不看重走秀的回报。一位在伦敦的经理人解释道："伦敦时装周耗费很多努力，但体现在我销售上的百分之一都不到。"[61] 然而，走秀对于提升模特和经纪公司的声望同样重要，对于他们而言走秀就是一种"认证"。一位前任经纪人兼星探告诉我，秀场是让媒体类模特名声大震的地方。"一个女孩如果在一季的秀场表现很好，她就会聚集人气。"她的公司因此也会聚集人气。

虽然对于媒体类的投资回报难以计算，他们普遍还是被模特们、经纪人们和客户们相信，这是值得的。这种价值不仅仅是对于未来收入的承诺，还是一种凭借他们自身实力而有价值的象征性回报，例如经历和"快乐"。

我们知道信念由时尚游戏产生并且靠其维持，时尚圈是依靠今日资本和不动产价值的繁荣发展的经济——然而这种繁荣于 2008 年削弱全球奢侈品市场的经济衰退中破产。事实上，本书故事的尾声为：模特市场发展的减速紧紧跟随着经济衰退，最终 Scene 关门大吉，在 2010 年到来之前放弃了这一时尚游戏。

一份糟糕的工作

"你赚了很多钱吗？"

这个问题在我研究时出现的频率要高于询问我的衣橱。不幸的是，答案是很让人失望的。大部分模特的平均收入仅仅够支付纽约这种城市的房租。

不可预知的、很少的薪水，没有福利，模特是份糟糕的工作，在社会学术语中类似于按日计酬的临时工。在美国全境，模特的中等收入在 2009 年是 27330 美元[62]。在我采访过的模特里，收入的范围从一个男模欠他的经纪公司 1000 美元到一位商业女模一年赚 400000 美元。由于他们的收入每个月都浮动很大，模特们很难估算清楚他们的年收入。

模特们旷日持久的事业——面试（casting）是没有薪水的，即使它需要相当大的投资。在伦敦这样的城市参加面试耗时又昂贵，这里地铁卡一天要 7 英镑，大约合 12 美元，还要花路上的快餐钱。模特们必须 7×24 小时待命，除非他们预先说明需要特定的截止时间。这就意味着模特们常常要在没有预先通知的情况下周末工作，有时候还会加时到晚上。

模特们的薪水也被大量扣除佣金。模特们的佣金数额依据国际税法，因城市而不同。巴黎的经纪公司扣除 20% 的佣金，再加上 40% 的代扣所得税，所以模特们最终赚到的只有 40%。同样地，非美国籍的模特在纽约付 20% 给经纪公司，同时依据法律要交 30% 的所得税，最终的收入只有 50%。Metro 公司让模特们签署一个"独立合同工协议"声明，承认自己是独立的合同人而不是受雇者，因此他们有责任缴税，由 Metro 将其交给美国国家税务局。然而我很快意识到，那些被报告的收入比一个模特真正拿到手的收入要多得多。事实证明，这个"糟糕工作"也很贵。

一份烧钱的工作

模特们需要大量并且高昂的费用出道和维持自己的事业。这些费用增加得很快。总的来说，Scene 在花费上要比 Metro 谨慎，但是两家经纪公司都高额支付着一些个人难以想象的各种花费，从支付发通告给全城的客户自行车信使，到制作模特图片档案集、租房子、制作卡片、涉及每位模特出镜的"公关"。

表 2.2 一份烧钱的工作在纽约和伦敦

月花费			一次性花费		
	纽约（美元）	伦敦（英镑）		纽约（美元）	伦敦（英镑）
房租	1200	960	试拍	400	—
零花钱	400	300	打印	300	200
卡片	200	100	经纪公司公关	200	50
人工快递	200	50	简历	80	80
联邦快递	100	20	台步课程	75	—
网络	15	20	司机	—	285

房租是模特最大的花销，就单个床位而言，在纽约的经纪公司里价格特别高。一位纽约的经纪人解释说他的经纪公司在市区有一套两间卧室的单元房，每间里面有两张上下床，一共 8 个床位，再加上客厅的一张沙发床。在时装周这样的高峰时期，一次可以住 9 位模特，但毫无个人隐私可言，每位模特一周还是要交 250 美元，或者 1000 美元一个月。这就意味着全部出租，经纪公司一个月可以赚取 9000 美元的租金，大约是纽约正常房屋租赁价格的两倍。在 Scene 所处的伦敦，经纪人们安排模特们住在公司旗下的单人间住宅里，一周 120 英镑或者一个月 480 英镑（830 美元）。

这些花销被记账，以模特们未来的收入来抵消，自动地从他们的账户中扣除。在 Metro，外籍模特在他们的纽约首次面试之前可能欠公司 10000 美元，作为筹备经费，像签证费（1800

美元）、机票（1000 美元），几个试拍，照片打印、模特卡、租车和住宿。这意味着模特们直到赚到超过借款的钱，才会拿到第一笔薪水[63]。一位模特如果带着债务离开公司，合同范围内在法律上他需要返还，即使会计们解释说他们并不费心去追讨，因为失败的模特不太可能挽回损失。相反，经纪公司勾销掉负账当做商务花销。然而，模特们的负账会通过法律转移到下一家经纪公司，如果他们要在其他地方继续模特事业的话，而经纪公司在签与之前公司有负债的模特时也会犹豫。换句话说，一旦陷入债务，到处都是债务。看起来像卖身契一样，是独立合同工合约的部分常规。

最终，一些模特表示所赚的大大少于他们的期待。这对于比女模收入低的男模来说更是明显。即使伊桑，一位来自纳什维尔的 22 岁青年，在纽约 6 个月内就得到了几十份工作，节省地睡在哈勒姆（纽约黑人区）一位朋友家的地板上，他在离开公司的时候仍旧欠债 1000 美元，他说：

> 男模的模特工作就如同，看起来像是一个盛宴……我在其中做服务生赚钱，在这里有另一些模特有大广告、大的广告大片，一次 20000 美元的拍摄。他们仍旧没有足够的钱来生活，因为他们欠下了大量的钱。所以他们最终还是和我一起做服务生。我和那些有大广告、时尚大片广告这类工作的人一同做服务生。

T 台走秀是经济拮据的一个案例。为了他们所有的声望，时装周秀场对于成百上千的未知面孔来说是代价高昂的冒险，特别是在伦敦，每场秀平均 280 英镑（少于 500 美元）。估算的花费对于外籍模特来说会更高，大约 1600 英镑（包括 600 英镑飞机票、400 英镑签证、500 英镑一周的生活费还有 100 英镑的模特卡。）在忙的时候，Scene 安排车辆接送，帮助模特们去许多个面试。在我自己的经历里，一天的服务花销是 286 英镑（大约 500 美元），是整整两场秀的所得 64。

得到（或得不到）酬劳

像服装礼物一样，现金酬劳到账也很慢，甚至可能永远也到不了账。对于经纪公司来说，设计师和广告商是有风险的负债，因为他们也面对着动荡的市场。时尚的需求变换很快，投资者可能会突然撤回资金；时装品牌、精品店、刚刚开始的广告可能经常没有任何通知就破产了。很常见的还有，客户经济状况良好，就是有不按时付款的坏习惯，或者拖欠报酬。在 Scene，客户们在法律上有义务于模特工作完成的 30 天之内转账付款。在 60 天内未付款的，Scene 的会计就会开始单调无味的讨债工作，包括多重的电话、电子邮件、持续的追踪那些欠账的客户们，一直努力使在等待付款的模特和经纪人息怒。"你应该去做做这个，向一个人讨债，那就是噩梦，最后你拿到了钱。"会计师詹姆斯说，"但是马上另一单又来了，所以你又得再做一遍。"除此之外，詹姆斯指出："模特的压力，尖叫'我的钱在哪？'我听【所有者】说，'为什么钱还没有到？我们有好多地方要付账！'"

追债无效后，两家经纪公司可以采取诉讼对付那些欠债的客户，虽然这不常见，因为律师费通常比欠款高。在纽约，一些大的杂志出版公司以糟糕的支付记录而闻名，但是考虑到这些相对少的钱利害攸关，经纪公司很少会去找杂志客户追债。

有些经纪公司有通告一周内提前支付酬劳的政策。然而，如果客户没有在 90 天之内付款，经纪公司将会收回付给模特的钱，直到客户付清全款。因此，经纪公司付给模特们做这份工作的报酬，但如果客户失信于经纪公司，模特就必须还回这笔钱。为了减少拖欠债务的客户所带来的风险，Scene 只会在收到客户的付款后再付给模特酬劳。Scene 像银行一样以利率 5% 先行垫付给模特钱，这笔钱是会扣除的。换句话说，如果客户们不付账，损失的是模特，而不是经纪公司。

考虑到高昂的开销和客户们的拖欠，模特的钱来得很慢。我自身就是例子：在 2005 年年初我签下和 Metro 公司的合约，在月底开始从事一些杂志大片拍摄、走秀和小规模的目录拍摄工作。我拿到第一笔薪水——181.06 美元的时候已经是四月中旬（在此之前我先是收到了夹在一长页开销清单里的作废支票。）[65] 一位会计师告诉我，在工作的头三个月赚钱是一个很好的转折，比其他大部分的模特要快。

在我纽约田野第一年的年尾——这一年我几乎把所有空闲时间都给了我的经纪人，我计算了全部的收入和支出。我一共赚了 18660 美元，减去我要付给经纪公司的佣金 3732 美元，和我的花销 3608 美元，我一年拿到手的是 11318 美元——大约是我每年研究生津贴的一半 [66]。

社会炼金术

有着一个反经济学的逻辑，对媒体类明星界的追求是一种在迟到的喜悦中的锻炼。但耐心是一种习得的美德，像 JD，我们来自曼彻斯特的小伙子，还没有在 20 岁的时候学会这个。它需要社会化进入到这一领域中，去识别复杂多样的非货币的价值标准，例如"免费"的照片、服装和与顶级模特、设计师、杂志的友好关系。

现在，JD 已经掌握了媒体圈和商业圈的法则。事实上，他已经完全扭转了对金钱的态度。被问到是否将为文艺杂志 *Dazed & Comfused* 拍摄的时候，他几乎从椅子上跳起来：

天啊，当然了！基本上给 *Dazed & Comfused* 拍摄赚不到钱，但是我喜欢时尚。我喜欢广告，我乐意被拍到照片里，能参与其中就好。有时候我打开那些做媒体类时尚的人的作品集，他们就好像在说："我没有钱，我一无所有。"但是，那又怎样，我希望那是我……你走了狗屎运！

不像那些我们在市场中期待看到的理性参与者——即使是在布尔迪厄的资本分析理论中，无论是象征资本、文化资本，还是

社会资本，说到底，也都是为保障经济资本的目的服务的——JD
已经变成了象征奖励的傻瓜。他现在是一个为了时尚而时尚的信
徒。这种声望没有额外的收入，已经变成了个人自豪感的源泉。
JD 解释道，这是他继续模特事业的唯一原因：为了找到机会成为那
些有魔力的人。

但是，魔力是由那些生产者们共同对他们正在玩的这个声
望游戏的错误识别所创造出的幻像。在媒体类游戏中的信念、
幻象，促使生产者们致力于找出"前卫"外形，一个模糊不清
的成就，当它最后实现的时候，它出现了就如同被魔法实现的
一样。这个最终跳出来赢得头筹的不可思议的"外形"并没有
什么超自然的天赋。它是由生产者们有组织的精心策划的产品：
模特、经纪人、客户共同努力，相互斗争。在这种斗争下，外
形的价值和这种外形的信念不断产生。像所有魔法一样，外形
产生于社会化的炼金术。

哎，JD 那扇成为这个炼金术的一部分的机遇之窗已经关上
了。他对经济不感兴趣的那个时期也已经过去，现在他在广告
业寻找稳定的办公室工作，那个曾经抛弃他的产业。时机，生
产者们频繁告诉我，是模特市场里的一切。这对于模特和所有
在外形生产中的参与者都是对的，经纪人和客户推销售出的时
机，时尚趋势和他们掀起的文化潮流的时机，模特来到时尚产
业中的时机。模特们必须首先理解，在这个时机和机遇偶然决
定他们的事业的领域工作意味着什么。

3

成为一个外形

鞋　　跟

在与 Metro 模特公司签约两周后，我在一个周六收到了来自希瑟——一位鼓舞人心并且亲切的经纪人的电子邮件，邮件中写道：

Hi，甜心！你周一会有一大堆面试。你已经被邀请去见迈克尔·史蒂文斯，他是个大人物！！！！如果你不知道，他可是能将你变成巨星的重要摄影师。所以你千万得在周一早上先到公司来一趟。

亲亲抱抱，希瑟

现在正值时装周。在那之前的几天，我想的都是在这个时候签约真是个错误。早在我面试的第二周，我已经穿梭于这个城市去见几十位客户，在两个试拍和一个目录拍摄中搔首弄姿，还翘掉了两场研究生研讨会。下周是时装周，我被几个秀列为候选，除此之外还有一系列满满当当的面试安排，得排长队等待，在苏豪区、切尔西区和中城往返奔波。我精疲力尽。似乎我的研究课题出师未捷身先死，我已经开始思考新的研究计划。

但之后我收到了这封邮件，感受到了熟悉的激动。这种激动还将让我在这个领域里多留两年半。对于可能的承诺推动我在周一的一大早就提前到了经纪公司。

我就在那，坐在 Metro 位于曼哈顿的井然有序的办公室大厅里，看着几位经纪人，开始新一天的工作。他们相貌普通：30岁左右，中等身材，穿着牛仔裤或休闲裤和运动鞋。他们向我打招呼，并问我怎么样。在那时，我只知道他们其中几个的名字。当希瑟到了的时候，她亲吻我的脸颊："早上好，亲爱的。"之后高兴地坐在我旁边。

"你今天将会见到迈克尔·史蒂文斯！"她声称，"你知道他是谁，对吧？"她笑着问我。她提到了我们上周的谈话，那次我不知道另一个知名摄影师的名字，也不知道"Miu Miu"的正确读法。

但是今天，我知道我要见的是谁。哪怕一个不怎么接触流行文化的人都知道迈克尔·史蒂文斯，他是个传奇，是时尚界最有权力的摄影师。希瑟帮我预演如何把握住这次会面。

"关于你今天的这次见面，只有一点点小技巧。"她娓娓而谈，"这个，你将见到的女人叫劳丽。她是一个非常强势的人。她一般会坐在接待台前，所以，当你到的时候说'我来这找劳丽'，她就是那个正在听你说话的人。她将会观察你，看你长得怎么样。有的时候，不是所有时候，但是她经常这么做。所以，别坐在那给人打电话讲些不合适的，或者剔你牙齿什么——不是说你真的那样。但要知道，如果她不喜欢你，你就不可能见到迈克尔·史蒂文斯。"

她轻轻拍了拍我的大腿，坐到一边去，留下我自己坐在大厅里，感觉很沮丧。我曾经预想能够和大人物迈克尔·史蒂文斯聊天，可能我还可以约他做个访谈，可能他将会把我也突然变成巨星。无论如何，也不会是像这样和他的助理，那个眼尖的劳丽见面。

我的经纪人罗尼进来了，亲了下我的脸颊，交给了我一张列有今天的 8 个预约的单子。罗尼是一个亢奋的英国小个子，穿着旧 T 恤和牛仔裤，他人真的很好，哪怕在说那些并非友善的词语时。

这天早上，他还是往常那自信的样子。我们过了一遍单子上的预约，他告诉我，我今天看起来很好，想了一下，他又加了一句："噢对了，你 18 岁。所以你出生的年份应该是，198⋯⋯85 年？对，1985 年。"罗尼冲回了自己的座位，而我在拿外套之前在大厅里愣住了。就在我们 5 秒中的交流中，我一下就少了 5 岁。作为一名研究女性主义的学生，我认识到女性年龄的增长和我新出生年份中父权暗示的象征性权力。但现在不是想女权的时候，我告诉自己。毕竟，我要去见迈克尔·史蒂文斯。更准确地说，去见迈克尔·史蒂文斯的助理。

然后，我听到有人从经纪人办公桌那边叫我的名字。我转过头去，看到大厅的一角，罗尼和其他四位经纪人坐在长会议桌前。他们似乎在谈论着我，所有人都转头看向我。"哦，过来近点。"罗尼说，"让我们再看一看。"

办公室里所有的眼睛都投向我，唐，经纪人里面的头儿，慢慢地将双臂交叉放在胸前，上下打量着我说："你穿的是什么鞋？"

所有的目光又投向我的脚，"我就穿的这双，呃，运动鞋。"

我回答，不安地想要掩饰我那双黑色的阿迪达斯运动鞋，好像能把一只藏到另一只后面。

"我们需要让她穿上高跟鞋，"唐说，这得到其他人的一致赞同。他叫来坐在房间另外一端的、负责服装陈列室工作的经纪人布蕾："你那有没有一双高跟鞋可以借给阿什利穿去见迈克尔·史蒂文斯？"

布蕾叹了口气，脱下自己脚上那双 8 厘米高的靴子，套上了一双旧运动鞋，告诉我在今天下班前还回靴子。"走路的时候当心右鞋跟，"她提醒，"它有点不稳。"

当我换鞋的时候，另一位经纪人提醒我，去见迈克尔·史蒂文斯的时候，"应该穿正装"。现在我穿着高跟鞋，站在板子前，有那么一瞬间的停顿去打量我的新装束。

"现在是摇滚范儿。"唐说。

"靴子在她腿上很棒。"罗尼说。

站着比之前高了 8 厘米，我慢慢地离开经纪人们的办公桌，接受了最后的祝福和来自唐的最后一个小建议："你多大？"

"18。"

"非常好！"他笑着点头，我摇摇晃晃走出了经纪公司。

走了不到十步，布蕾这双鞋子的右跟就断了。我跳着脚拖着摇摇欲坠的鞋跟穿过马路进了家鞋店。

……

我的整个青少年时期都花在从 *Vogue* 上裁下迈克尔·史蒂文斯的时尚照片——那些凯特和琳达穿着香奈儿和古驰（Gucci）的迷人照片——我轻轻地将她们撕下来贴在床前。我绝对不敢想象在她们成为传奇摄影师无瑕的灵感缪斯之前，她们会穿着借来的高跟鞋，步履蹒跚地前去参加由助理仔细审查的面试。这恰恰说明时尚和魅力产业是怎样工作的。如果消费者被时尚和美容产品吸引去消费，他们绝对没有看到投入到时尚和美容形象生产中的工作。那些曾经贴在我卧室墙上的完美的模特形象美化了这份工作——无论是心理上还是身体上——这其中的技巧和不稳定我之后会深知。

这次去见（几乎见到）巨星摄影师的经历让我获益匪浅：穿正装，听从经纪人的话，期待被关注，体现摇滚范儿，要年轻，做最好的自己。这些经验教训是模特身体和心理上的习惯，被用到他们日常的工作中去。有些经验很难学得到，有些很愉快，而有些很痛苦。外形是模特们努力去获取的社会地位，虽然最终他们注定会失败：没有模特可以永远是那个"对"的外形。那么，在这短暂的职业生涯里，怎么才能变成那个"外形"呢？

审 美 劳 动

社会学者可以从研究模特的工作中学到很多东西。模特是劳动力市场中向自由职业模式和审美化的劳动力转变的典型。"审美劳动"（aesthetic labor）是互动式服务领域对"风格化劳动需求上升的典型"，其中包括零售业、餐厅、酒吧、旅游和娱乐业。在这些产业中，受雇佣者被招募并且训练令人讨喜的性格和俊俏的外表。[1]

自 20 世纪 80 年代亚莉·霍克希尔德（Arlie Hochschild）开创性地研究空中乘务员，社会学家们已经详细地建立了有关"性格"和情绪在服务业经济中重要性的理论。审美劳动学家，英国大部分从事这一研究的社会学家，已经将对于情感的研究转化为具体的研究。

我们大多数人可能对于审美劳动的概念是熟悉的，至少心照不宣，每个人都清楚好的外形的价值。相当多的社会心理学、社会学和经济学文献中已经证明了被视为有吸引力在就业、付款和人生中的一系列优势[2]。美在工作中的重要性在很长的一段时间之前已经被很好地诠释。赖特·米尔斯在写作于 1951 年的经典著作《白领：美国中产阶级》里，详述了销售区域"魔术师"的成功，聪明的销售女孩用她"流线型的身体"和"明媚的笑容"增加她的佣金。

然而将劳动力与美联系并不是新生的，根据劳动学者所述，新的是在范围不断扩大的工作领域中显性管理、招募、训练劳动者的外表。无论是通过招聘广告寻找拥有"时髦精明外形"的候选者还是通过街头实际物色年轻男女进入像 Abercrombie & Fitch[3] 这样的零售连锁店铺工作，在新经济下找到一份稳定的工作是"看上去不错和听起来挺好"的双重问题，不是任何好看的外表都可以。越来越多地，公司在寻找"恰好"（right）外形的员工。你可能已经注意到了，例如，在 GAP 的销售人员看起来就是属于 GAP 的，他们拥有特别的"GAP 范儿"。这几乎不是巧合。通过筛选和塑造其员工一系列特定的审美和态度，管理争取企业品牌特性和员工特性的统一。公司将他们的员工当做"物质符号"和"品牌促进剂",同时还被认为是"移动的广告牌"以流露出品牌和生活方式,准确地将他们最好的面貌通过零售层展现给市场。反过来,劳动者变成了产品内在的一部分。如果一些劳动者被雇佣是因为他们"看起来合适",那么这意味着,无法避免地,另一些被视为看起来不对。基于外表明确的就业歧视、容貌歧视的案例数量在上升,将依据种族、年龄、阶层分类的歧视保护加入了美貌[4]。

社会和审美的软技能的上升紧跟着更广泛的工作组织的转变。劳动的审美化是后福特主义从制造基地到信息和知识密集型产业转变的一部分。在后福特主义经济中,不仅仅需要劳动者看起来好,还需要感觉好。除了经济的必要性外,新的论述越来越强调工作应该愉快而有趣,充满选择、自我肯定和灵活,成为自我认同积极的一部分[5]。回到GAP的例子,可折叠毛衣提供了变得特别的感受,很荣幸地成为体现GAP形象的一种方式。

这个新近的审美化经济中的工作不能提供的是"安全"。在赖特·米尔斯的著作《白领》中的魔术师现在可能是项目工作的自由职业者,他们的工作结构和安德鲁·罗斯(Andrew Ross)在其2003年的著作《无领阶级:人性的工作场所及其隐藏成本》中描述的程序员一样。作为曾经在服务中,甚至在职业中相对稳定的职位现在被外包给自由职业者,这些劳动者们日益面临非标准化和中断就业的不稳定的劳动市场。如其他许多文化生产劳动者们一样,模特是合同制的;基于项目的雇用是一连串的一次性合作工作[6]。这类劳动的脆弱性一直以来和性别相关。事实上,模特职业的大部分类似女性历史上偶然发生的与劳动力市场的关系，如随着物品交换自己的婚姻，如依赖家庭的家庭主妇，在劳动力短缺时作临时工、小时工、补缺者。然而，面对女性化和逐渐失去影响力的职位，自由文化生产者乐于冒险、尊重机会，随着越来越多的关注，推动和管理个人事业机会和冒险。自由职业者为自己而工作，在对自己的管理下工作。劳动者在这种不稳定的职位中倾向于接受风险而不是规避风险，促使社会学家称他们为"创业劳动者"[7]。

当自由职业者可以获得惊人的自由，例如，对于那些不想从事全职工作的人，它提供了时间去从事其他活动。但这还能变成一种剥削的工作关系，将市场风险从公司转移到工人不受保护的肩膀之上。并不是所有的临时工都认为合同制是难以忍受的，毕竟，高薪的自由职业者，例如计算机程序员和其他 IT 从业者，享受着好的努力回报比率。考虑到紧张的劳动力市场，模特面临着比大多数自由职业者更大程度的不可预测性和被拒绝。作为独立合同工，模特在缺少管理监督的情况下工作，并且必须学会主要靠自己来捆绑和驾驭一个产业。作为自由审美劳动，模特工作对管理他们的身体和性格的个体在应对不确定性时提出新的挑战——而模特做这些也是主要靠自己。

审美劳动和创业劳动这两种趋势都在上升，但社会学家们还没有将两者关联。在自由职业的条件下，审美劳动趋于"自由式的"，这引发了一个问题：当没有规则和定义的时候，劳动者们怎样才能同时"看起来好"（look good）又"听起来对"（sound right）？

虽然社会学家们已经注意到管理层的注意力转向到劳动者

的肉体存在，我们仍旧对审美劳动如何在没有管理监督的情况下完成知道甚少——例外来自黛博拉·迪恩（Deborah Dean）对女演员的访问调查和乔安妮·恩特维斯特尔和伊丽莎白·威辛格（Elizabeth Wissinger）对时装模特的访谈调查[8]。这些调查提出在缺少自上而下的监管和专门的指导时，审美劳动需要持续进行自我和身体的生产，需要劳动者"永远在线"并且不能离开他们的产品——整个自我。然而这依然不清楚，仅凭员工如何在自身上体现一些很不稳定的如"看起来好"和"听起来对"的东西。

　　这里我们有一个机会，通过问这样一个问题来扩展对于在新经济下劳动的分析：这些审美劳动是如何在没有企业监管的情况下完成工作的？对于在新文化经济中的劳动者们来说，专业的成功取决于对身体的控制和精心塑造的想象中的理想人格。但对于模特来说，首要取决于机遇的接纳。

机　　遇

　　克莱尔的第一次机遇出现在 15 岁那年。家庭旅行归来，在伦敦希斯罗机场等候行李的时候，一位年轻男士接近她，奉承恭维了一番，提出她可以当模特：

　　我当时觉得这特别可笑，我穿着背带裤，看起来很可怕，因为我刚刚下飞机。我的两个姐妹都看起来比我好。我的父母当时的反应是:"你确定? 另外这两个怎么样?"

大部分模特将他们青春期的自己比喻成丑小鸭。他们抱怨因为笨拙且不吸引人的体型而在整个童年遭受嘲笑和奚落。这样悲惨的身体转换的故事似乎对一些模特来说更可信,在克莱尔的案例中尤其地毫无疑问。她有一张苍白瘦削的脸和轻微龅牙。她的橘色长发中分,披在身后,占了瘦长身体的三分之一。用她自己的话说:"看起来很滑稽。"

最开始她没有理会模特星探,但后来多次被星探发现。在夜店,在购物时,甚至走在伦敦的大街上,模特星探叫住克莱尔告诉她,她有着"很棒的外形",恳求她去他们的经纪公司。最终,她同意了。

如同我所采访的几十位模特一样,并不是克莱尔选择了模特行业,而是这个行业选择了她。在所研究的 40 位模特中,只有 6 位是通过主动联系代理人而入行的,而大部分入行是通过模特星探。事实上,非常少的模特需要自掏腰包进入这个市场。因此,通常对于阶层的推测,对控制谁能进入或者谁不能进入这个市场,影响微弱。在我采访的 40 位男模和女模中,大部分来自于中产阶级一般家庭,5 位来自工人阶层,6 位来自中上层阶层以及更高(见表格 3.1)。工人阶层的男女要进入模特界,财务的障碍是很微弱的,每个人都可能被发现,没有人需要昂贵的认证或者训练[9]。有中产阶层家庭支持的年轻人可能会更能承担得起在这个市场中追求自己运气的花费,但考虑到在第三世界国家高强度的模特发掘,从背景来看模特是多样化的劳动力。

表 3.1 模特样本总览

纽约 女性	年龄	模特从业年限	人种及原籍	性取向		出身社会经济地位	受教育年限	收入（美元）
Alia	22	4	黑人，洛杉矶	异性恋		中产	6	400,000
Anna	25	4	白人，俄罗斯	异性恋，	离异	中产	4	200,000
Daniella	23	8	白人，伦敦	异性恋，	母亲	中产	4	35,000
Dawn	25	9	亚裔，弗罗里达	异性恋		工人	4	100,000
Jen	23	4	亚裔，纽约市	同性恋		工人	4	35,000
Liz	21	4	白人，新泽西	双性恋		上层中产	5	25,000
Lydia	32	11	白人，密歇根州	异性恋，	已婚	中产	6	200,000
Marie	28	11	拉丁裔，智利	异性恋，	已婚	上层中产	8	125,000
Michelle	20	5	白人，德克萨斯州	异性恋		上层阶级	5	5,000
Trish	23	5	白人，亚利桑那州	异性恋		工人	5	15,000
男性								
Andre	22	4	白人，新泽西	异性恋		中产	4	45,000
Cooper	28	3	白人，弗罗里达	异性恋		中产	8	30,000
Ethan	22	1	白人，田纳西州	异性恋		中产	8	-1,000
Joey	19	1	白人，波士顿	异性恋		中产	3	0
John	21	3	白人，俄克拉何马	异性恋		中产	5	50,000
Michel	44	17	白人，法国农村	异性恋，	已婚	工人	3	70,000
Milo	26	5	白人，芝加哥	同性恋		中产	8	55,000
Noah	21	2	白人，新泽西	异性恋		工人	5	<1,000
Parker	24	7	白人，威斯康星州	异性恋		中产	8	25,000
Ryan	25	4	白人，密歇根州	异性恋		中产	8	30,000

续表

伦敦

女性	年龄	模特从业年限	人种及原籍	性取向	出身社会经济地位	受教育年限	收入（美元）
Addison	19	3	白人、伦敦	异性恋	中产	4	10,000
Avery	22	4	白人、曼彻斯特	异性恋	工人	8	2,000
Clare	24	8	白人、伦敦	异性恋	中产	5	100,000
Emma	19	3	白人、德国	异性恋	工人	4	30,000
Eva	22	3	白人、犹他州	异性恋	中产	5	20,000
Kiera	22	3	白人、多伦多	异性恋	上层中产	4	60,000
Lucy	21	1	白人、巴黎	异性恋	中产	5	4,000
Mia	28	1	白人、纽约市	异性恋、离异	工人	5	4,000
Sasha	22	7	白人、俄罗斯东部	异性恋	工人	5	100,000
Sofia	21	3	黑人、牙买加	异性恋	工人	8	40,000
男性							
Ben	29	10	白人、伦敦	异性恋	上层中产	4	200,000
Brody	28	5	白人、曼彻斯特	异性恋、离异	工人	4	60,000
Edward	33	2	白人、伦敦	异性恋	中产	8	20,000
Ian	25	3	白人、法国	异性恋	中产	8	36,000
Jack	22	7	白人、曼彻斯特	异性恋	上层中产	8	2,000
JD	22	2	阿拉伯、曼彻斯特	异性恋	工人	8	48,000
Lucas	26	8	白人、伦敦	异性恋	中产	10	20,000
Oliver	25	2	白人、伦敦	异性恋	中产	8	10,000
Owen	26	7	白人、东伦敦	异性恋	工人	4	10,000
Preston	21	3	白人、英格兰布里斯托	异性恋	中产	8	110,000

这里列出的是模特工作的独特属性之一：进入这个领域和在这个领域获得成功都超出劳动者的控制。一旦他们获准在这个市场中出售他们的外形，不论是通过邀请还是个人意愿，或两者皆有，他们就把事业的一部分交给命运——多种的表述如幸运、时机、缘分还有"上天的安排"。一位女模用文化生产上陈词滥调的骰子游戏来描述她的职业轨迹，呼应一位好莱坞的成功编剧[10]。模特面对的不可预测性来自：面试、被工作选择、在日常生活中与他们的经纪人相互影响。他们的工作是新经济自由的例证，还包含被迫需要容忍拒绝和架于个人肩上的风险这些身体和思想的所有陷阱。

在面试上，你们都是美丽的

2004 年春天，进入田野调查 3 个月后，我在一家位于下城的设计师精品店参加了一个时装秀的面试。8 位模特到达店里的时候，一位女士把我们拉到一边，介绍她自己是这场秀的制作人。我们手拿着简历站成半圆仔细地听着她的介绍。她并不看我们的图片档案集，而是慢慢地认真审视我们。"这是我工作中最艰难的部分，"她解释道，她不得不在我们当中"选择"两个人参加即将到来的时装秀。"你们都是美丽的。"当她说这句话的时候，一位年纪稍大的绅士，她的助理拿过我们每个人的模特卡，认真查看我们的身体情况，甚至伸着脖子去看我们的背后。他把卡片拿在手中重新洗牌，调整为一个我们不知道的顺序。

面试之后，我和另外两位模特一起走向地铁。她们笑这个面试多么"古怪"。一位模特表示："那个男的看得我，我都要遮住我的屁股了。"说着，她用手比划着遮在身后。她的朋友笑着补充："我们都是……那个男的打乱手中的卡片时，我在想'我在上面还是在下面？'"

这样的面试安排并不"古怪"。各种各样的面试是模特们找工作的冗长过程的一部分。面试中模特们一般站成一排互为对手，基于不被她们所知的条件选中。模特们有时并不知道这个面试是为了什么，谁会有雇佣的最终决策权，或者究竟是什么条件让她们被选上或者落选。

面试本身是一个可被预知的过程。有握手表示欢迎，一些交谈，看看模特的图片档案集。之后客户们环视模特们的脸和身材，可能会要求拍照（以前的习惯是用宝丽来相机，现在则是用数码相机）。之后客户会要求模特试穿样衣，看她们穿着样衣在面试房间里走个来回。这个过程以令人愉快的告别语和一句"谢谢你来"结束。

所以，虽然在模特的工作中这种面试并非不寻常，但它仍然让人感觉不舒服。因为它打破了人们默认的社会礼仪准则。例如，盯着女士的身后看是不礼貌的，或者当着应征者的面直截了当地拒绝他们。在戈夫曼的术语中，面试是有问题的邂逅[11]。站在客户的面前被审查，模特们必须暂时搁置平常的社会准则，至少在面试期间，接受自己是在一个安静的拍卖中被展示出售的物品。客户们，对他们来说，通常尽可能老练地做出评估，注意不要从赢家里面辨别出输家或者一个模特超过另一个。

这是模特工作中最艰难的部分之一——走出一个面试，不能预估与客户的这次会面是怎样的结果。当然，模特们解释有一些信号可以辨识客户们到底有无兴趣。如果"他们喜欢你"，会倾向在你的身上花些时间。他们会仔细地看你的图片档案集，他们会对你笑，他们会问你一些关于生活上的问题，你的兴趣，还可能包括你未来的时间安排。他们会恭维你和你的照片，他们会微笑。简单地说，他们正视这个模特的存在。如果他们不喜欢你，他们可能会发出这些明显的信号：非常快地略过你的简历，或者干脆不看，没有眼神交流，甚至可能会看房间里的其他模特（这经常发生）。

然而，这些信号也只是暗示建议，我曾经参加过许多次面试，离开时脸上挂着大大的笑容，心想："我搞定了！"在一位T恤设计师的面试中，客户夸我说："你好完美！"他甚至把我介绍给公司的合伙人，他们两个都对我很是赞赏。但是我还是没有得到那份工作，也没再听说相关的任何消息。克莱尔解释了这种积极面试后的一无所获让人有多失望：

你是否可以说清楚他们是否喜欢你，是这个行业最大的谜团之一。因为事情是，有时候面试上，他们非常积极，他们像是这样说："是啊是啊，你太棒了，咱们明天见！"他们表现得特别确定。你走出去，给经纪公司打电话，其实他们根本没有选你，更别说定下你工作。你就会觉得，那你们和我废什么话？！

相反，还有的面试让你觉得搞砸了，但仍旧会选你做这份工作：

但是，之后在那个我觉得"表现得像屎一样，根本不想再想一次"的那个面试，却拿下了那份工作。我想你就把它看做一个钓鱼游戏，你真的不知道，在面试时会发生什么。（杰克，22 岁，伦敦模特）

对于一场面试奇怪的谜一样的评估，是模特在获得工作时遇到的第一个不稳定性，也是这项职业无数赌博中的第一波。

候选权就像空气一样

如果面试是最初微小的一步，那么候选权则是接下来获得工作中一个盲目的飞跃。在面试之后，客户打电话给经纪人让模特们等候，作为之后工作的候选（options）。他们会将对模特们感兴趣的程度高低列一个选择项，从第一（强烈）到第三，甚至有第四选项（微弱）。然而，这个强有力的选择是客户喜好的一种指示，就像在面试中得到的赞美一样，也只是个指示。像安娜（25 岁的俄罗斯移民）表示，候选权就像空气一样。

被选上可能会突然出现并且原因未知。在伦敦，名叫奥利弗的模特一早收到从纽约传来的消息，他被列为杜嘉班纳（Dolce & Gabbana）广告的候选。"我当时，就是要做每天的正常活动，你知道的，早上醒来，准备先去厕所。就在这个同时，史蒂文·卡莱恩或者其他谁在一个网站挑出了我的照片。"对于奥利弗来说，这意味着在大洋彼岸某处的一个决定将要改变他的人生，然而对这一切他并不知情。

但是，如它们突然出现一样，被选上之后也会没有理由地被取消掉，且常常是在最后关头。爱德华，22 岁的伦敦人，在入行的早期就认识到了这种艰难。在签约一家一流的经纪公司几周后，他被欧洲最强的面试导演列为米兰一个非常棒的秀的候选：

我的经纪人貌似成竹在胸，"我们肯定拿到了这个工作，因为这个面试导演很喜欢你"。之后他们取消了其他所有的选择项，只留下了我。到了晚上 10 点，他们又取消了我。我恨这个面试导演！你可以直接录下这句话！

这个对立面也是事实，模特需要参加通告，且随叫随到。结果就是，模特不能掌握自己的时间表。大多数我曾经交谈过的模特尽力不去细想他们成为选项的可能，少数更希望自己压根不知道这些事。23 岁，生活在纽约的丹妮拉解释说："我不愿意从不确定的事情上获得希望。"

模特们尝试去忽略，但被选择还是留下了焦虑的痕迹。事实上，它们被写在模特日常安排的最顶端，常常包括那些揪心的细节，比如拍摄本该是他们工作的著名摄影师的名字，或者可能是一笔大钱将要给别人了。在我自己的时间表里，有一个当日无酬面试单，如下是被写在这个单子最上端的：

> 取消：选择项 1：工作：酒店广告
> 出差去洛杉矶，在洛杉矶拍摄，回纽约
> 3750 美元 + 20% 每天 × 2 天 – 纽约
> 3750 美元 + 20% 每天 × 1 天 – 洛杉矶
> 250 每天 旅行（洛杉矶）× 2 天
> 总计工作：14200 美元 + 20%

当被问到为什么我没有接到通告，或者为什么一个候选权没有了，经纪人们很难有一个答案。在我的第一个时装周期间，我还没有改掉总是要求答复的习惯。我问唐，我的一位经纪人，为什么一个有名的设计师取消掉了我的候选权。他有爱地回答我："只是因为你太青涩了，他们这个秀想要老练的女孩。"唐没有给我建议如何在日后的工作中解决太过于"新"的问题，在之后的几周，我放弃了询问。

经纪人带来的不安全感

与个体户一样，模特也是自由职业者。他们为自己工作，依照合同条款工作。从法律条款上来说，经纪人为模特们工作，靠打点模特们依靠自身而得到的工作而获取佣金。然而，这种工作关系远比可能看到的要复杂，因为在感受上与它的形式十分不同，让人觉得模特们生活在经纪人轻薄的怜悯中。

模特们需要他们的经纪人成为他们"最强大的粉丝",克莱尔说,"否则你寸步难行"。她解释道:

> 他们对你的态度,他们对你的热忱是帮你得到一个重大工作或者至少常规的好的工作的重大关键。他们需要那种人,会给客户打电话说你们必须要见见这个姑娘,或者说:"自从上次接了你的通告,她看起来更好了"。

几乎每位模特都向我阐述过与经纪人"搞好关系"的重要性。经纪人们是限制模特面试流量的守门人,换句话说,限制了在整个时尚产业的出路。经纪人的看法至关重要。经纪人如何看待一位模特,决定了模特可能的职业发展结果。例如阿狄森,一位来自伦敦的 18 岁姑娘,说经纪人"真的真的很重要。如果你和他们有着良好的关系,他们会安排给你工作(她打了个响指),然后就好啦"。

虽然经纪人在打造模特的事业上扮演着重要的角色,但是他们会撇清这种责任。在每天和模特的交谈中,经纪人们架构着"模特们的成功单纯靠自己"的印象。在某些场合,我收到一些来自经纪人们对面试或者工作很重要的小建议,但他们中的大多数是对于如何获得一份工作相当模糊的建议。

失败有它的后果。模特们会没有任何预警就被他们的经纪公司"放弃"了。这发生在了 16 岁的路易莎身上,她从 10 年级退学当模特,想看看模特行业是怎么回事儿。几周没有见到她,我问希瑟,一位 Metro 的工作人员,路易莎在干什么。希瑟叹了口气告诉我："我们终止她了。"并解释道，路易莎没有得到客户们非常"强烈"的回应。但是她没有告诉我为什么，她自己也不知道。当被问到一位模特从面试中得到的典型机会是什么，一些经纪人回复："看情况而定。"

更加不易察觉的是经纪人们渐渐退去的兴奋。经纪人们对一位模特的热忱被煽动扩大或者下降，都是根据客户们变化无常的品味。同样出乎意料地，模特们的自我意识也是类似如此膨胀和紧缩。模特们解释在他们的职业初期，经纪人们散发出一种热忱，然而事实上，这种热忱并不会永远持续。阿狄森，伦敦的年轻女模，在一家顶级经纪公司开始了职业生涯，风生水起，"你知道的，总是会有人说'哇，你今后会惊人的。我们很高兴，你真的非常棒！'"但是在接连两年稳定的工作和拒绝后，她不再有成为"IT girl"[12]的幻想。她解释道："这事实上并没有实现过。"这并不是阿狄森的错，只是由于她的经纪人不可能给每一位模特全部的关注，或者说不能每天都保持对每个模特的热忱。阿狄森估计，经纪人的热忱会在6个月内消退，这个周期是新的模特到来，更新换代的周期。

新面孔不断地进入经纪公司，旧人则被淘汰掉：每年 Metro 公司有25人进出，Scene 公司有10人进出。替换是不可避免的，因为模特们事实上就是可以替换的。虽然每个模特的外形都有着高度的自身特质，但是，有庞大数量的竞争者渴望进入这个队伍中。当一位在伦敦的经纪人发邮件给我说，有一位大造型师邀请我去拍摄一本英国杂志时，这正击中了要害。我当时正在纽约，不可能飞到英国去做这份工作。所以那位造型师回复我的经纪人，"我认为你那里应该能送来一些和阿什利·米尔斯（我！）一样的类型吧？"

有一件事情是肯定的

当模特们面对着不确定的日常安排，在和经纪人的交流中有一件事情是肯定的：拒绝。在许多职业中拒绝都是常见的事情，特别是在那些工作者们努力去说服别人为服务或者产品付款的领域。关于销售工作的研究已经确认了试图向某人推销某样东西的失败率远远高于成功率[13]。在模特行业中，模特的人数远远大于他们所追求的工作的数量，所以被拒绝是不可避免和普遍存在的。

即便成功的模特们也不能幸免。对于来自伦敦的 26 岁模特卢卡斯来说，这是一个特别沉痛的教训。他现在是一名哲学与宗教学学生，用他的话说，他曾经在模特界有过两年"很牛"的日子，但在事业急转直下之后，他开始了佛教研究。他为 Versus 品牌拍摄的时尚大片曾经被登在曼哈顿西休斯顿街的广告牌上，正对着的就是一块有着一位他很喜欢的知名女模的 Guess 广告牌。他很愉快地回忆着那些日子，当他大摇大摆地穿过曼哈顿街区，抬头看到自己的广告牌。他曾经站在世界的顶端，而这之后，他说：

我记得我走进经纪公司，听到这些候选权一个个都没有了，我意识到下一季我不会再有任何广告大片，就这样了。

结果是，一位著名的摄影师拒绝再次让他拍摄 Versus 的广告大片。其他客户们也跟着这样做，他的广告牌被撤了下来，他被送回伦敦，在几个月内成为明日黄花。

在卢卡斯的案例中，拒绝如同海浪一般而来。拒绝其实也存在于日常面试的互动中，就如同莉兹，这位来自新泽西的 20 岁姑娘分享给我的这个格外轻慢的经历。她参加了一个大型百货公司通告的面试，到达面试办公室的时候，她便加入了有其他 80 位模特排着的面试队伍里。一位面试导演浏览着每一位姑娘，同时对她们说着如下两个词中的一个："留下"或者"离开"。莉兹被告知离开时，只是一笑置之。但是其他被淘汰的模特们强烈要求导演至少看一下她们的资料或者付给她们回去的车费。另一位模特告诉我，有次她离开一个面试后回头去取她的毛衣，发现她的资料卡被扔进了垃圾桶。另一位看到自己的卡上胡乱写着"不可能"和"太装"。有人甚至会花时间在模特卡上写"天啊，谢谢了！"并且加下划线。拒绝以及其附带的被忽略或者不被重视的感觉让人感到刺痛。

模特们可能会穿过整个城市，排队等候几个小时去见客户（在我的田野中，我最长的等候时间是在一个周日的晚上等了 5 个小时），无论由于何种原因被随便地淘汰掉，总结起来就是他们被认为并不合适这份工作。原因是无止境的：一个模特可能太过商业化，太前卫，太青涩或者太老，又或者可能一个人在一天里这几个原因都遇到了。索菲亚是一位在伦敦模特圈的 20 岁牙买加姑娘，曾经有一次特别快被刷下来，原因是由于她有着 1

米 78 的身高——这是大部分经纪人所期待遇到的理想身高。"所以，这会让你去想他们到底在找一个什么样的女孩，"她说，"他们想要什么？"她详尽阐述了不知道失败原因所带来的感情创伤：

因为如果你去一个面试而他们不喜欢你，你就会想："为什么？"如果这是个走秀的面试，你不喜欢我的步伐，那我该怎么做？没有人鼓励你，也没有人告诉你是什么地方不对了。你就站在那自责："肯定是我太胖了。"就是这样。

大部分的拒绝都是这样毫无原因，模特已经不再纠结于自己究竟哪里不好。这种一种孤独的努力，它慢慢地磨损掉一个人的自我定位，对自身的疑问越来越强烈，就像来自伦敦的 29 岁男模本所描述的：

绝大多数你去参加的面试没有了回音，绝大多数你被列为选项的面试收不到最终确认……说到底就是没有足够的工作给那些竞争的人们，所以我认为很难去讲什么是那些人真正想要的，或者真正喜欢的。

模特们在那些被反复证明是长期拍摄的面试上赌成功的几率。他们被一个与正常工作比例相反的行业提醒着。大多数人花费相当长的时间训练，为他们的工作做准备，短时间内通过面试拿到这些工作，但需要长时间的积累才能做好它们[14]。与之相反，模特们的大部分时间在努力找到工作，在新经济下越来越岌岌可危。

看起来好，看起来对

虽然成为"那个"外形看起来难以捉摸，但模特们并不是宿命论者。他们通过工作为自己增加筹码。在接受了事业成功与失败的任意性之后，他们接下来将注意力转移到了他们可以控制的地方：他们的身体和个性。

一个外形首要的是其身体条件。就像运动员、舞者和性工作者一样，模特们将他们的肉体作为一种资本。他们是在华康德的理论中被称为"身体资本"的资本家，这一术语用于描述作为原始资本的肉体、拳头和力量，被拳击手在拳击场上转化为奖金[15]。

像拳击手们一样，模特们对自己的身体投入一丝不苟的关注，因为他们的工作在于将身体资本转换为可以出售的"外形"。这包括在重大事件前训练，健身、节食、减肥：对于拳击手来说是每月一回合的拳击比赛；对于模特来说是日常的面试。当然，管理身体资本是所有运动员关注的重点，虽然只有少数项目需要像拳击手一样严格控制体重——例如摔跤手、骑手、体操运动员和轻量级赛艇运动员[16]。

模特也是一种需要展示身体的角色，虽然相比脱衣舞，模特行业穿衣服大于脱掉衣服，但这两个行业中身体都是被公然观察和评价的。脱衣舞娘同样以投入"身体项目"来维持身体商品对客户的吸引力，但是脱衣舞表演的体格依据年龄和外表有着广泛的不同，在一定程度上反映出客人的品味多样[17]。那些稍微偏离了理想身高、三围、年龄的模特们就被认为难以被雇主接受了；脱衣舞娘则不必去面对对身材要求同等完美的标准。

像运动员、舞者和其他在这种类型劳动市场上的工人一样，模特们做着"身体工作"，意味着他们花费可观的时间和经历去维持一种特定的状态。但是，模特以独立合同人的身份工作，不是组织中的成员；他们并不在导师或者雇主的指导下工作。这对于模特们如何塑造和监管他们的身体资本具有重要意义。模特成为外形要承受日复一日的物化，浮动的完美身材要求，幼儿化，监督和令人尴尬的训斥。模特们必须在拥有标准化的完美身材同时设计出一个独一无二、特别的自我。这个自我既是身体上的也是个性上的——必须管理以适应一个被禁锢好的整体框架，还必须与众不同。这两个要求都需要相当大的工作量和操作来实现。

成为一个身体

在时装秀之前，后台如同一个混乱的漩涡，造型师和制作人在那里，对着模特们大喊，让他们站好队准备带妆彩排。在一场纽约时装秀忙乱无序的后台站队中，制作人找不到模特了，喊来实习生站到队伍中将就代替走位，他喊道："克莱尔在哪？克莱尔？我们在这儿需要一个身体（body）！"这时我后面的模特嘲笑道："你听到了嘛？我喜欢他们这样说你，一个身体！"

在关于外形的市场中，男人和女人变成出售的身体商品。作为展示对象，模特们的身体是扭曲的、可触摸的、可曝光的。在工作中，模特们常常被当作无生命的物品对待，如同可塑娃娃一般被触摸和摆造型，被采用第三人称交谈。在我的第一次拍摄中——一个为了添加进我简历中的拍摄，一个有两位摄影师的团队轮流为我拍照，协助拍摄。当其中一位指示我摆一个手臂紧贴身体的造型时，另一个打断了他："不要这样，等等，她的胳膊看起来太粗了。"

服装陈列室和试装的工作是其中最需要把身体客观化的，因为模特们被雇来的唯一目的就是穿上衣服让设计师修改。当一个包含设计师、造型师、顾问和实习生的团队在为一件 T 恤的褶边而着急的时候，模特有可能就那么裸露着站着，耐心等待。其他时候，模特们被要求：设计师在模特身上用别针别、用针线缝以调整衣服的时候保持一些尴尬的姿势，有时候可能会被针扎或者被设计师粗暴地用手拽。一位非常成功的 T 台走秀模特告诉我，她常常在服装陈列室被别针别得像一个稻草人。

对于局外人来说，这种情景看起来粗暴无礼或者说并不适当。但是，模特们为维持他们的正常生活而成为共犯。他们承认戈夫曼所提出的"工作共识"。[18] 从这层意义上说，人格物化被迅速融入日常工作。就如同一位男模说的那样："这就是一项你被付钱脱衣服穿衣服的交易，你知道，你不可能被真的当作正经人。"

将身体看作客观事物使得模特与运动员有共同之处。例如拳击手。模特和拳击手都将他们的身体看做谋生工具，看作需

图 3.1 成为完美的身体：秀前，一位化妆师为模特涂润肤乳

要不断关注和仔细对待的事物。然而，拳击手需要的不仅仅是"看起来好"这一模特们需要的单纯目标，拳击手还需要自身的素质好，他的身体成为力量的工具和有力的防守工具。不同点就是一样是参与工作的工具，另一样是工作的对象。拳击手改造自己的身体，以一种积极的手段达到对身体的自我控制。模特的身体更为被动，等待被选择，能够在广告或者时尚展示中为别人所用。拳击比赛和T台走秀都是身体力行并且竞争的活动，但是拳击优胜者相对于模特来说拥有更多有形的价值标准：他要么被击昏，要么正在搏击。而模特在外形市场中很难了解什么会导致"三振出局"。这是因为，与拳击手不同，模特的输赢主要并不掌握在自己的手中。

审视自身，这种自省的过程使得个体将"好的自我"的条件内化，以达到这种"好的自我"[19]而约束自身。而当这种"好"的定义并不明确且一直在变的时候，又会怎么样？

瘦 是 王 道

所有我采访过的模特都强烈地意识到，在这个行业中他们的工作对他们的身体的需求，他们将这些需求制定为工作要求。他们并不是那些在基因博彩中获得胜利的玩家，而是与自己身体进行持续斗争的战士。凯拉就遵从着一个折磨人的液体节食：

不，这难以置信，我们的工作是讲究身材（即所谓的身体意识 [body conscious]），这就是我们的工作。一个电脑程序员

需要学习软件程序，而我们的工作就是控制我们的身材在一定数字之内，这是我们的工作。这挺搞笑的。（凯拉，22岁，伦敦）

尽管从来没有被告知过，我还是迅速了解了成为Metro模特所需要的身体条件。在我与Metro签订合约之前，我首先被带到时髦办公室的后面来量身材，首先是用卷尺绕着我的胸，量胸围，然后是腰，最后是臀围。希瑟量着这些，她的同事安东双臂叠在胸前，坐在一旁看着。她在办公桌上的便利贴上写下这三个数据，却没有告诉我。我越过她的肩看了一眼，上面写着：31—25—35.5。

两天后，当我拿到我的第一张模特卡的时候，上面的数字变成了32—24.5—34.5。没有人再提起过这些不是我的真实数据，或者我是否应该减肥到这个身材。当我对另一位模特提及此事的时候，她告诉我她的模特卡片上的数字也是被修改过的。

通过这些访问，男模和女模都给我解释，他们的真正身材都与他们被描述的模特身材不同。对于女模来说，数据偏差主要是在臀围上，许多模特在访问中花时间探讨了他们臀部的问题。男模则是在身高上，被增高或降低2.5公分。

数字和"统计数据"据说是外形中实际上可以操作的部分。这种在模特卡片上的差别有几个目的。首先，使得模特的身材与预期身型看齐。根据Metro公司官网上的数据，Metro女模身材平均为胸围33.3、腰围24.1和臀围34.5，身高平均在1米75[20]。这些数字与模特的实际身体数据相比，更接近传统意义上"正常"的理想模特身材。对于男模来说，腰围在30至32

英寸之间并不是重要因素，而是要健美，对于时尚大片男来说，要瘦就要摆脱身体上的所有脂肪。男模们对身体的测量并不如女模们频繁，但常常要在面试上或者在经纪公司里脱下上衣秀身材。

这些基本的身材数据和要求中，健美的腹部和 34 英寸的臀围构成最低标准，不过线的人是不会被接受的。这种标准不是一成不变的，而是模糊的、浮动的。鉴于任何一位模特外形的主观价值，一位模特的身体标准并不遵从任何明确的、客观量化的标准。模特们是在对抗模糊的浮动正常值这一难以捉摸、转瞬即逝的女性和男性审美标准[21]。他们必须通过实践获得本质使之再生和标准化，从此生成所谓的"尺码"在模特卡上的第二个功能：他们固定了一套对于身材的要求，使得客户和模特们一同加入这个信念：（1）具体标准存在，（2）这些标准得到满足。

第三，更多潜藏的影响出现在这些错误的英寸之间。对模特是这样的信号：自己没有标准身材，是不符合规范的。米娅，28 岁的美国模特，在伦敦焦虑于身材错误的测量，用她的话说，她不得不在最后一份工作时"灌"到裙子里面：

他们说我的臀围是 35，但事实上我是 36，还好这不是什么大问题，但当我被塞进裙子里时，我感到自己真的很胖。我希望我能告诉他们事实，因为我觉得很尴尬……我不得不挣扎着挤进这些裙子里，你明白吗？

米娅的身体变成了一个会行走的谎言，是会背叛她的负担。

我们有双重的不确定因素：一方面，如何知道我们的身材是否在浮动值内，另一方面，怎样使得它符合。与拳击手那样有教练的支持和严密的管理不同，模特们必须进行靠自己进行"身体计划"，例如减肥、塑形。这些是渗透于外出工作或者面试中的需要持续履行的义务[22]。

例如安娜，一周遵守着严格的只吃蔬菜和鱼类的食谱，在周末放纵吃些蛋糕和披萨。从四年前开始做模特起她就这样吃，最近开始在她的工作日节食外加上阿德拉（Adderall）。这是一种用于治疗注意力不集中的处方药，它的副作用是食欲不振。当我第一次在面试间隙看到安娜的时候，她正在吃一大根芹菜，历数"绿色果汁"——那种混合了甘蓝、胡萝卜和甜菜的果蔬汁的好处。

"但是，它味道好吗？"我问她。安娜满嘴绿色："瘦是最好的滋味。"这是超模凯特·摩丝的座右铭："没有什么比瘦的感觉更好。"[23]

男人们也有相似的身体计划。伊桑是一位来自纳什维尔的22岁模特，他减去了30磅，以期更加时尚、有型。在长达六个月的700卡路里燃脂蛋白质奶昔、每天跑5公里后，他在田纳西老家的朋友几乎认不出来那个有着轮廓分明下巴的他。在他最后一次回家度假的时候，他的女朋友要求他停止再谈论身材，"因为每次我们吃饭，几乎每分钟都要说关于身材的事情，比如，'我得去跑步了'，或者照着镜子看着自己哪里胖。"

就像原材料一样，模特们的身体资本需要加工和包装成为一个外形。就像一位造型师说的，模特们是"调色板"或者是

"变色龙"，准备转变成摄影师和设计师们的梦想与幻想。经纪人在这个转变中指导模特们，建议他们改造发型、体重、服装、牙齿、肤色、妆容，还有乐观的个性和时尚的自我。通过努力，一个人的外形可以发生巨大的变化，这种改头换面的故事很多。有一位模特剪去了她的深色长发，染成了精灵仙子般的铂金色，有一位模特换了名字，拿着空白简历去了新的经纪公司。外科手术上的改变例如垫鼻和隆胸并不常见，在某种程度上是因为经纪人只接纳那些已经在身体上符合特定标准的模特。

虽然经纪人扮演着看门人的角色，控制着模特与客户之间的通道，但是他们并不明确地控制着模特们的身体资本。为了达到浮动正常值，模特们需要不断调整到理想身材，这个正常值总是在变化，以至于模特们从来没有完全对自己的身材满意过。

当问到 22 岁的英国模特伊娃，模特如何才能对自己满意，"这是一个完美的标准，不可能达到。"她很恼怒，"我的意思是，不断地，大部分时间你试着努力去到达那个水平，但这是不可能的，所以你从未满意过。不满足，然后继续每天这样，你明白我的意思吗？"

我当然知道她的意思。就在来到伦敦之前，我也直接地经历了这些。当希瑟和瑞秋，这两位负责我 Metro 工作安排的人，带我去吃午饭，讨论我夏天的旅行选择。我们聊到吃完了墨西哥卷饼，情绪兴奋，"我认为你将会在伦敦发展得很好！"瑞秋说。希瑟建议我从伦敦到巴黎两周，去见见那里的经纪公司和客户们。

　　"特别是如果你去了巴黎，"瑞秋补充到，"我希望你保持体型。"关于我的臀围，她说到："你真的应该减肥，不需要太多，但 34 寸半或者 34 寸比较好。"瑞秋解释说，如果我"保持更好的体型"，我应该在纽约能有更好的工作。我感觉我的脸瞬间红了，希瑟看起来有一点不舒服，变得安静下来。她在两年后的访谈中向我承认，她讨厌对女孩子们说减肥，通常她都让其他人做这些。

　　根据那些数据记录，我的体型很好。身高刚过 1 米 75，体重大约 125 磅，这不是 0 号尺码，但已经很瘦了。瑞秋真正的意思是让我变成巴黎走秀的身型，更瘦一点。她们俩都没有提出一个关于如何做的计划，或者给出一个系统的方式。事实上，瑞秋只是换了个时间重提起这个话题。3 个月之后，当我从伦敦打电话给她的时候，她用一向精力充沛的状态问我："你的臀围现在多少了？"我告诉她事实——我一点都没减下来，但我真的试了。在那时，我部分地根据 Atkins[24] 的食谱节食，这是那些我试图收缩我那顽固臀围的微弱尝试之一。

　　"好吧，等你回来，"她表示，"我们坐下来谈谈那些秀，量下臀围看看接下来该如何。"我意识到她的主张，模糊，如同一个威胁，一个提醒，我的身体将会马上被追究责任。我回到纽约后，那个测量并没有马上执行，我只是没有得到时装周的面试。

　　伊桑，刚刚苗条下来的纳什维尔人，告诉我关于他的身体管理时很好地解释了这个："你要保持警觉。"尽管已经拥有了尖下巴和紧致的身体，他解释道："你总会不得不去想，我做什么可以变得更好，或者保持这个状态。因为总会有一些事情，总会有那么一点你可以做——可能就会留住那个工作。"

浮动正常值让模特们在只有该怎么样做的模糊规范下锻炼身体，这导致一些人倾向于那个堕落的职业格言：瘦总比后悔好。

分 秒 必 争

身体资本是有限的，任何人都无法避免它的枯竭。运动员知道并在这种窘境下比赛。拳击手制定战斗以延缓肌肉的衰老，教练招募年轻的人才延长他的教练生涯。对于女模特来说，事业倾向于从 13 岁到 25 岁，媒体类型模特要比商业类型模特"超龄"快。超过 25 岁，媒体类模特会发现很难在时尚圈获得工作，这时她会选择退出或者转型做商业模特，或者生活方式类型模特，这些领域中她不会追求名声或者奢侈品广告的工作。那些媒体类女模在 18 岁入行即被认为"开始晚了"，在 21 岁入行则是"真的真的晚了"。因为这行的口语中用"女孩子"来描述那些女性模特。年龄对于男模来说会不那么被关注，因为他们可以接时尚和目录工作，直到 40 岁甚至 50 岁。即使是时尚大片这种工作，倾向于年轻男模，也在 18 岁到 30 岁之间。

如果年轻是对模特的一种生理要求，那么，如同在身材上的可操作性，一个模特可以通过年龄的谎言来延长"保质期"。但不能逃避的是，成长就意味着从时尚中跌出，毕竟这是一个基于新鲜感的行业。

Metro 在网页上建议那些想要成为模特的人："请注意我们要求女性应试者年龄在 13 至 22 岁。"然而，当我公开我的真实年龄是 23 岁的时候，经纪公司也没有把我抛在一边。经纪人毫无解释地让我改变了出生日期。当我私下里问我的经纪人罗尼是否我就这样无期限地保持在 18 岁，他解释说这种善意的谎言很常见并且必要：

有这种说法，如果你在 23 岁之前没有上过意大利 *Vogue*，那么你就再也上不了了。这不是真的。如果你相信这个，那么在我看来你不配知道真相。如果你一定不看一个女孩的外形，如果她合适你，那么你知道你一定是个年龄歧视者。

罗尼是对的，我的经历是普遍的。在一个走秀面试上，我和一个女人聊起天来，她是一名 23 岁的研究生。当我问她是否也被经纪公司要求在年龄上撒谎，她说道：

是啊，因为我 23 岁，他们想让我说我 19 岁。经纪公司给我解释这个的时候，他们说就像你去买牛奶，哪个牛奶包装你会想要，是明天会过期的还是下礼拜会过期的？

基于这个逻辑，在我第一次见到来自俄罗斯海参崴的萨莎时，22 岁的她就已经是"放酸的牛奶"了。但是在"模特纪元"里，她仍旧只有 19 岁，这个年龄掩饰着她是一个被一次次拒绝的、不再新鲜的产品这一印象。

"你不是那种顶级模特，也不是新面孔。"她说，"这就意味着大家都见过你，或者大部分人见过你。你变得不再特别。为什么一个客户会需要你？他会订下一个将在某天成为顶级模特的人，或者没有人注意过的新人。所以，当告诉他们我已经22岁的时候，这明摆着说我已经不是昨天才干这行了。你明白我的意思吗？"

那么，一位老模特就是散发着失败气息。

欺骗是女人对于年龄的共同回应。有些女人甚至会因为在22岁或者23岁感觉自己太老了而恸哭。但是，一位模特的"保质期"很难确定，机会之窗短暂并且多变。例如，23岁的珍是纽约一位已经入行4年的亚洲裔模特，她坚信她的外形看起来比年龄可信：

我从来不会在年龄上撒谎。当他们问我多大了的时候，我说23岁，所有的客户或者摄影师不管是谁，都会吃惊地看着我，然后说："天啊，你看起来也就12岁！"

模特们也意识到年轻的年纪并不能保证成功，年纪大的模特也可以成功。虽然他们承认年龄的灵活性，但仍然常常会在年龄上撒谎，为了"更为安全"，让年龄小一点。25岁的安娜，在4年的职业生涯中已经常规地就年龄撒谎了——对经纪人、客户和其他模特，我自己当然也包括在内。当我们第一次在一个拍摄中见面时。她很容易地假扮成自己声称的 19 岁，尽管拥有"好的基因"是种"幸运"，她仍然小心翼翼地保护着真实年龄。

所以你的身边围绕着这些年轻女孩，每个人总是问你多大了，你不想说你 24 岁，或者 25 岁，因为那样他们就把你放到了另外一个不同的范畴里，例如："我们能和一个 24 岁的人做些什么？"

如果对于外形的规范是浮动的，那么模特的自我认同也是浮动的。这可能意味着有一份伪造的简历去匹配一个人虚构的身体。对于虚称 19 岁的安娜，这意味着伪装成一位在 16 岁完成高中课程的天真少女，从没有在 20 岁那年结婚也没有在 23 岁那年离婚，意味着能让潜在的雇主信服她对这个世界的认知远远比她真正认知的少。意味着，最基本的，要装聋作哑。

对于模特来说看起来年轻不一定足够。模特一定要年轻，否则她就是从劣势（或真实的，或感知的）进入竞争中。这个教训在女人身上更为明显。在笔者的研究中，20 位女模中有 18 位在她们的年龄上撒谎，而男模只有 7 位。毕竟，在历史上女性凭借青春和美丽在婚姻市场中换取经济保障[25]。青春是女性的一大烦恼，随着年纪的增长，她们失去外貌和婚姻的前景，而男人则会随着岁月的增加而越发有权力。

年龄与身体的这一关系对女人来说特别是一种诅咒，许多女模带着青春期前的身体进入这一行，例如 22 岁的凯拉，18 岁开始做模特的时候像电线杆子一样瘦。这并没有持续多久，她说："说回到我的大臂部，你知道，我明白这是个问题。我妈妈和我一样的瘦，露出肋骨和瘦腰，但是她的臂部有一些大。所以我知道这一切都会在一个点爆发，就像一个定时炸弹，我的臂部在一夜之间变大，天啊！"

如果说女人的外形像牛奶，随着年龄的增长而变酸，那么对于男人来说就如同优质红酒。Metro 的所有者直率地表示："男人随着时间的推移会越来越强，但没有人会想要一个强硬的女人。"大多数与我对话的男模根本不担心会变成酸掉的牛奶，因为他们得到目录拍摄甚至是广告大片的机会在远期内和现在差不多。个别男模期盼变老可以"套现"去拍电视商业广告和目录。一位我访问过的 44 岁男模在他的个人网页上讽刺道："他已经入行 15 年，年纪越老，外形越好。"

一些文艺男模（曾经在 T 台走秀和杂志工作中引人瞩目）表示让自己吃惊的是，他们对于老去感到尴尬：

> 时间真是奇怪，怎么那么快就过去了。因为我习惯了是个新人，现在 21 岁，已经在这行做了 3 年，但现在都是些十六七岁的男孩。时间真是快的可怕，我感到自己老了，但并不是说我觉得自己特别老了。（普勒斯顿，21 岁，伦敦）

男模，特别是在媒体时尚圈中的男模，并不能免于面对这个现实：时尚是一个建立在新奇与变化之上的产业。没有一个外形会永远有市场，甚至持续得长一些。在一位男模冷静地表示他 30 岁前都不会没有目录可拍后，他也承认："我明白了我们就是商品。我们是肉，变坏变老，你不可能以同样的价格售出。"模特没有硬性的年龄限制，但有一个对于"新鲜"的奖励，这个奖励将所有模特的事业置于太成熟的危险位置。

被　看　见

年龄和身材是一个外形包装上可以操控的部分。然而，用什么类型的操控以及在哪个方向上，模特是通过进入这一领域并在日常的面试中反复尝试和犯错以发现的。模特将他们的身体变成理想的对象，遭受无情的检查和审视。从这点来看，他们再一次像那些身体被仔细检查和调整，以进入一个奖励机器中的拳手们。但如果在华康德（2014）的研究中拳手将他们的身体视作武器和机器，那么模特们则更像视他们的身体如问题。

这个问题开始于凝视（gaze）。从模特走进工作室或者她的经纪公司的那一刻起，她就在密集的监督下。所有的凝视都聚焦在她身上，估量她，搜索、评判。例如在常规的面试上：

我在一家艺术指导公司精致的大厅里，去见阿里尔（Ariel），参加一个新品图册的面试。

她问了我一些常规问题：你从哪来？做模特多久了？多大了？

"19。"我撒谎了。

她点点头，翻起一页我的资料简历。"站过来。"她说。

我站起来，她仔细看着我，然后回到我的简历上。"好的，转个身。"我转了个身，面朝墙大概有十秒。我的眼睛瞥向前台，看到她在走神。

"很好。"她说，我转身面向她。她从我的简历资料里抽出我的模特卡片，合上资料，然后研究起了模特卡片写着身材数据的那面，"你臀围多少？"

"35 寸。"我又撒谎了！

她抬头看了一眼，说会很快再见到我，谢谢前来。

一双犀利的眼睛可以在一个人的身体上看出许多东西，无论结果是赞美、批判还是沉默。米歇尔·福柯（Michel Foucault）曾经建议，凝视可以成为比直接武力更为强大的控制机器。他的观点是，那种被凝视的期待可以致使任何人的自我监督，可以成为自我监控的驯服的身体，一个人自愿地屈服于被完善、工作和利用。这种凝视对于控制身体来说是绝佳的方法："不需要武器，不需要身体暴力或者物质条件的限制，只是凝视。"[26]

社会学者和女性主义学者将福柯的理论将扩展到女性作为视觉主体。关于空中乘务员、脱衣舞娘和一些运动员，包括轻量级划桨选手和芭蕾舞演员的研究，显示出人们不断展示的时候，他们无法停止去想他们的身体正在展示这件事[27]，凝视已经被内化，即使没有在工作中，也保有身体自觉（body conscious）。但是时尚的凝视远没有脱衣舞客人们那么宽容，完美身体的浮动正常值在没有教练和管理者的情况下需要更多个体的注意。脱衣舞娘如同物品一样暴露，接受匿名的标准的检查，模特们在不断的监督下工作。曝光对于模特们塑造自身身体资本来说，是重要的纪律处分机制。

在面试中和工作中，来自经纪人们的持续凝视无情地仔细分解模特们的身体，寻找不足之处。在一个牛仔系列的面试上，我穿上一条28号的牛仔裤，和10个姑娘们一同靠墙站着，接受两个女人审视。我们被要求转身，脸冲墙，以便她们可以看到我们的背后。她们提出这个要求的时候，自己也不好意思地笑了。一个模特大声开玩笑道："我觉得自己像是罪犯！"

如同犯罪之身一样，时尚之身也被仔细地检查。样衣经常有效地用来检查身体的尺寸。就像在试衣间打败消费者那样，时尚试衣也在加载潜在的暴力。我很强烈地感到这一点是在一个拍摄中。我穿不下一条皮裤，设计师不得不剪开裤子的后面部分，用胶带把皮粘到我的小腿肚上。他向我解释说，那些能穿上这条裤子的模特是"真的特别瘦"。这些"真的特别瘦"的浮动正常值屈服并且接受每一个客户的需求，在任何时候都让模特们措手不及。

在照片里身体的缺陷进一步暴露出来，因此客户们的常见做法就是在面试中为模特们拍照。在任何一个时装秀的后台，模特们的宝丽来相片将会摆出来，以便追踪模特们和她们的服装。在一个工作中，我浏览着钉在海报板上的宝丽来相片，发现其中一张上面轻细模糊的铅笔迹："美极了—非常好的身体—不是最好的腿—性感—19岁—米兰"。这些微不足道的信息在展示板上供每个人看，泄露了客户们另外的秘密评定。它让我们窥见专家的眼光怎样洞穿模特，审视她的身体，做出评判："这个姑娘美极了。她的身材条件很好，但是没有大长腿，她很

图 3.2　一位正在试装的模特

图 3.3　一排排的宝丽来照片方便发型师将模特们根据发型分类，例如
这个秀的"干净利索的丸子头"

性感，今年 19 岁，去过米兰。"

　　这种注视也同样出现在模特之中，当他们将别人的身体与自己的比较，将自己和他人与一个虚幻的理想比较，始终在评估自身的不足。来自曼彻斯特的 JD，这样描述在职业生涯早期第一次在一个内衣工作中看到自己身体不足时的感受：

　　你知道我一直认为自己拥有相当不错的身材，但是我看到，那些挨着我站着的男孩们，他们有八块腹肌。我心里想着：好吧，你们这些混蛋！这只是因为你在家里，在普通人中间，当你身边都是普通人的时候，你的身材当然算是很好的。但成为一名模特后，很明显的，如果你已经习惯了在原来的圈子里是更好的，当你进入模特圈，你就会开始想：天啊，这世界上有太多好看的人了，我根本就不是这个房间注目的中心，不应该和这些男孩站在一起。

　　通过访问可知，女模们从不断的被评估的预期中评估自己，带有一种痛苦的感觉，永远担心衣服会太紧，担心他们的经纪人会有负面的评价，会被客户们测量三围。偏差离浮动正常值总是一步之遥，这就使得模特们必须时刻保持领先一步的警惕。对于许多模特来说，这是他们与身体建立的一种新关系。在伦敦做了两年模特之后，阿狄森解释说她从来没有这样鄙视过自己的身体。这些天来她不能直视自己的身体，不久前她在伦敦的经纪人建议她把 37 寸的臀围瘦下来。她在一家咖啡馆悄悄地告诉我：

在我去过经纪公司之后，我从来没有停止过这样的想法，每样我吃的东西，我都这样猜想："上帝啊，我不该这样吃！"我以前从来没有这样过。这完全改变了我自己的形象，对每样我吃的东西。我发现自己在比较，与其他女孩子比较，比较我的身体，我做这些的时候都是无意识的。

男模也会谈论和经历对于他们身体的监督，但并不感到痛苦和焦虑。他们更可能直面这种身体资本的挑战。就像"好的，到了去健身房的时间了。"或者"我必须花更多的注意力在饮食上。"对于JD来说，这意味着少吃点羊肉串，对于欧文来说，这意味着少吃点甜甜圈。对于伊恩来说，这意味着多做运动。一些男模拿他们瘦削的身体开着玩笑，叹息对于增加体重和锻炼出肌肉的无能为力，一个玩笑是这样的：

你知道，就像在秀上，你脱掉上衣，你突然看到周围其他男模脱掉上衣后露出六块腹肌，你会喊："哇，天啊，你从哪里能得到这些？"（笑）不，我从来没有过，就像我的经纪人有天对我说你要去健身，但是我从来不认真对待。（爱德华，22岁，伦敦）

女模和少部分男模表述，他们有一个共同的对于身体的警觉性和通过自我审视感知到身体的缺点。基本上所有人都会小心，至少会认真思考他们吃了什么，并且有规律地锻炼。他们从事这样一份要依靠他们自己解决身体的工作，在追求完美身体的持续监督和苛刻的凝视下，将自己的身体转化成个人计划。模特们学会遵守完美身材的浮动正常值，被观察、被观看、被仔细检查和被拿来与别人比较。他们内化了这种注目，在缺少正式监管的情况下，他们自我监管，学会通过持续的身体曝光拥有符合美学标准的身材。如果模特们不去训练他们的身体，他们将会面对尖锐的批评。

羞　　辱

考虑到浮动正常值的不稳定性，大部分模特的工作都涉及侦探工作。模特们通过那些以温柔的责骂和羞辱的情景形式出现的微妙批评，从社交信号、蛛丝马迹的线索和责骂中获得关于外形的信息。"太大只"可能是模特们在工作中所面对的最常见并且最不愉快的问题。但对于身材尺码的警戒也并不简单。例如，希瑟和她的同事安东在经纪公司为我拍摄比基尼照：

我穿着比基尼站在 Metro 的私人会议室里，身边是希瑟和拿着宝丽来相机上下打量着我的安东。

"你有高跟鞋吗？"他问。当希瑟在公司找到一双让我穿上的时候，我又站在安东面前，他透过相机镜头看着我，说到："这样好多了，让她看起来高挑。"咔嚓咔嚓！他问希瑟是谁要这些照片，得知它们是为了给一个在伦敦的很知名的面试导演。

"好啦。"他说，"我知道他想要什么样的了。"他转过来对着我："站直了，好。"咔嚓！"这样，他就不会说你胖了。"咔嚓！

他们俩坐在一旁等着桌子上的拍立得显形。安东说："这张好。他可以什么都不落下地看到一切。"希瑟对我微笑着说："你喜欢这种我们谈论你的方式吗？"在最后一张，安东问我，"你可以夹紧一下你的臀部和腿吗？对，很好。"咔嚓！

不论希瑟还是安东都不曾让我去塑形。在经历这种痛苦后，就很明白了。经纪人们所处的位置对模特有着相当大的权力，但通常他们老练地用友好建议的形式表达。他们不需要强加给模特一个身材计划，他们只是带着微笑建议。

客户们也用谨慎和礼貌缓和他们的苛求。在一个面试上，一位男士设计师问我："我们在想你是不是练过芭蕾？因为我们注意到你的腿……轮廓分明。"我解释说我以前踢过足球，设计师点点头，对他的助理说："所以，也许我们应该给她穿裤子？"通过并不直接的和暗示性的轻蔑，模特们遭到"潜规则"，并且体会字里行间的言外之意。

有时候没有什么可以讲的，福特模特经纪公司在网页上解释："如果你不适合设计师的服装，你将会在找工作上面临困难。"如果不能适合这些服装，你将会面临非常多的窘境。

在一个很有名气的秀的面试上，我和10位年轻的男模女模一同坐在房间一角，等待见客户。我不安地环视房间：一个挂有稀疏衣服的龙门架隔开了客户和模特，如果被选上，模特们会被要求毫无隐私地当场试穿样衣。这不是一个不寻常的安排，令我非常讨厌的是样品牛仔裤异常窄的窄脚设计。被要求试穿的时候，我心中被选上的兴奋感瞬间就被努力穿了10分钟还是穿不上牛仔裤抵消了。我避免抬头看，但我只能想到十几双眼睛在看着我的这一不幸。

当模特资料卡上的数据作假以呈现得比模特真实身材更瘦的时候，客户们也常常以在面试中实际测量或者试穿作为对策。这种手法通过分割、分析和分解模特的身体，被迫让模特说出真话。不像运动员们在赛前会公开称体重，或者像空乘人员那样飞前称体重（这种做法现在被淘汰了），公开的测量身材可以突然出现在任何时候，例如如下这种侮辱性的试装：

当我试穿他的裙子时，设计师乔治大声说："哦，这合适到完美。"下一件单品是条裤子，我拉不上拉链。乔治大喊："哦不！你来这干什么的？"他轻拍我的臀部。我提交的是 35.5 的臀围，他离开房间，回来的时候手里拿着卷尺，围着我的臀部量。他说："姑娘，你的臀围可是 37 寸！"边说着边轻打我的大腿，"我们需要臀围真的只有 35 寸的……我们管你这种叫生过孩子的臀。"

当一位模特的身材真的成为问题的时候，尖刻与残忍的语言总会被用来作为最后的杀手锏。一位模特曾经告诉我安东是怎样在经纪公司里大声羞辱她的，"你的臀围从未到过 38 英寸，你可以不用去米兰了！"

类似这样的批评，通常都很微妙，当经纪人、造型师和设计师们觉得有资格用尖刻的语言评价模特们的外貌，便处处威胁他们。在那么多我曾经听到的残忍评价中：有个厚脚踝，脑袋形状不对称，长得太"街"了，胡子太丑；肩膀太窄，疤痕明显，鼻子太塌，雀斑太多，屁股太大，这些评论在大多数办公场合会被认为是性骚扰，然而在模特界则可以推动模特们，使其外形避免离浮动正常值太远。

这些每天都要面对的客观化，浮动正常值、被婴儿化对待、凝视和羞辱形成的一套工作程序和期望使得模特获得什么是正确的外形，或者至少使他们远离了错误的外形。在无情的监督和尴尬的威胁下，自由审美劳工需要遵守浮动正常值的标准。经纪人和客户们施加管理的影响力量——即兴地测量、让人窘迫的评价和一条特别紧的牛仔裤。剩下的就靠工作者自己了。但是，对身体起作用牵涉更多意识上的大量努力，身体资本只能够在另一种软实力也出现的时候被售出，那就是个性。

做你自己，但是要更好的自己

除了拥有标准的完美身材，模特们也努力构建独一无二的特别的自我，这被他们称为"个性"。一次又一次解释为什么客户选择他们的时候，模特们强调了个性的重要性。当物质的外形作用很大，但其中一部分是外表上的，还有一部分是人格个性的。这两者通过相当大的努力和注意，都是可以控制的。这是身体资本销售的另一方面：一个人必须从事情绪劳动。

自霍克希尔德在《情感整饬：人类情感的商业化》中最开始提出"情绪劳动"，社会学家已经承认了情绪在工作中的重要性。通过研究航空公司管理和空乘人员训练，霍克希尔德定义情绪性劳动为："管理感觉创建公开可见的面容和身体展示。"[28]在早期的构想中，霍克希尔德悲观地论断，扩大的商品化范围侵蚀劳动者的心灵与灵魂，甚至失去真实的自我。情绪劳动一直是服务业工作研究的重点，这个理论建立了受雇者多方面的工作：抵制管理和商业化，享受和重现他们的商业化，操纵对于他们工作的多样化情感需求。

但是，在所有有关情绪性自我的理论中，劳动学者们不再涉及自我本身。情绪劳动涉及身体，的确在早期致力于情绪表现，最为显著的是戈夫曼"自我呈现"理论，暗示身体是适当控制感情的一个表层[29]。霍克希尔德将微笑作为具体化的技巧，同样指出情感与身体相关联。情绪劳动需要身体和身体工作，虽然这个观点引起争议，在这里我也给反方建议：情绪劳动同样需要情绪工作。

一个人不可能在劳动关系中只谈及情绪或者身体，因为情感劳动需要身体的支持，就如同体力工作需要脑力一样。这里我想将身体和心灵放在一起，来讨论如何处理身体相关的情绪，以及审美劳动者如何在没有正式规则的情况下自发生成规则。模特们通过三个主要手段获得感受：塑造身体、构建个性以获得工作。应对拒绝。

锻 造 自 我

在我第一周的面试中，由于时装周将要到来，希瑟在 Metro

把我拉到一边，问我是否需要或者对"台步课程"感兴趣。模特如何学习走台步？身体怎样将新的表现模式融会贯通？我报名参加，想去找到答案。

周三晚上的 6 点半，在一天 8 个面试之后，我回到 Metro 去见另一位新模特，22 岁的贝丝，和我们今晚的台步教练费利克斯。

费利克斯是一位约 40 岁的小个子黑人男子，穿着考究的黑色毛衣。他说他是同性恋。我后来查看公司的扣帐单，才知道他慷慨地为他的服务要价每个人两小时 75 美元。公司里的女人们都喜欢他，亲切地叫他"费利"，同时亲吻他的脸颊。他和我们每个人握手，直接把我们带到公司后面，在这里对着长桌有条长长的走廊，隐藏在资料架之间。我们换上高跟鞋，开始上课。

首先，我们排成一排靠着饮水机训练臀部，用费利克斯的话说，叫"分离"我们的臀部。虽然在最开始可能会觉得很奇怪，但在最后都会在一起的，他说。

我和贝丝后背贴墙并排站着，费利克斯站在我们面前，演示给我们如何在将重心由一条腿转移到另一条腿的时候同时弯曲膝盖和肩膀。贝丝和我试着模仿他胯部的扭动，他则数着拍子："1，2，3，4，好的，就这样。"这种训练的效果是让模特能够感受到自己臀部的运动，可能也是第一次感受到身体重心、臀部和肩部的联系。

在十分钟之后，费利克斯宣布结束这个臀部训练，开始步伐训练。我们跟着他走出厨房来到走廊。"你先来。"他冲着我说。然后他牵起我的双手，后退着带我走圈："当我领着你的时候，我要你觉得自己像埃及艳后。"

我和贝丝轮流做着其他古怪的训练，比如向前走猛地撞墙，推墙，与墙嬉戏。这些事情旨在测试我们的自信，他说。每次做这些的时候，他会鼓励："好的，很好。"或者说："你们已经掌握了这个。"

接下来的一个小时，费利克斯让我和贝丝轮流朝着他走，再走回去。有时候他会先走，我们努力去模仿他，或者他只是来演示哪里我们需要改正。他一直告诉贝丝要把步子迈得大一些，告诉我我的右肩有些僵硬。在某一刻，他在我走完后告诉我："不要去猛攻一个男人，走向他，和他调情。"羞涩地走向对方，这种走路的方式正是我应该学习的，他补充说："您想要点什么？"

费利克斯拉了把椅子过来，坐在迷你 T 台的尽头，看着我们。我们订了一个披萨。希瑟和费利克斯吃着披萨，看我们走台步。费利克斯满嘴芝士，指导我们该如何走得更好。晚上 8 点，我又饿又累，每走一步我的细高跟新鞋都刺痛我的脚。每当我走的时候，费利克斯都会说"好的"、"很好"或者只是"嗯"。最后，我们形成一个圈，同步前进，如同怪异的模特行军，我的脚真的是很疼，但是每走一步我都觉得自己更加强大，得到更多的信心。费利克斯点着头对我说："这就是你们要的，就是样，对的！"

体现，一个现象学的术语，指拥有和使用身体的经验。毕竟，身体是自我认知世界的一种工具。同样，学习到一种存在在一个人身体里的新方式也改变了人进入世界的方式。我们看待和感知的方式随着肉体的新模式而发生变化——这是在费利克斯的 T 台课程背后的真正课程。当他训练我和贝丝进入存在于我们肉体的新模式的时候，他真的为我们打开了世界，让我们用新的方式去感知：自信、性感和强大。这些方式让我们感受并且生活得更为自然和本能，克服最初自我意识的不适、怨念和生理疼痛。

通过对身体的工作，模特们塑造了新的自我，不仅仅是在生理层面上。他们也打造出一套情绪和性情，这是布尔迪厄所称的"惯习"。[30] 有些模特比其他人容易达到这种身体 / 自我塑造计划，但是所有人都从不同方面讲到，学习礼仪无论是在 T 台、拍摄还是面试中，都要经受生理的实践：

这也是一种成长，就像你第一次拍摄更多地像一种测试，你尝试新的事物，摄影师告诉你，需要慢慢渐入佳境。（埃玛，19 岁，伦敦）

学习成为一名模特像学习任何一门手艺一样，需要在从有意识的步骤中突然领悟之前专心实践，直到只可意会的认知在身体里根深蒂固，如同第二天性一般。男模和女模以同样的方式谈论他们在这一过程早期犯下的错误和遇到的困难：

当我最开始的时候，他们告诉我因为我太难集中精神，我

的右胳膊不会自然摆动，我的头歪向一边，我的嘴是张着的，就像个傻瓜一样。（尼娅，28 岁，伦敦）

但是，随着时间的推移，那种类似"我该怎么摆动手臂？"或者"我的眼睛看哪？"的问题消失了，因为答案就在身体里。如果是情绪、精神或者生理上出现障碍，那么必须被阻挡于一个人的思想之外。随心而动类似于运动员们的"与伤病作战"，对于许多的不适来说这是个恰当的比喻，让模特们为了下一个面试或者下一份工作忽略掉所有的不适。工作中许多模特有隐藏真实情绪的经历，包括我自己，一系列的障碍包括：饥饿，跪在铺满沙子的硬地板上，男模第一次穿着丁字裤走秀，在台上穿着 3 英寸的细高跟鞋站 4 个小时，穿着热裤吃冰激凌甜筒为日本杂志拍摄，被用力拖拽，一个客户打着哈欠，无礼地翻看你的资料，拉直或者弄卷头发，等面试导演 30 分钟抽完烟为了让他看你一眼，为孕妇装拍摄目录而穿上特别肥的衣服。（我很吃惊：当我接下这个工作的时候，像什么？你想要我是什么？）

类似地，穿衣风格也是一门学问。模特的风格是自我的重要标志，就像身体一样，是需要被精心培养的。经纪人在起步的时候会给模特们造型指导，通过帮助他们筛选衣橱里的衣服，指导他们去看 *Vogue* 这种杂志，甚至是带他们去 H&M 和 Topshop 这样的快时尚店购物。在 Metro，经纪人教导新面孔模特要在重要的面试日来得早一点，以便检查他们的着装。一套备用的 Marc Jacob 裙子挂在衣帽间，以备品位不成熟的模特的不时之需。在时装周期间，我在纽约遇到的一个乌克兰嫩模，总是穿着黑色背心和紧身牛仔裤，她解释说这是经纪人提供的装束。两年后，我在百老汇的人行道上与她擦身而过，最初把她误认为一位精心打扮的名人。

除了培养时尚身体／自我，模特们还需要培养易变的性格，这是一种面对不同特定客户喜好而转换行为举止模式的能力。在早期，我的经纪人罗尼问我是否有靴子可以参加瓦伦蒂诺（Valentino）的面试时，在电话里这样和我解释：

> 我们只是想让你周末的时候不要再穿牛仔裤了。我不能不和所有的女孩子们这么说。但是，想想那可是瓦伦蒂诺，你应该穿得优雅成熟一点，不要打扮得花枝招展，像个站街女一样，而是穿半身裙，可能的话把头发梳到后面。每一次面试前都用心揣摩一下。

精心雕琢对于一些模特来说很容易。那些大部分我采访到的来自城市中产阶层的模特，能更好地在时尚风格与不同举止中转换，已经进入此领域并带有一套内化的能力，就好像用工的管理方所寻找的审美也有阶级梯度一样。霍克希尔德注意到在对员工有情绪劳动要求的管理者中存在一种中产阶层假定。当我在伊桑回到家乡那什维尔的前两天逮住他的时候，他解释说时尚对于他这种乡下背景的人是多么不相容：

> 我要去参加面试，人们会说，"哦，那是个大牌设计师"，

我不知道他是谁。就像如果在商场里没有，我就不知道。你知道的，我只能穿上我的 Old Navy 裤子、沃尔玛的 T 恤，努力去完成它——当然，这表现得并不好。（伊桑，22 岁，纽约）

当然，同时在美感身体与自我中也有性别梯度（斜率）。因为占压倒性多数的男人通过星探的鼓励进入模特圈，并不是由于自身的主动，他们进入这个领域，与自己的身体形成一种不同的关系。他们不大可能将身体看作一项工程去使之完美，而女士普遍来说更社会化。[31] 也有例外。一些男人说（女人也相同）他们天生是性格外向的人和表演欲强的人，曾经受过演员、舞者或者歌手的训练，所以他们可以很容易地学习如何在镜头前自如移动。

致力于美感表象的工作需要脑力和精神保证，随着时间的增加和通过实践，表象与感觉融入到一个人的本质中去。通过对身体下功夫，模特创造出特别的自我，这种自我可以被调动到"个性"中去，以增加成功的可能性。

做你自己

部分模特精心打造美体与自我的工作是打造迷人自我的战略规划。模特们明白，外形的新节奏帮助他们入门，但一旦进来了，要想得到通告，甚至是再次被看上，工作的大幅度增加与恰好的个性相关。

个性的概念标志着现代话语中自我的巨大改变[32]。对于"个体"新的认识出现于 19 世纪晚期的西方思想中,外貌被高度重视,成为"真实自我"的真正标志。一个人真正的性格和潜在的行为可以取决于这个人向外的投射——生理的和情绪的。

模特们敏锐地意识到个性的重要性。他们承认这是一种获得工作的"软实力",是他们积极致力于提高和完善的。拥有一个迷人的"自我",模特们希望给负责推荐工作的经纪人留下好的印象,并且在面试中吸引客户,因为客户们不会选择他们认为不愉快或者难以合作的模特。

模特们因此忙于建设詹妮弗·皮尔斯(Jennifer Pierce)提出的"战略友谊",这是对另一个人进行情感操控以获取期望结果的一种形式[33]。模特们对他们的经纪人显示出顺从和礼貌,像艾弗里,在伦敦有着四年工作经验的 22 岁女模,她表示:"我总是按时和他们交流,对他们说话有礼貌,总是发邮件保持联系。"超过这些基本的礼貌,模特们进一步拓展和经纪人的私人关系以确保事业上的成功。本是我采访过的男模中收入高的一个,他解释说一个成功的模特必须时刻"在经纪人嘴边":经纪人必须不停地为他的模特们极力争取工作。这样的支持源自私人关系。本说:"两人必须有火花。"

个人关系在模特和经纪人之间应当是专业的,这被伦敦的伊恩很好地诠释:

我会说这不是专业的。我称它为一种友谊,你知道,就像朋友特别了解你,要给你介绍女朋友一样。

模特们有时与他们的经纪人们成为真正的朋友。也有时候，模特们是假装的。在米娅的言语中，这意味着"热脸贴冷屁股"。那些模特们不会扮演"战略友谊"，则要这样付出代价：每个圣诞节，Metro 的管理人员邀请模特们为经纪人的奖金基金捐款，每位捐赠者的名字会被印在卡片上，在办公室公开。一位在竞争对手公司的男模部经纪人从他收入最高的男模那里得到了 5000 美元现金的圣诞礼物，当然，这些人在下一年仍然是收入最高的。

除了经纪公司，模特们为了拿到通告，也会在面试中表现出理想的自己。模特们谈论他们的个性如同谈论那些他们不得不"出售"的东西，通常用来表达的语句是："我努力卖个性啊。"出售自我设计制造出一个积极向上的自我版本可以与经纪人和客户们"相连"。例如艾弗里，总是执意要在每个面试上和客户们握手。在面试期间，丹妮拉告诉自己："Ok，好事儿就要发生了！"布罗迪开启他的"魅力"通道，等等。首先，模特们时刻警惕自己会被换掉的事实，就如同安娜所说的："有三个女孩在你身后，谁将会得到这份工作？你懂我的意思吗？有太多的姑娘等着你的位置。所以你要一直明白这个。"

在一份工作中，模特一旦认识到维持积极向上的重要性，理想的自我能够确保更多的工作——目标就不仅仅再是去得到一份工作，而是争取回头客：

我尝试去展示一点自我，不仅仅因为我看着漂亮，而是因为我的个性。我希望他们知道的是我这个，而不是某个模特。

我发现客户们一次又一次选择我是因为他们喜欢和我工作，所以我希望让客户们觉得我好相处和有意思。

不是什么个性和能量都可以，一定要是合适和真实的。模特们谈到向客户们展示"真实"的自我，然而这种自我面对媒体类客户和商业类客户是有战略性的不同的。目录客户们想要与前卫杂志编辑不同的身体／自我，模特们知道该如何因此而改变不同的策略。这不仅仅需要知道前卫时髦与产品目录客户要求的不同，也需要知道如何在正确的时刻变身成恰好合适的外形。我采访过的成功模特们深谙此道，常常在一天之内依据媒体时尚或者商业客户的要求量身定做个性与外貌数次。就像克莱尔，来自伦敦、长相滑稽的红发模特，说："你不得不更换你的外形，变成他们想要的样子。这就是我们的工作。"接受供应商的看法，模特们迎合客户们和经纪人们想要的。这意味着接受不同款式的裙子和其他身体上的暗示，例如克莱尔在媒体面试的时候就用古着和鲜艳的配饰（来参加我们的访谈时，她穿着银色的打底裤和粉色的毛衣）把自己打扮得十分古怪。而对于商业面试，她刷睫毛打腮红，穿着不那么奇怪的衣服，让自己看起来商业化。

而对于萨莎来说，短头发和俄罗斯口音，将这种外形的灵活性演绎得淋漓尽致。我们认识于一次在伦敦的化妆品大片拍摄面试，在排队的时候正好挨着。当时的客户，一个看起来很好的年轻男人问萨莎从哪来，她高兴地回答："从俄罗斯来，带着爱。"同时冲他眨了眨眼。之后她像我解释说，选择了她是因为她的这种个人魅力。例如，"如果她是一个寻找产品目录拍摄姑娘的保守女士，你应该甜美而美好地告诉她外套真漂亮，或者说你爱香奈儿或者什么其他。"但是如果面试的客户是一位"酷酷的花花公子打扮的人，或者是个可能在心里正在幻想你的男人"，她建议，"你可能就得在跟他说话的时候调调情。"过去7年的模特经历让她学会了怎么去摸清楚每位客户，去"读懂"每次面试中应该表现出的适当的行为举止。

当被追问如何更具体地进行个性培养的时候，几位模特回答，"做自己"总是最好的方式。莉迪亚，32岁的纽约女人，几年前在巴黎学到了这一点——当她穿着褶皱的牛仔裤和匡威运动鞋出现在一个很重要的面试上的时候。当时她在巴黎没有什么大成功，她认为自己根本得不到那份工作，所以很放松，就在离开前和坐在她旁边的年轻男人聊了一会：

之后我到电梯里，认出了艾莉克·慧克（Alek Wek），你能想到，她当时好像说："所以你会走这个秀？"我的反应就是，不啊，我不那么觉得，他们不喜欢我，所以我穿着牛仔裤就来了……她表示，不啊，我很确定你会走这个秀啊，刚才坐在你旁边和你说话的那个人是亚历山大·麦昆[34]！我的上帝！他估计当时就在想我就是那个唯一一个不会因为他是亚历山大·麦昆而紧张的人，是个什么都不在乎，只是在抱怨天气和咒骂的那个模特。所以我从此知道了，当然，也不是那么容易就能做到，做你自己就好了，这是你能做的最好的事情。

　　莉迪亚的这个故事是时尚界中一个普遍的传说。模特、经纪人和客户们常常说到模特们偶遇重大人物因此改变了职业生涯的可能性——当然，这种改变有好的也有坏的。由于模特的雇佣是基于每一次的基础，所以对所有人在所有时间都留下好的印象是重要的。如同其他在创意产业中的自由职业者，模特们必须在制作人的人脉中构建出有信誉的人格个性，以得到好的就业声誉。[35]经纪人甚至会建议他们在每个拍摄中对每个人都好点，因为工作人员可以迅速把模特的脾气秉性传得人尽皆知，一个人也永远不会知道今天的实习生是不是明天的重要客户。

　　要应对这些不断出现的潜在的个性测评，模特们解释说，就应该只"做自己"。模特们的建议取决于几个条件。一位模特应该做她自己的前提是，这个自我是外向乐观、情感敏锐、自信，可以随时应征和表达出正确的情绪的；这个自我是乐于工作，却也不会太迫切于得到某份工作；这个自我有着非凡的努力，被认为是天性与无忧无虑的。所以，真正要学到的是，做更好的自己。而经历了所有这些之后，有经验的美感必须是不感情用事的，即使整个人都拿出去卖了。

积极应对拒绝

　　如果模特们花费看起来相当多的努力去精心修饰一个令人满意的身体／自我，又该如何面对不可避免的被拒绝带来的刺痛？这是模特们情感劳动需要处理的第三个问题，在一个经常会受到侮辱和人格冒犯的工作中保护自己的尊严。

就如同我们所看到的，模特们被不停地拒绝，有时候会遇到完完全全的恶意。这种感觉自然是不愉快的，男模卢卡斯表示："每个人都想被人喜欢。"对于靠美丽工作的人来说，身体/自我就变成了一个外在的对象，整个人是一件商品。对于身体的冒犯就是对于自我的攻击，由于模特们花费了大量的时候在生理与个性上精修他们的外形，他们必须也同样想出情感技巧来将"真正"的自我与他们修来的美丽身体/自我区别开。

例如爱德文，"抽大麻是面试'利器'"，他解释说，"因为你进来的时候什么都不在乎，出去的时候也什么都不在乎。"也有人嘲讽被拒绝为"客户或者喜欢我，或者不喜欢"。而这意味着一个人不能够完全接受失败所负的责任，或者说一个人从来没有想过去控制这种难以驾驭的局面。25 岁的纽约模特瑞安表示："如果你不能够控制你的失败，你就不能指望它。我的意思是，你会不会在以后变成一个更好的模特。它能为你明天成为一个更好的模特带来什么？你什么都做不了。"

采访中普遍的策略是谨慎地避免将情绪卷入，不要把被拒绝归因于一个人的个性。男模和女模同样表示，拒绝都应该如同向大海里放盐那样对待，因为这"对我没有任何影响"，让人不愉快的经纪人和挑剔的客户们"甚至一点都不了解我"。用情绪劳动和技术去产生和相信在产品与个人之间的距离。这同样是个矛盾的过程，毕竟外形是个人的人格。一方面，模特们说："这是真正的我。"另一方面，他们说不会掺入任何个人情感。莉迪亚表示，不能从拒绝中走出来会让人精疲力竭：

图 3.4　秀后台的海报板用来记录模特、服装和配饰

图 3.5　模特们站成一队为秀的完满结束而喝彩

　　就如同你开始每时每刻沉迷于你受到否定的那件事情，你会过度关注这件事情。就如同，你觉得你不得不去做它，不得不做好。但我不能做那件工作，因为我的鼻子上有个肿块，除非我割了它。或者我不能把眼睛变成蓝色的，或者我看着太像立陶宛人了，或者那些根本不能变的东西，当你太在意你不能改变的事情的时候，它会让你疯狂。

　　真实自我的这一概念在现代想象中是一个相当新的解释。毕竟，什么是真实的你，是根据不同情境所表现出的你吗？代替单一真实的自己，我们可能会有多个情境下的自己。就如同自由职业的美丽劳工们，模特们进入的人格多元表现没有结束点，并且需要持续不断的关照和自我管理。他们是整体自我的承包人，包括外形所涵盖的身体、自我、个性和面对拒绝所形成的情绪铠甲。

激　　动

　　到目前为止，本书描述了一个相当暗淡的工作环境——无法预知、浮动的标准、自我训练、拒绝和情绪劳动。为什么还要做模特？是什么使得出售美丽的自由职业者保持前行？

　　为了管理他们那些极其偶然的机会，习以为常的拒绝和每日对于他们身材与个性的需求，模特们信奉"事业自我"的创业家性格，对他们在市场中的成功与失败负责。他们变成了自己的经营者，自主并且愉快地借他们的形象、身材和情感工作。

例如，他们常常轻松地谈论没有报酬的杂志拍摄，或者带着乐观的自我投资想法走一场没有报酬的秀。他们解释媒体类时尚工作是给自己的广告。而免费工作也被认为是一种"为自己工作"，简历中资料的增加也等于建设一位模特的表现，模特们承认这对于获得以后的工作至关重要。与管理大师汤姆·彼得斯（Tom Peters）呼应，模特们谈到成为自己的老板并在市场中"建立自己的个人品牌"，这需要具备在自由职业经济体系中成为最好的自由职业者的个人承诺和个体责任感。[36]

这不是自欺欺人的剥削劳动，而是一种保持工作积极性的实际动力。作为个体，模特们相对缺少强大力量去建立他们工作的机制和影像成品的条款。甚至在这种弱势的位置上，还有来自经纪公司的阻力，但我从模特行业所获得的，还有快乐的一席之地。

再回到凝视。在一个平面拍摄中，一位造型师开玩笑说："我不知道模特们是怎么做这行的，你们这些姑娘们就是活在显微镜下啊！"是的，一位模特在面试中被无礼地上下打量，被仔细审视以确认"外形"是否适合这份工作。但这同时也是一种可见的赞扬方式。这可以是一种客观的赞赏的凝视，特别是夹杂鼓励的回应的时候。在一次秀的试装上，一位设计师让我加走一次，即使在她已经准许了我的服装后，轻松地告诉我："再来一次，快乐地。"这是多么激动啊！我想。

在舞台上和在镜头前，模特是知名的。她是焦点的中心。在秀后，在后台有一种不会错的欢乐感觉。模特们庆祝、拍手、喝香槟庆祝，拥抱设计师和化妆师、造型师，分享赞美。一位来自俄罗斯的 20 岁模特告诉我，尽管有着面试和时装的压力，模特行业依然有她喜欢的地方："当你走在 T 台上的时候，那就是最好的时候。"如同其他魅力产业（Rocky Careers）像摄影和新媒体产业，模特们使工作与休闲的界限变得模糊。这是生产型消费中的一种，我们可以称其为工作消费。[37]

男模和女模们毕竟不只是供摆弄的身体，他们可以在充斥着无能为力和对象化的环境中体验到愉快和动力。没有人永远是温顺的，即使被选择成为一个客体需要一个作为主体的地位。这是后结构女性主义的重要理论，女性主义研究者重新定义了以前"受压迫"的经历，从性工作到美妆，作为协商与潜在权利的地点。[38] 我不希望去重申这种审美劳动的理论转变，而想思考如何愉快工作，如何让工作者依靠自己工作。

对于我采访的很多女性来说，拒绝、疼痛和怨念在兴奋与骄傲之中不断涌动。在精修的身体 / 性格中有种力量，尽可能多的商品化需要积极的执行。这种授权是依照性别排列的，当然，这是由于男人和女人带着不同的期待与经历来到时尚界。许多女人谈到修炼自身的演技，用情商赢得客户和经纪人支持的喜悦。

管理一个人的情绪以换取金钱并不意味着必须丧失人性，它可以成为力量的源泉，在一个相对不稳定的市场中以奖励身体的完美。

享受工作的能力，是身体和情感上的需求，也是一个人应该花时间去发展和通过增加经验掌握的技能。在我的研究中，许多很有经验的模特强调这一点，并且明确地将模特比作演员，是一门需要全力投入的技能。现在，来自伦敦的 25 岁的克莱尔对自己的工作有不同寻常的看法，她认为这份工作是"去人性化"的。

"我认为模特和演员很像。"她说，"当你还是个新人的时候，不会有足够的自信，感觉很傻。随着年纪增长，你只会想'好吧，我想完成这份工作，做他们想要的。'或者拉到一个高度——我的意思是我总在问一个问题，你希望我走多远？因为我可以做很远。"

换句话说，卡莱尔勾画出如何"与之工作"。在自由职业工作中有着快乐和可能性，因为，它毕竟需要身体与脑力的创造性。

如何变得特别

由于新经济转向审美劳动和自由工作模式，之前"外围"的工作市场，例如模特界，为社会工作研究带来了新的见解。但按照目前社会学者的构想，审美劳动在两个方面有欠缺。

首先，恩特维斯特尔和威辛格在他们关于时尚模特的研究中提出，对于身体与灵魂的管理变成了自由职业者们的个人责任，这一困境在文化生产产业与新经济中同样显著[39]。然而，在交互式服务产业中工作人员们被雇佣，以呈现和具体化一种修饰的组织化身体的管理愿景，自由职业者被雇佣，以呈现一种自由浮动。

在时装模特界，模特们经历着一套围绕完美的身体与情绪的浮动正常值而建立的工作程序，模特们从实践中学习和得到收获。通过生产的强大关系，模特们从自身破解理想外形的信号与暗示。查尔德（1983）在《被管理的心灵》一书中以空乘人员作为服务型经济中的示范。今天，审美劳动者的自我心智与身体管理在文化经济中代表了未来的工作。

第二，审美劳动对于工作人员们来说是潜在的力量来源。它需要技术和执行来克服自我意识并且管理被操控的自我。这对于模特来说是一种技巧和个人荣誉，一种标准的非人性化视角，例如过去对于情绪劳动会摧毁工人精神、丧失创造力和实际工作权利的警告（如果只有主观地经历）。模特界还提供特定的成功的喜悦，潜在的高昂情绪抹掉平日里的拒绝。虽然可能性很小，但这种获得成功的可能性强烈地引诱着模特们继续为模糊不明的理想中的美丽工作。

将身体工作与情绪劳动连接在一起，作为不稳定的工作研究是非常重要的，因为越来越多的工作者在新经济中面临着这些身体上的和个性上的自我训诫。当依靠身体或者自我个性工作在劳动市场上已经不是新鲜事，这种短期或者长期的对模特的模糊管理让人大跌眼镜。这些都是外形内在的固有紧张。这是一个"模糊的特殊性"，对个体独一无二，同时也符合期待中的标准。这是一个人内在的特质，同时也是成熟的、包装后的产品。模特通常会在身材和年龄这两项基础数据上撒谎，以期在其他人中凸显"特别"，进而脱颖而出。

因此外形是两个卓越的标准之间的张力体现：一方面，它确认了美感的普通标准——一般性的完美身体与个性；另一方面，外形让一位模特与其他人相比与众不同——有区别的身体与个性。一个外形体现了差异性与同一性，相适应同时又脱颖而出。这种所有现代社会生活中的重要张力，如同古典社会学家齐美尔所说的，有些事情我们一直以来都在努力，但只有少数人每天都要面对失败的后果[40]。

截至目前，我们对时尚模特们的工作状态有了这样的一幅画面：数以百计的人悸动地涌入全球化城市的地铁里和出租车里，拖着高跟鞋和简历册子，从那些让人费解的面试过程中摸索出自己的方式，希望命运的骰子恰好落在他们那个位置，他们的外形成为恰好需要的外形，如果这样，他们可以只去想象这是运气的结果。始终——恰恰超出他们视野的范围——整个领域的参与者参与到一个有组织的竞争中来给外形下定义。这些就是经纪人和客户们，他们长期致力于努力驯服，以此培养自己为潮流的创造者。

4

创造风尚的人

脱颖而出的少数

　　走进 Metro 的办公室，人们首先会注意到这里有多么酷。这是一个时尚简约的空间，风格如同艺术画廊：高高的天花板，纯白色的墙，黑色的赫尔曼·米勒[1]椅子。在办公室门口，一位很漂亮的前台小姐在黑色大理石的桌子后面欢迎你，桌子上的长花瓶里插着刚刚剪下的带有异国风情的花朵。靠近她的是一面长镜子，镜子背后是这样忙碌的画面：通告室，两张桌子，一张长一点，坐着 11 位经纪人，房间另一边的一张小一点，坐着 4 位经纪人。通过镜子的缝隙，我常常看到和听到他们的工作状态：用耳朵和肩膀夹着电话，同时在笔记本上乱写，用电脑搜索信息，有时候大喊大叫又大笑，传递一盒来自巴黎的伴手礼巧克力，谈论模特们，突然从椅子上跳起，查看打印机或者请教同事。

　　经纪人们座位上方的墙上放着 4 英寸 ×6 英寸的模特卡。这个房间挂了四排模特们的资料卡片，其中大部分是模特的大头照或者肖像照，其中有些是全身照，有些是女模特的比基尼泳装照和裸着上身的男模撩人地凝视着外面——上百张的小图片挂在墙上。

　　有时候我靠后站着，对墙上的这一切感到吃惊——敬畏如此之多的卡片，如此之多的模特，我试着努力浏览所有这些吸引人的外形，200 位女模和 150 位男模的。其中许多照片会在被悄无声息地撤下前挂在这里多年。有些模特会过得很体面。有些则会在离开的时候还欠上公司几千美元，有一些——可能在今年只有一位——将会成为百万富翁。是什么将这些少数人从多数中区分开来？为什么一个外形能够从一群人当中脱颖而出名利双收？

"这跑题了！"当我问经纪人唐这个问题的时候，他笑着看了一眼窗外喧哗的曼哈顿街道，停了一下，"嗯，这并不跑题，但这个问题就像在问生活的意义。"

几个街区外，时代广场的霓虹灯下，一位叫做乔斯的编辑正坐在他的小办公室里，同样忙于这个"冷僻的问题"。她的办公室墙上同样贴着照片——超过100张男模和女模的宝丽来大头照茫然地凝视着她的桌子。这些模特们的名字、年龄、身高被用铅笔写在宝丽来相纸的空白处。这些宝丽来照片是最近乔斯拍摄的，那些人为了下期的 *Girl Chic* 杂志拍摄来见她。*Girl Chic* 是 *Chic* 杂志的姐妹版，乔斯是这家杂志负责挑选模特的责任编辑[2]。通过这些宝丽来照片，她对全世界各地的模特保持关注。她解释说："我通常把感觉适合我们的模特的照片挂在墙上。"

见她的时候，我想要知道她在所有的这些面试中一直寻找的是什么，宝丽来是如何来到她的办公室里的，像她这样的客户是如何从这些模特中做出决定进行选择的。虽然我们谈论了将近一个小时，她仍然没有很好地解释这些。回想另外39位我采访过的客户，乔斯解释说她"只是知道"她正在找什么样的，能恰好把感觉到她见的模特是不是需要的。她解释道：

他们是那些我们真的相信会有潜力在这行继续下去的女孩子们……所以这只是一种，你知道的，开拓你的视野去看你喜欢的和你认为对的。所以把他们扔到墙上看看哪些粘住了。

是什么让乔斯从墙上的上百张宝丽来照片中选中一张扯下来？在大量的编辑过程中，客户们在寻找什么？经纪人如何知道哪些模特应该提供给他们？

这些问题是解开像外形这样模糊的事物如何获得价值这一重大谜团的关键。经纪人和客户们这些公认的品味决定者，证实外形聚集于最开始的品味。由于时尚和美丽这些无定型的概念旋涡状地围绕着这个场景，创造时尚的人们共同地汇聚了相似的好品味的想法。这样做，他们就创造了新的时尚潮流。但是他们的这种汇聚并不是平等的过程。它诞生于艺术权威的斗争之上和献身于时尚品味的战役中。它需要社会工作中的中介机构去承认和协商一个外形的价值，虽然这种社会工作不会在T台秀场或者杂志内页中有着有形的痕迹，但极大地影响着任何一位模特的事业。

引领风尚者的困境

与模特是靠运气的弄潮儿不同，经纪人一直以来都从事着生产这些潮汐的工作。他们的工作是确保这些幸运不会平等地

图 4.1　Jennifer Venditti 的 JV8INC 面试工作室的照片墙，纽约下城

（作者拍摄）

分配给所有竞争者。他们的主要任务是跟踪了解时尚生产者们的领域，去预知和生产他们的客户的品味喜好，将正确的人体资本在正确的时间放入正确的空位中。他们是看门人，筛选和修剪身体投入到文化生产中。他们同样是媒介，组合外形给买家去生产地位和利润，通常这种产出不成比例。经纪人面临一个特别艰难的困境，考虑到外形这种商品的短暂性，推销的结果必然也不能确定。经纪人，特别是在媒体时尚圈，不可能提前声明他们要找的是什么，也不能预测任何一位模特可能得到的机会，或者他／她每个月能得到的工作通告。

"你知道，我看不到未来，因为那是不可能看到的。"卡尔，一位在伦敦从业五年的经纪人说，"你可以很好地推销出一个女孩，给了她更好的机会，但是要想知道她是否真的能成大器，这个就很难说了。"

同样，Metro 公司的一位资深经纪人这样解释一位模特的机遇："这就是看运气，这不是你有没有的事儿。"

"那这是什么？"我问。

"在当时不要管它是什么。"她迅速地回答。

所有的触及都是侥幸，所有的失败都是一个意外。唉，经纪人们也会引用模特们常说的话："你不会知道的。"不管怎样，演员们在这样的市场中还是不得不以某种方法来经营自己，经纪人也不得不出售模特们。

而客户们不得不买。

客户们，作为最终的决定者，掌握着整个局势。客户们也感觉到市场波动的压力，这压力对于他们来说来自三个源头：供大于求的外形，未知的消费需求，所有候选者的同质性。

首先，由于面对数码科技的发展和全球化扩张，今天的模特要比往日多得多，客户们从不断扩展的一大批想要成功的模特中挑选。与客户们握过手的模特多得铺天盖地。在一个百货公司广告的面试上，站在大量的宝丽来照片和模特卡之中，我和面试导演交谈，他为我描述了三天忙碌的选角："昨天2个小时，今天5个小时，现在已经3个小时了，我见了200个女孩！"我问他这是否是一个公开的选角，意味着在这座城市的每家模特公司的每位模特都得到了邀请。"天啊，不！"他回答，表示他已经在面试开始前筛选出了上百名应征者。

第二，由于消费者欲望的变化，客户们也面临着不确定性。在创意市场中生产者可能不会准确地知道哪类模特将会成功地推销出他们的产品，市场研究者们仍然在努力试图控制这一困境[3]。文化媒介以它自己的方式筛选出外形并在时尚和美妆市场上广泛传播，客户们有必要诠释和构建消费者们的欲望。这些增长的流行和强有力的文化中介形成品味并且教育出新消费主义的倾向，而不是被动地回应消费者的消费需求，等待被填充[4]。

最后，客户们必须从一群同质（homogenous）的候选者中寻找出"恰好对的模特"——这意味着他们不得不识别出细微的不同，并作出一个外形要比另一个优秀的选择。经纪人们如同守门人，通常会将客户的选择限制在已经预先筛选过的、打扮得体、人际交往能力强的"成熟模特"中。例如，经纪人们会倾向不为那些增重、爆肥或者有明显嗑药问题的模特们安排面试。客户们因此获得了从一个相对精英和最低限度的同质性的候选人群中选择，因此，决定一个模特相对于另一个更优秀，这种决定做起来相当困难甚至艰难。在我经历的一次时装周面试上，我看到创意团队与一位知名的纽约设计师交谈，向他展示精选出的要走秀的候选者的宝丽来照片，在模特选择上征求意见。他思考了片刻，指着每一张照片："她很好，她很好，她很好，她们都很好。"他说着，恼怒地举起手臂。

在这种外形供过于求和均衡化的情境下，再加上消费者未知的需求，客户们必须做出他们的选择。当经纪人和模特们认为"没有人知道"客户们将要什么的时候，客户们自己恰好也陷入这个困扰中。从他们的观点看，没有人知道更好的选择是什么，呼应杂志出版人和好莱坞编辑们表达的窘境："没有人什么都知道。"[5]

然而，他们其实是知道的！当被问起在面试中决定定下一位模特需要花多久的时候，一位伦敦的造型师总结说："一瞬间！你知道，你是知道的，你就是知道他是不是！"我采访过的大多数客户们都带着一种自信的轻松感来谈面试中的这一过程。他们声称当模特走进面试房间的时候就知道了——虽然也会有一些变化，事实上一个人是知道哪一秒或者哪一分钟这位模特进入屋子里来的。尽管声称确信，他们也无法清晰表达他们所看到的。他们说可能不会阐述出是什么使得一位模特"真的很好"或者"正确"；简单说，他们只能去"感觉"。"这是真的，这是件很靠直觉的事情，我不知道还该说什么。"在伦敦工作了8年的造型师弗洛伦丝解释说。

事实上，客户们不可能清晰地表述出一位"真的好"的模特的特质，这显示出这种特质的标准是在他们自己的角色和行动中的，而不是在他们眼前这些模特们的外形上。选择一个外形是一种即刻阅读的行为——破译和解码——以外形的识读为先决条件。这同时也是一种对话，模特们今后的职业轨迹也会是对客户们自身的判断的验证。布尔迪厄提醒我们，消费是交流进程中的一个阶段："品味可以分类，也将分类分类者。"[6]

虽然客户们认为他们的品味是个人的偏好，但是他们不会单独地制定品味。在客户们认为"真的特别好"的模特中有着显著的交集。每一季的 T 台新星从几十位新面孔中冉冉升起，就如同顶尖的模特们从流行中消失一样。考虑到时装周期间不等的 T 台受欢迎程度，基于 2007 年春夏系列在 Style. com 网站上的展示数据，172 家高级时装在纽约、伦敦、米兰或者巴黎时装周期间展示新系列[7]。尽管相对不受约束地在世界范围内的上千名模特中选择，这 172 家客户选择了其中 677 名模特参加他们的秀[8]。75% 的模特们被雇参加的秀低于 5 个，只有 60 位模特（9%）被选入参加 4 个城市超过 20 个秀[9]。前三位最受欢迎的模特在时装周期间相当繁忙。贝哈蒂·普林斯露（Behati Prinsloo）走了 64 场秀，爱科莲恩·史丹芝（Iekeliene Stange）和艾瑞娜·拉萨雷努（Irina Lazareanu）每人走了 59 场。（见图 4.2）

这等壮观的优胜者表产生了一个重大的社会学疑问：如果模特们被依据个人品味选择，那么这样的集中交集是如何产生的？几十年前，社会学家赫伯特·布鲁默（Herbert Blumer）就在巴黎观察时尚买手时被一个类似的问题困扰。他发现买手对于新设计的喜好有着显著的交集，但被问起的时候，买手们简单地表示喜欢那些他们个人觉得很炫的服装。虽然做出审美选择的时候他们依靠的是个人的感觉，这些时尚风向标们全部在同样的时刻产生出相似的感觉。布鲁默因此提出他的时尚买手们共同地"探索"预期的最初品味。"他们试图去抓住近似的未来"，如他所提出的，希望指定"现代性的方向"。[10] 他的理论提出，并非如之前齐美尔和凡伯伦所想的那样，初始的时尚品味并不遵循对上层阶级的模仿，而是初始品味出现于买手们共享的文化空间，他们追逐于未来的时尚方向。

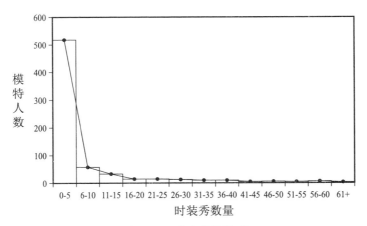

图 4.2 T 台上的不等式

人们常常认为他们在做一个个人的决定，而事实上他们的决定与其他人的行动有着微妙的联系。甚至表面看来是所有个人对于新生儿命名的决定，社会学家斯坦利·列伯森（Stanley

Lieberson）曾经研究出父母们会受到其他父母为孩子起名的微妙影响，因此那些受欢迎的名字一年一年起起伏伏 [11]。就像父母为新生儿取名字一样，买手们在巴黎选择服装，这些尝试去选出下一个超模的人们也面临着完全不能解决的问题：这里没有明显"对"的选择。没有权威或者规则制定者去组织竞争或者宣布获胜者。泰拉·班克斯（Tyra Banks）[12] 一季又一季在下一个美国的顶级超模赛上失败，这是个不争的事实。人们怎么在一群相似的竞争者中选出优势不是很明显的那个？又怎么能够选出同样的？布鲁默详尽论述了如果社会学家可以解开这种"品味交集"是如何产生的，我们会更加深入地了解文化变迁如何起作用。

经纪人眼中的美丽

正如模特们通过模特星探的偶然发现而入行，经纪人来到他们的工作舞台也是通过相似的际遇。一位经纪公司的高级经纪人为产品公司开房车，另一位经纪人在亲友工作的经纪公司帮忙前在建筑行业工作。虽然少数的经纪人直到入行才知道这个行业的存在，他们中的大部分从年轻时就怀着对艺术与时尚的热忱了。他们谈到曾经扯下姐姐们的 *Vogue* 内页，或者为兄弟姐妹的服装做造型。他们极端崇拜那些 20 世纪 80 年代的超模，追踪了解他们的事业。例如保罗，一位在纽约做媒体类时尚的经纪人，孩童时代就开始扯下姐姐的时尚杂志内页收藏。

他解释说，通常地"撕下杂志内页开始变得像从'谁是那个在第 234 页，第 237 页的女孩，'到'哦，那是吉勒斯·本西蒙（Gilles Bensimon），他拍 *ELLE*，他有着独特的风格。'所以我真正地开始看不同的杂志，我感觉这里有什么，但我不知道是什么。"

在走向经纪人的道路上，经纪人们可能会在其他文化领域或者相关的媒体工作，例如，做艺术家和造型师，虽然我采访的经纪人中只有两位在年轻的时候做过模特[13]。他们依靠经验而不是佣金赚钱，但是他们的薪水范围非常广，在纽约从 45000 美元的初级经纪人到 200000 美元的高级经纪人和管理人员。在伦敦，经纪人的起薪是 18000 英镑，高的可以达到 80000 磅。

经纪人的素质是参差不齐的。他们来自美国和英国的城市和郊区，大部分来自中低阶层，属于布尔迪厄声称的组成"新文化媒介"职业队伍的"小资产阶级"。自 20 世纪的后半叶扩张以来，文化媒介享受着更高更强的地位。例如，自从 20 世纪 80 年代大屏幕 LED 广告蓬勃发展以来，造型师和导演经历了流行文化知名度和地位的一个高潮。

经纪人不需要学历，但是我遇到和采访的大多数经纪人（25 位里面的 20 位）都在大学读过至少一年，大约一半读过和艺术相关的大学，或者和艺术相关的专业。一半拥有大学学历（见表 4.2）[14]。尽管经纪代理人们通常要协商合同和管理大量的钱，但除了会计们，商业或者管理背景在模特经纪公司里不常见。

表 4.1　纽约与伦敦模特经纪人及模特公司工作人员采访样本

纽约样本				
姓名	职业	工作领域	女模/男模业务	工作年限
Bre	资深经纪人	服装陈列室	女模	11
Christoph	经纪人	媒体	全部	7
Don	资深经纪人	商业	女模	18
Elle	经纪人	服装陈列室	女模	10
Francis	经纪人	服装陈列室	女模	10
Gil	工作人员	～	～	26
Harel	经纪人	媒体	女模	9
Heather	经纪人	全部	～	11
Ivan	经纪人	商业	男模	10
Jackson	经纪人	商业	全部	28
Joe	工作人员	～	～	5
Kath	经纪人	商业	女模	10
Leonard	工作人员	～	～	7
Lynne	资深经纪人	全部	女模	37
Missy	经纪人	全部	男模	8
Naz	资深经纪人	全部	男模	13

Olivia	经纪人	服装陈列室	全部	9
Paul	经纪人	媒体	女模	12
Rachel	经纪人	媒体	女模	10
Rio	经纪人	全部	女模	8
Sal	经纪人	服装陈列室	全部	6
Xander	工作人员	～	～	1
伦敦样本				
姓名	职业	工作领域	女模/男模业务	工作年限
Amber	助理	全部	～	1
Bella	助理	全部	～	1
Carl	经纪人	全部	全部	5
Damien	经纪人	媒体	女模	12
Erica	经纪人	全部	女模	3.5
Fria	资深经纪人	媒体	女模	26
Gretta	经纪人	媒体	全部	5
Helen	资深经纪人	全部	全部	26
Isha	工作人员	～	～	1
James	工作人员	～	～	5
Kate	经纪人	全部	全部	5

表 4.2　纽约与伦敦模特经纪人公司人员构成

	经纪人及工作人员		
	全部	纽约	伦敦
全部	33	22	11
女性	18	10	8
男性	15	12	3
男同性恋者	9	6	3
女同性恋者	1	1	～
非白人	6	6	～
拉丁裔	4	4	～
亚裔	1	1	～
黑人	1	1	～
大学学历	27	18	9
艺术背景	15	9	6

　　大约一半的经纪人和工作人员（15 位）是男性，他们当中有 9 位是同性恋，在 18 位女性经纪人中只有一位是女同性恋。纽约经纪人中 6 位是有色人种族裔（4 位拉丁裔，1 位亚裔，1 位黑人）。在伦敦的 11 位经纪人全部是白人。这些特征反映出一个普遍的信条：时尚是一个有着高比例白人男同性恋和直女[15]的行业。直男[16]主管做商务决定的职位，例如会计师和商务管理者——这种模式也同样在客户间存在。异性恋者和同性恋者都平等地代表男模和女模的利益工作。直男的稀缺也可能反映出时尚圈的男人并不需要"阳刚之气"[17]。

　　所有经纪人，男性或者女性，异性恋或者同性恋，都要学着靠眼力在时尚圈中查看模特的外形。他们中的少数人声称进入时尚圈就靠着能够辨识出模特的能力。这并非这些艺术学校的学生或者肄业生的潜在天赋。事实上，他们当中的许多人谈论起如何从根本上变得不同和"开启"了美丽的感官能力，是自从有了这份工作之后。这是一个行进的过程，不断地改变以和时尚圈合拍，作为经纪人重新调整自己的审美，重新制定出一组特定的标准以寻找和打造出外形来。

经纪人长桌

一旦到达了办公桌，经纪人会以特殊安排的座位入座。在Metro，他们的座位与身后墙上的不同外形模特的介绍卡片相符。当站远一点看的时候，这些卡片模糊成一堆好看的男人和女人。如果一位时尚界圈外人要走近些去看，她或者他可能会看到同样的———一组拼贴的好看的人似乎是随机地挨个摆放。

对于经纪人来说，这个卡片墙是显而易见的视觉感受。商业外形在左边，"时髦"外形在中间的时尚版，更多的适合服装陈列室展示的商业外形在右边。在Scene，模特们和经纪人并不被这种客观物质化分开，但非正式的差异存在于商业经纪人和模特还有媒体类经纪人和模特之间，他们的模特卡是商业模特在左边，媒体类模特在右边。有人粗略地一扫Scene的墙，可能会会心一笑，传统的漂亮脸蛋在左边，那些奇怪的、较少受欢迎的在右边。一位经纪人从这面墙上将会看到的是从利润到名声的转化，这是时尚界在高风险的媒体类工作和稳定收入的商业时尚工作间的权衡。

　　时尚大片工作形成视觉形象并且为经纪公司宣传造势，这种工作是留住产品目录客户们和例如香氛化妆品这种高端时尚广告的关键。然而，相比目录拍摄和服装陈列室版块，媒体版的利润微乎其微。例如在 Metro，仅在一个月内，服装陈列室展示类型的工作是经纪公司最主要的收入来源，占总收入的 70%，几乎是女士和媒体类合起来的 3.5 倍。伦敦的一位媒体类经纪人达米安解释说："我当然喜欢赚更多的钱，当然了，每个人都想赚更多的钱。但是我为经纪公司带来了其他的东西，我带来了影像曝光，这也是同等重要的。"

　　不可回避的，是有时候商业经纪人会遭受到微妙的漠视，在时尚界的声望面前，那些他们赖以生存的服装陈列室工作和目录拍摄工作会黯然失色：

　　服装陈列室，更多的是身材指向，更多的是关于身高，你不得不去展示这些衣服。我猜想，要比其他工作少了"声望"……而且在我的部门，女孩子们的外形更商业，她们可能是那种更主流的美，但是可能少了些有意思的地方，少了些文艺，不管怎样（翻白眼）。（布蕾，纽约经纪人）

　　Metro 的服装陈列室工作默默地被交付给代理的模特中"B"类的那些人，因为他们的简历资料以来自 *Parade* 杂志和 *Redbook* 杂志上撕下的样张为主。但是，没有了他们赚的钱，经纪公司是无法生存的。商业经纪人本质上讲是任何一家经纪公司的救生衣，然而他们的工作同时也会降低公司的形象。布蕾的评论显示出她知道，但同时厌恶这个。

商业模特也厌恶这一点，以他们所赚的钱换来声望的竞赛却将他们自己排除在外。但是像布蕾这样的商业经纪人，对于那些已经获得了相当可观的财富但仍旧坚持要在更高的名望领域奋斗的模特没有多少耐心。在 Metro，一个老旧的笑话就是讲这样一位女士，她做服装陈列室模特已经获得了很好的生活，但仍然不断参加 *Vogue* 的面试，以试图让自己获得她认为应得的在时尚界的声望。她在经纪公司中以"超级巨星"绰号闻名。然而，无论"超级巨星"多么想在媒体时尚版中出现，经纪人都向她解释她没有那个适合的外形。但是，经纪人怎么知道什么是"对"的呢？

训 练 眼 力

希瑟一年里会有几次星探之旅，经常和一位或者更多的 Metro 同仁围绕着美国、东欧、拉丁美洲国家的都市和城镇出差。她将这种星探活动比喻为"旅行马戏团"：五十多位来自纽约、洛杉矶、日本和欧洲等地的经理人，聚集在一家酒店两天。在这里他们晚上愉快地喝酒，白天则为了从上百名参加者中选出少部分候选人而争吵。从每个这样的差旅中，希瑟期待能够给 Metro 带回一两位有潜力的男模或者女模的宝丽来照片。但有时候她也空手而归。

耐心和审视，这就是她的工作。希瑟解释说："你不得不拥有可以将他们挑选出来的慧眼，我不得不能够意识到一些这样那样小的特质的组合可以让她真正地惊艳。"归结下来，就是她可以快速地将一队候选人归类："我已经能做到这点很长时间了，我可以看一个女孩两秒就决定她对于我来说是否正确。"但问到是什么在这一刻让这个女孩是"对"的，希瑟无言以对。

像希瑟这样的星探很难向别人解释他们的工作。一个外形对他们有意义与否，他们能够很清楚地知道，因为是他们的"眼光"告诉他们的。对于一位经纪人来说，拥有这样的眼力等于拥有了发现模特的能力，预想到他们日后事业的可能性，并且给他们介绍匹配的客户。这是一种可习得的技能，形式类似于新闻记者所说的"新闻嗅觉"，或者产品设计师们设计类似沙发和土司烤箱时所提及的"横向思维"[18]。

除了宽松的身体条件如身高、体重等，对于什么组成了一个"好"的外形是相当模糊的。大多数经纪人表示，他们搜寻的时候，首先是进入淘汰赛阶段。成年女性身高不得低于1米79或者少女不得低于1米76，这一条件淘汰掉了很多人。弱视和有缺陷的鼻子也是淘汰项。安珀，在Scene公司工作一年的助理，从一位资深经纪人那里学到了这样的星探技巧：

首先看身高。他们必须要超过1米76。我记得第一次我和弗里亚一起出差的时候，她当时就说："然后你再看他们的鼻子。"如果他们的鼻子有问题，那么就没有然后了。然后就是第三个步骤，总体来说可以吗？

对于新手来说，一个外形是否"大体上"合适并不能立即显示。贝拉，Scene 公司的助理，把她认为很好的模特推荐给经纪人的时候，常常被经纪人问道："你开玩笑呢吗？"

基于一个人在时尚圈所处的不同位置，一个外形可能会被看成是美的或者是平淡的，奇怪的或者是非凡的。经纪人们对着那些被星探们推荐、被贴在墙上的大量的卡片的好材料，以不同的方式评价。在媒体时尚经纪人和商业经纪人中就会出现不同的有时甚至截然相反的看法。商业经纪人们倾向于选择漂亮和全美国审美的商业模特。但通过媒体经纪人的眼光再看的时候，这些商业外形是平淡呆板的：

> 如果我能说的只是她很漂亮，那就太无聊了。"哦，她很可爱。"这很没意思。如果我说天啊，她不仅漂亮，对她来说还有其他的东西，但她仍旧迷人，就像她真的非常酷。（里奥，纽约经纪人）

媒体经纪人们表述他们那些"时髦的"模特为"有启发性的"，甚至有改变"正常的"美的定义的潜能。格雷塔，一位伦敦的媒体类时尚经纪人，表示媒体类模特"不仅仅是漂亮，他们是真的让人觉得惊叹"。同时，商业和服装陈列室经纪人用"懒汉"、"美丽的边界线"、"丑的"、"脏"、"啮齿类"、"坚硬的"和"畸形的外形"来形容格雷塔的那些模特们。

一位会计很好地阐述了商业眼光：

> 一位时尚媒体类的女孩——你看到她会觉得她很糟糕，哦

天啊，她怎么这样？你知道你的妈妈会说你可能绝对猜不到她是做什么的。而商业女孩是那种真的漂亮的，美丽的，闪闪动人的。（詹姆斯，伦敦）

但汝之草芥，吾之珍宝，这种珍视的行为视具体的圈子而定。三种外形就匹配三种圈子：商业经纪人想要的是公式化的、经典的、安全的外形。除了这些规范之外，服装陈列室经纪人想要精准在 4 到 8 码的身材。而媒体类经纪人想要时髦的——新的、难以用语言描述的特点："那是漂亮，还有一些对于你来说很有意思的东西。你知道我讨厌用未知因素这个词。"卡尔，伦敦的一位经纪人说。

经纪人提及他们职业的一个自然的发展，去促进模特们商业或者纯时尚的工作，在那里他们自身的创作灵感可以带他们到达经纪人长台上所处的座位。例如格雷塔，总是想成为时尚的一部分，喜爱翻阅时尚杂志欣赏她幕后的杰作。

我所想要的就是安排一个女孩大片拍摄的工作，然后出刊，然后说："我做的这个！"你知道，我从这些方式中给时尚做贡献，而媒体时尚的大片拍摄对于一个女孩的事业来说也是头等重要的。

经纪人也会厌烦同一个圈子，这倾向于发生在他们的事业发展的时候，通常是由媒体转变为商业。这种事业弧与他们所代理的模特们相似：

我曾经很爱时尚，但是现在相对于做媒体时尚大片拍摄我更乐于赚钱。你变得，不是说愤世嫉俗，而是，当你年纪变大的时候，如果你20岁或者22岁，你会真的很兴奋于得到杂志的电话："我们正在做一个夏日的航海风格主题，这是我们想要的外形，就是这个女孩。"但现在，我42岁，我已经看尽周遭一切。（弗里亚，伦敦经纪人）

每位经纪人的双眼都被她或者他所在的圈子定型，固定在一个领域和客户可能的品味上。通过经验，经纪人学习让他们可能都无法理解的外形的意义。他们也要懂得哪种"个性"可以获得哪个圈子的共鸣。

个性的潜力

在发现外形上，经纪人们也要读取模特们的个性。他们研究模特们的个性——他们的态度，风格和行为举止，试图将其与客户们的个性"匹配"。这通常反映在经纪人们如何跨过通告版讨论他们理想的个性。大多数经纪人喜欢模特们"外向""甜美"和熟练于情感劳动。例如，估算一个门生数以百万计美元的潜力的时候，个性在唐的决策中占据统治地位，决定是否推动一个模特进入明星界。

我只是知道，首先，她拥有这一个性。她以前英语不怎么好，但这也成了她的优势。她会在原谅自己的同时嘲笑自己。她确信她的这一个性让人们记住她。因为他们想要再次见到她，因为他们想要更多的她，她让他们感觉："好啊，我们将会在一起工作八小时，相信我，你将会有美妙的时光。"（唐，纽约经纪人）

服装陈列室经纪人特别关心模特们是否专业。因为服装陈列室的工作有连续性，而且强度高，经纪人估算模特们的责任感和是否可以愉快合作，以便客户能够再预定他们，有时候会一次签几天或者几周。专业性也被定义为准时和可靠——迟到和坏脾气并不被服装陈列室经纪人们容忍，他们的客户指望他们每天提供模特。

媒体时尚的经纪人可能更喜欢模特们"不寻常"的个性去匹配他们前卫的外表。他们特别吸引"古怪的人"和"有性格的人"，这些年轻男女被他们看做社交输家，而且可能在学校里并不受欢迎：

我只是在伦敦的最后一周，在一家经纪公司见到了这个女孩——她穿着件小号运动衫，好像没有化妆，帽衫的帽子盖在头上。她像从阿根廷来的有趣的人。我真的发现她很美。（保罗，纽约经纪人）

经纪人知道，一位服装陈列室客户可能对这种古怪的连帽衫下的阿根廷风格缺少耐心，就如同高端时尚摄影师可能对甜美而专业的商业时尚模特厌烦。

"没有个性"的模特在经纪人中的需求最少，这因素包含了害羞和内向的个性。经纪人试图从定期的谈话中引诱模特们从假定的外壳中脱身出来，参加英语语言和表演课程，带他们去经纪公司发起的聚会和晚餐拓展他们的社交技巧。据说，在纽约的精锐模特公司送那些有前景的模特们去一个"活动训练"，学习镇静地走台步和摆造型感的姿势[19]。为了确保他们的模特拥有"某种"吸引客户们的个性，经纪人指导他们有关基础面试的策略。在伦敦，弗里亚有时候在经纪公司主办的某位客户的面试上观察模特们，然后向模特们提供基础的交流技巧，如目光交流、坚定地握手、简单的话题切入点建议，例如给客户一句恭维："这真的很愚蠢，但是你知道，就像'哦，我喜欢你的夹克，难道它不好吗？'每个人都喜欢这么点恭维，即使这是个残忍的谎言。"

因为个性展示在模特的衣着风格上，经纪人们试图设计他们的新模特们符合媒体或者商业时尚圈的特殊需要。商业经纪人鼓励模特们看起来是很好地打扮过的，不是"脏乱的"或者不专业的，不穿破洞的牛仔裤。当一位模特过了媒体时尚圈的适龄年纪，经纪人可能尝试重新定位这位模特。他们通常建议模特增肥一点，特别是男模，需要"增大码"以接近合适于运动服装目录拍摄的身材，他们可能会变换模特的发型，从前卫的风格到偏"软"一点，可能用亮点或者多层次来实现这些改变。一旦模特进入主流的"经典好外形"的外表，他或者她将准备"兑现"，有部分模特倾向于这么说。

媒体时尚的经纪人喜欢模特们看起来"酷"：不要粗短跟鞋或者平底鞋（"百货公司造型"中的重要部分），不要过短的 T 恤衫或者过于性感的衣服（太廉价）。瑞秋，一位在纽约的经纪人解释说：

客户们，特别是媒体时尚的客户是势利的。他们喜欢模特以特定的方式穿着，时髦、酷。所以你不得不拥有这种前卫时髦。如果你不具备，那么将难以得到通告。因为他们喜欢酷的女孩子。所以，我们努力通过服饰帮助女孩子们勾画出她们要将进入的领域所需要的风格。

为了鼓励"酷"的模特们，经纪人们分配杂志给他们学习研究，然后带他们去买时髦的零售商例如 H&M 的衣服，费用算在模特的账户上。他们带模特去世界知名的美发沙龙做赠送的修剪和染色。经纪人通过捏造的模特身材数据定制外形给他们的客户们，身高和身材码数被列在模特卡的后面。着眼于客户们之前的工作实践和喜好，经纪人可能会把模特的年龄报大一点或者年轻一点，身高或有半英寸的增加或者减少，臀围、腰围和胸围通常会有半英寸的误差，取决于他们认为什么是客户真的想要的。经纪人们对于模特外形从根本上可以改变多少存在分歧，但是大部分同意模特的衣着、发型和个性是"可塑的"。

通过训练在外型上的"眼力"，经纪人吸收他们所在的时尚圈的特定的逻辑。这不是与生俱来的能力，以某种方式根植于创造性天才中，但它是一种可以习得的技巧，定制于时尚或者商业时尚或者服装陈列室经纪人们所浸入的网络中。他们是超感官的器官。在社会学中，这种眼光是在世界时尚界中参与而发展成的特定的心态，是一种在生产者中被社会学家帕特里克·阿斯佩拉称为"情境知识"的形式，从分享的社会空间和同僚过去的经验和价值观中汲取[20]。尽管对于他们的工作至关重要，这种知识也只能带经纪人到此：如果他们要将这种情境知识转化为价值，必须还要能够影响时尚客户们。

客户的权威

站在每位模特背后的是他们的经纪人，在电话那头推动、促进、大肆宣传她或者他。电话的另一头是客户。客户们掌控着为设计师和时装公司挑选模特的权力。我采访过的 40 人中包含着广泛的职位范围，包括 7 位杂志编辑、11 位摄影师、10 位艺术 / 面试导演、4 位服装设计师、1 位发型师和 1 位化妆师，还有 6 位造型师。

有些客户们比另外一些有影响力，造型师和面试导演们被认为有相当大的影响力，化妆师会弱一点，设计师通常做雇佣模特的最终裁定。造型师不仅仅搭配展示衣服，自从 20 世纪 80 年代他们的角色就已经变为创造一个革新的新"外形"，由此被嘉奖巨大的文化声望，其中一个例证就是他们的名字被列在杂志上，紧挨着摄影师、模特，甚至面试导演们。面试导演频繁地为他的客户工作：杂志编辑、时尚广告、设计师。例如在时装周期间，一位面试导演可以为不同的设计师面试数场秀。

表 4.3　客户概览

纽约样本		
姓名	职业	工作年限
Ann	杂志编辑	8
Billy	摄影师	6
Clive	造型师	10
David	面试导演	14
Donna	设计师	5
Frank	面试导演	10
Gretchen	杂志编辑	10
Hall	摄影师	17
Jay	设计师	5
Joss	杂志编辑	10
Kelly	杂志编辑	8
Lawrence	造型师	16
Manni	摄影师	4
Nev	杂志编辑	15
Oden	面试导演	23
Peter	面试导演	2

续表

Rayna	面试导演	17
Sarah	造型师	5
Sheila	摄影师	11
Tomas	艺术指导	20
伦敦样本		
姓名	职业	工作年限
Aspen	摄影师	8
Bruno	造型师	12
Chloe	摄影师	2
Eddie	摄影师	15
Florence	造型师	8
Gabe	面试导演	1
Isabel	杂志编辑	3
Jordan Bane	面试导演	20
Kate	杂志编辑	3
Lazarus	摄影师	12
Leah	面试导演	15
Mishca	艺术指导	5
Narcisco	摄影师	8
Peter Gray	发型师	20

续表

Tim	摄影师	5
Tim & Mike	设计师	20
Umberto	摄影师	10
Victor	设计师	5
Wes	化妆师	11
Xavier	造型师	8

表 4.4　纽约与伦敦客户的社会构成

	客户		
	总数	纽约	伦敦
总数	40	20	20
女性	16	9	7
男性	24	11	13
男同性恋者	12	6	6
女同性恋者	～	～	～
非白人	9	7	2
拉丁裔	5	4	1
亚裔	2	1	1
黑人	2	2	～
大学经历	29	16	13
艺术背景	34	15	19

　　像经纪人一样,客户们也来自不同的社会背景。在我所调查的 40 位客户中,60% 为男性(24 位),约一半是同性恋者,

然而没有女性客户是女同性恋者。在 20 位纽约的客户中，有 7 位是有色族裔（2 位非洲、4 位拉丁裔，1 位亚裔），在伦敦，我与两位有色族裔交谈过（1 位亚裔，1 位拉丁裔）。他们主要来自中产阶层和中产偏下阶层，他们通常拥有大学经历，大多数毕业于像伦敦的圣马丁或者纽约的帕森斯设计学院这样的艺术学校。他们可能在事业的起始阶段都从实习生做起，在创意经济领域曾经拥有多份工作，例如，视觉艺术家、时尚记者、演员，在少数情况下，有模特和模特经纪人。

除了杂志编辑们，这类客户作为自由职业者，是基于每个项目的应急性临时工，没有任何福利。这些人与享受组织安全感下全职雇员待遇的经纪人正相反，面对的是朝不保夕的非固定工作，这使得他们和被他们决定职业生涯的模特有了共同之处。他们按照模特类似的线路构建职业生涯，也分为媒体和商业时尚两类，但不同于经纪人倾向于专门做媒体或者商业时尚，他们会在两个圈子中重叠游走。

为了艺术或者金钱

客户们想要做时尚——那种媒体类的大片时尚。摄影师梦想创作惊人的图片与理查德·艾维顿（Richard Avedon）、史蒂文·梅塞在 *Vogue* 和 *Visonaire* 杂志竞争。造型师想为顶级超模打造造型，面试导演想制作出在纽约、伦敦、巴黎和米兰值得称赞的 T 台秀。但对于大多数人来说，这些是不会发生的。大多数客户都零星或者部分永久地工作在商业广告和目录拍摄上。

像模特们一样，客户们也被分在一个赢者通吃的等级下：在最上端是少数的超级巨星——大部分做着普普通通的工作，拿着普普通通的薪水。

在媒体时尚界获得成功对于客户来说是个高风险的赌局。首先，有声望的杂志的工作是非常烧钱的，制作人的钱花在拍摄时尚大片上。一本杂志的拍摄项目花费从 500 美元到数千美元，例如租影棚、器材、雇助理，后期修片和工作餐[21]。摄影师、造型师、导演、发型师和化妆师还有艺术指导都乐于在杂志拍摄上承受损失，以期望 i-D 杂志这样的传播能够换取其他形式的象征资本，最终得到奢侈品广告的工作。霍尔是一位纽约的摄影师，他说："媒体杂志大片拍摄很费钱，2000 到 5000 美元。我们的想法是将能够获得一个通告为此买单，但是有时候并非如此。"

像霍尔这样的摄影师冒着很大的风险做着媒体时尚拍摄的投入。而一旦有什么事情没做好，就会破坏整个拍摄，例如暴脾气的模特，不好的灯光，或者是失败的服装，霍尔就将失去他的投资。由于这些不在他控制之下的因素，霍尔的照片可能不会被杂志喜欢并刊登，杂志会扼杀他的创作，然后他就没钱赚了。最后，他的照片可能刊登了，很漂亮，但他还是没有得到希望的广告拍摄工作，也还是没钱赚。尽管筹码巨大，客户们仍然坚称这是必要的豪赌。他们谈论起作为一种投资的媒体时尚工作：

这几乎是说你需要在媒体时尚界更努力地工作，因为广告是结果，它出自于媒体时尚这棵树上。（彼德，伦敦发型师）

　　因为媒体时尚的工作提供了曝光和潜能，让很棒的照片进入一个人的作品集里去，对于让作品集看起来更好来说也是个很高的筹码。客户们，像其他自由职业者，只以最后的项目论成败[22]。下面这个比利讲述的故事就是在时尚圈的这样的例子，一位摄影师攀爬上声誉的阶梯：

　　你的照片传播速度很快，人们会看到照片，无论你是否表现得很好。越是大牌的客户，给摄影师的压力就越大。（比利，纽约摄影师）

　　大多数客户起初以获得艺术的权威为目标——创造趋势与命名外形的能力——但数年后大部分放弃了追逐这些。不是所有的客户都可以爬上等级的顶端，那里没有足够多的空间。当几乎所有客户们都口头致敬媒体时尚领域，有些仅仅是不能再承受追逐它的代价。如同头奖开始变得越来越难以获得，将艺术权威性换为经济稳定和一个可预知未来的职业生涯，这变得更实际，甚至更可取。太多的不安全感让一个人离开这个游戏，例如一位化妆师在一个目录屋偶然和我谈及的：

　　别误会，我爱时尚。但是它不赚钱。当你年纪越来越大，要成为艺术家的动力就消磨光了，毕竟做自己想做的事是要花钱的，而你不得不谋生，所以我接广告的工作，赚钱。（里奥，伦敦化妆师）

金钱 VS 创造性，利润 VS 声誉——这是客户们和经纪人们在工作中一定会不断解决的紧张关系，如同我们将会看到的他们在两个不同的案子中挑选模特：目录拍摄和 T 台秀。

打造目录外形

坐在巨大的带灯化妆台前的导演椅上，化妆师罗轻轻拍了些珠光彩在我的唇上，然后查看效果，说："当你看到的时候你就会知道，这是特别符合 Vshop 喜好的外形。我总是可以说出他们什么时候会回来。"

任何一天我都可能会受到侮辱，罗就是把我的头发弄到一个不可思议的高度，给我的脸打上很厚的粉，略微显橙色。我现在已经准备好了开始英国电商 Vshop 第二天的目录拍摄，这个电商主要是为那些年轻消费者省钱。如果不是看在一天八小时 1250 英镑（以 2006 年的汇率换算是 2500 美元）的份上，我宁愿没有 Vshop 想要的外形。Vshop 目录拍摄是商业工作里出类拔萃的，报酬高且有持续性，但是社会地位低。因此算是个调查目录拍摄面试过程理想的落脚点。

找寻对的目录外形

什么是 Vshop 外形？制作人们是如何判定哪个模特拥有这

种外形的？ Vshop 的常驻摄影师克洛艾解释说，为目录拍摄面试模特是相对"轻松"的，在某种意义上来讲这是个简单的流程，但是也很有挑战性，因为它需要严格依据制定的指导方针。像其他每位制作目录的人一样，克洛艾将创意决策，包括她自己对于模特的选择，听从于企业总部提供的一本厚厚的关于风格和姿势建议的室内拍摄参考书。她称之为"圣经"：

> 这个是非常程式化的，像客户们准确知道他们想要什么，我们已经有了一本厚重的书，精确地告诉我们应该拍成什么样。那就是这个圣经。就像，你知道的，有些女孩穿上那些衣服看起来不太合适，或者姿势摆得不合适。（克洛艾，伦敦摄影师）

对于商业工作来说面试条件是相当简单并且可预知的——模特们应该是传统意义上的"漂亮"或者是"好看的外形"，有着吸引人和亲和的个性。最近，Vshop 直接改变了之前商业外形的参数："正常"、"安全"和"经典"，与经纪人和模特们的表述相呼应。然而在过去的几个月里，Vshop 做出过前卫时髦的转变，以期能够吸引年轻、时尚的消费者。他们的外形现在被描述为"强烈"，并不是"日常的那种目录外形"。Vshop 的制作人费心去阐述和掌控他们的新形象；另一个 Vshop 的形象控制表现是一个新的"情绪板"[23]，是执行老板最近支在工作室墙上的。它上面写着：

Vshop 女士

媒体时尚而不是目录

性感，良好的眼神交流

或者

自然地看向一边，女性化

善于姿势变化

绝不要看起来不高兴或者伤心

在每条说明的旁边都有几张男模或者女模摆着姿势很酷的照片，大部分的照片是从高端时尚杂志上撕下来的——这些图像看起来可能不会被复制在 Vshop。一部分 Vshop 目录的新形象应该看起来不那么像一个目录，然而 Vshop 的外形仍旧要直接与销售产品挂钩。这就意味着克洛艾和她的团队不能掌握拍摄的外形和他们的自身的创意工作。他们也没有必要一定如此。一位商业创意总监解释道：

你可以讲很多事情，但客户们最终会强调很多次的是你在和谁工作。我可以劝说他们，如果我真的很聪明，真的很善于讲话。我可以吸引住他们，说这些是他们真正需要的。但是很多次，这并不会发生。（托马斯，纽约艺术指导）

基本上，像托马斯这样的艺术总监并不会考虑在商业工作中实现他们的创意才能。他们更愿意让老板们做决定，虽然这需要接受来自企业总部的武断指令。例如在广告制作人中已成为陈词滥调的段子：重要的审美决定最终都会由 CEO 的配偶来做。

商业客户们首要关心的是取悦老板，从中拿到好的回报。面试过程与创造品味无关，而是要遵从指示。一位摄影师对于广告拍摄阐述道："这只是你能否'按图索骥'。就是这样。"这个"图"在商业圈里由管理人员提供。

前卫时髦和品味在商业世界是次要的，在这里选择模特的时候首要关心的是钱。维多利亚的秘密，最知名的商业目录之一，以雇超级名模为品牌代言而知名。但是它仍旧在开发线上目录资料，去寻找未来的维密天使。那些在网络上获得高点击率的女孩子们有希望参与维多利亚的秘密模特身份的角逐。[24]

我采访过的商业制作人少有高大上的，但在销售商品上同样严格。回到 Vshop，摄影师爱丽丝对网络销售负有责任。在拍摄的最后，她的老板和创意团队回顾目录图片。如果他们的目录供应商认为模特太瘦了、太年轻了或者太大块头了，或者头发看起来不够好，日后的拍摄她就不会再被邀请。如果她拍的服装没有卖得很好，她也会被解雇。最终，在 Vshop 做好会让管理部门满意，并最终销售他们的产品线。

商 业 个 性

虽然就有着明确的标准指导创意决定而言，做像 Vshop 这样的商业面试很"容易"，但他们还是会面对相当大的挑战，因为在执行这些标准的时候会遇到潜在的困难。对于商业客户来说最大的挑战也是最大的不确定因素就是模特的个性。个性，正如我们所看到的，它是外形核心，也是对经纪人和客户们来说最关心的；没有人想要和"死鱼相""像瘸了条腿一样"的人一起工作。目录拍摄和广告拍摄工作每天持续 8 小时甚至更长，有时候会一连几天，专业并且性格好的模特会强制性地完成工作。一位模特的移动能力和镜头感是关键的。摄影师纳西斯科刻薄地表示，没有人想要一个不知道手该放在哪的模特，不然现场会如同卡在"推一头死驴"上。

在性格的筛选上，客户们倾向于亲自面试，这样他们可以和候选者聊天，观察他们的举动，获得是否适合与他们工作的信息。当在纽约工作的摄影师霍尔为百货公司目录拍摄面试的时候，他有时会通过电梯的摄像头，从模特坐电梯前来时就观察他们，观察她们将运动鞋换成高跟鞋。他说他在寻找那些"与众不同"的人。他继续他的观察，在面试的时候和模特们交谈，常常问他们问题，观察他们如何回答："你从哪来？"或者"你养狗吗？"这是个性的测评器。他解释道：

有时候我甚至不会关心他们的喜好，我只是喜欢他们表达自己喜好的方式。从中我可以看出他们拥有哪种表达方式，有哪种感情，这是他们可以传达给我的东西。（霍尔，纽约摄影师）

面试帮助客户们揣摩模特的个性，但是这些简短的会面可能不足以预言出模特们日后拍摄时的表现。尽管在面试上有迷人的风度，模特可能最终还是会令人失望。为了让这种可能最小，客户们选择去交谈。

八　　卦

　　时尚靠八卦运行。客户们无所不在地交换着故事，作为收集有关模特们工作表现信息的方式。在他们的社会网络中，客户们彼此传授小技巧，也期待收获技巧以作为回报。这些紧紧钩织在一起的小圈子在好莱坞这个另一个不稳定的产业中被称为"生产网络"。如霍尔所告诉我的，制作人分享他们与不好合作的模特们合作时的"血泪史"：

　　作为自由职业摄影师，我与所有客户们合作，你懂吧，……这是个很小的圈子，基本上每个人做着相同的目录和相同的模特合作。所以当其中一个说："你曾经和那个姑娘合作过吗？"我就会说："哦，当然，她很棒。"或者我会说："哦，不，别在周一，绝对别在周一和她工作！"（霍尔，纽约摄影师）

　　那些细小并且看起来琐碎的小提示，像霍尔的建议，那个模特工作很好，除了周一会有宿醉，是非常有价值的。类似地，面试导演大卫喜欢与他的同事分享关于那些要雇的模特们的详细小贴士，包括在工作中怎么对待他们：

　　"我的天啊，很难从她身上得到想要的！"或者，你知道，像"她真的真的很好，但是别让她吃东西，一旦她吃东西，她就会累。"（大卫，纽约面试导演）

因此，在任何一位模特成功进入 Vshop 影棚之前，她就已经被客户们八卦过一遍了。

但是，在被一个目录拍摄工作考虑以前，模特已经被经纪人操纵到那里。我是怎样突然发现自己没有在光鲜亮丽的纽约 T 台，反而戴上搞笑的假发，穿着打折的针织衫为小店 Vshop 拍摄目录图？

商业时尚圈中的媒介

看着墙上铺开的模特卡的时候，经纪人看到的不仅仅是模特的脸，还有与客户的关系，他们有关于时尚买手圈基本的假设。在商业端，经纪人猜想着隔壁的那个女孩或者男孩将会对大众市场"有意义"。清晰和可靠，这种外形对日常的消费者很有吸引力。而对媒体类外形他们估计，不会对大众有很大的吸引力，几乎所有我所采访的经纪人都会这么说，有几位讲起一个叫做戴文的纹身女，她曾经很成功，是非常"时髦前卫"的媒体模特。例如：

如果是在达拉斯的雷门马可斯的买手，你将被戴文吓到！因此，你可能不会买任何她穿的东西，这对于客户来说无疑是有破坏性的。他们知道这个。再加上，我的客户有些真的很乏味，像 St. John's。你不可能让戴文穿着 St. John's 针织衫，期待有人会买它。（布蕾，纽约经纪人）

经纪人设想目录和服装陈列室的消费者是保守的，中产阶级主流品味[25]。基于他们对未知的民众的普遍理解，经纪人可以想象出像戴文这样的前卫外形不会受到赞同。经纪人工作于心照不宣的两类消费者：中产阶级大众和时尚创意圈的内行人。

对于经纪人而言更直接关注的是吸引某个客户。经纪人关注客户个人和他们的喜好。对于商业经纪人来说，这是一个相对直截了当的追踪客户历史的过程：

通过这个月、这一年和他们的合作，他们告诉你，"好啊，这是我喜欢的那种脸，我喜欢浅黑肤色、长得奇怪的。"他们向你解释一个人。在你的脑海里，你得到一种模式。然后你去找到一个模特来套这个模子。有时候你是错的，但大多数时候，如果你擅长这个，你就是对的。十有八九我是对的。（唐，纽约经纪人）

一位模特的"参数"（specs）——当客户们寻找一种特别类型的模特的时候，他们给经纪人的细节——和共享的共同工作历史是商业模特选择模特匹配客户时的大体指导。经纪人不想仅仅"填充"订单，他们努力去创造它们。为了增强他们对客户的影响，经纪人培养和客户们的关系并且试图吸引他们。

如同模特们在面试中努力与客户们建立联系一样，经纪人利用情绪劳动来吸引客户们。在经纪人推广他们的外形的同时展现他们自身的个性。一位 Metro 的经纪人喜欢用不同的声音配以卡通形象高飞的口音和客户打电话。有些讲笑话或者试图让电话的另一端开怀大笑。他们用戏剧的时尚语言例如"火辣"、"猛烈"、"聪明"和"令人惊艳"去生产趣味。当一位男同性恋经纪人真正相信他的男模特的时候，他倾向于在电话中和客户们开玩笑说："看，我想睡那小子，所以你该知道他会火的！"

虽然通过电话可以完成更多的事情，但大多数经纪人更乐于当面见客户，以建立更为亲密的联系。对于商务来说，形成私人关系更为有利：

> 因为一旦你已经见过一个以前对于你只是一个名字的人，就更容易去给他们打电话，厚着脸皮地要求他们帮忙。（埃丽卡，伦敦）

面对面，可能是在经纪公司出钱的午餐，让经纪人可以更容易地厚着脸皮请求帮忙，例如对于新模特多一次的单独见面（go-see）机会，甚至例如我们所见的，更高的费用。

绝不会和目录工作打交道

商业客户们可以让生活变好。目录拍摄是高酬劳、可预见性的、有保障的工作。然而，几乎每位我采访的客户都对商业圈嗤之以鼻。一位面试导演嘲笑道："不，我绝对不会接目录拍摄工作的。"一位摄影师描述这种工作为"麻木思想摧毁灵魂，并非时尚！"它一直被形容为"俗气"、"无聊"、"不时髦"。轻松的目录拍摄工作可能是客户们抱怨最多的。一位面试导演将为目录拍摄选择模特这个工作比喻成"看门人"，在这种工作中他只需要寻找普遍意义上有漂亮外形的模特，然后制定差旅安排：

> 我做过几次目录拍摄的工作，非常好。容易来钱但并不让人兴奋。就只是个工作，真的是工作。在做目录拍摄的时候我没有发现一点和艺术有关的东西，基本上我就是个差旅经纪……我的意思是，有一个泳衣目录，你需要有着很棒身材的漂亮女孩，你还需要找一个地方拍。这和女孩无关，这多半需要地点是绝美的，而拍出来的姑娘则可以没有头，只需要你看到泳衣就行了。（奥登，纽约，试镜导演）

客户们要的不仅仅是"工作"——就是说，他们不想仅仅在时尚产业就业，他们想要影响时尚产业。在时尚圈，地位并不等同于金钱，地位来自于作为引领风尚者的权威，去拥有一种被公认为好品味的品味。两种时尚圈的对立面并不在想要赚钱上——所有的客户都着眼于百万的广告大片奖赏。相反，对立面是短期的经济效益（目录工作）与长期的效益（杂志工作）。那些追逐短期经济效益和从商业圈获得权利的人将会失去作为引领风尚者的权威。目录拍摄制作人工作稳定，追求经济成功，可能会赚很多钱，但在地位上贫瘠，像拉扎勒斯，一位伦敦的摄影师所说的：

你已经赚了稳定的收入，但你可能就这样封杀了自己，因为你就是个干体力活的人。你并不被看做是一位艺术家，你被看做是个匠人。作为客户的服务商需要一天内拍十套裙子，会特别无聊。

不仅仅目录制作人，事实上，他的模特也是干重活的人：

有些女孩们进来，做的就是摆着过分夸张的姿势，拍摄土气的目录图。你只是过去说，"听着，我不想要你看起来……这些都来自一些你之前和一些土气的摄影师做过的很土气的拍摄。"与这些女孩子们合作真的很难，因为她们已经被定型了，就如同肌肉记忆一般，你明白吗？（纳西斯科，伦敦，摄影师）

经纪人们知道这个，并且保护他们模特的拍摄简历，媒体经纪人谨慎地考虑哪些类型的照片将会提升模特们的资料簿，努力从交易的商业特性中去保护艺术的完整性。例如一位媒体时尚男模表示，他在两年的职业生涯中只接过一次目录拍摄工作。那是一个万圣节服装的目录，在过程中他的经纪人要求模特的脸部分被遮挡。（2000美元一天，这是他出道后做过的酬劳最好的工作之一。）

客户们对于大众消费的目录拍摄也流露出轻视，有时候是微妙的，有时候是直接表露出的。有着"不时髦"的目录模特们的"俗气的"商业图片吸引最不吸引人的观众们——大众市场。客户们，呼应经纪人，回避中间市场消费者，将他们化身为"中部美国"、"德克萨斯"、"内布拉斯加"、"我妈"、"郊区居民"等等。

客户们因此倾向于轻视令人生厌并且对创意有多种限制的商业工作。为 Vshop 工作事实上非常无趣并且程序化。每天我要穿40件不同的衣服，每件20分钟，有严格的时间表：穿衣服，拍照，脱衣服，重复。摄影师克洛艾常常在每个拍摄结束时叹气并且疲倦地说："好了，有了。"或者"好的，下一个。"以表明到了我再去换衣服的时间。

使它仍旧有趣的就是听拍摄团队常常自嘲工作的质量和Vshop 在时尚中的低地位。在一个拍摄上，造型师将一条塑料项链固定在我的脖子上，对着在笑的克洛艾和她的助理们大呼："这真的很吸引人，不是吗？"在一次珠宝拍摄上，当克洛艾建议我把给 Vshop 拍的照片放在图片档案集里给蒂芙尼（Tiffany）看并向他们要求工作的时候，整个团队都在狂笑："你看我给你们拍下一季大片怎么样？我有很多经验，我曾经拍过一些蓝色的塑料项链，有些是 Vshop 的银项链。我可以一天拍摄120件！"

在 Vshop 的工作就是制作人们日常对抗商业关注的微观世界。正统主流文化的确定信号是当有人倾向于掩盖无知或者不同的时候，例如低阶级的消费者假装欣赏高端文化作品[26]。这里，在这些文化生产者中，我们在自嘲的模式中看到相反的工作合法化。通过轻视自己的工作，制作像 Vshop 这样目录的客户们，在他们自己和中端市场消费者们的品味之间画出了一道象征的界限。他们通过公开的厌恶抗议主流的商业领域。那些在目录拍摄领域和商业工作领域工作的人不把这些工作当回事，而只当做用来赚钱的工作。他们的真正的敏感性和天赋来自为有声望的杂志拍摄工作，那里更为权威但没有钱。进入媒体时尚领域，是所有客户所渴望的。

制造前卫外形

如果商业面试有着相当清楚并且稳定的条件，那么媒体时尚的面试则不透明。为 T 台秀挑选模特的过程最为黑暗。我观察过一位纽约设计师为她即将举办的秀选择模特——在 100 位候选人中，她最终雇了 6 位她想要的。这六位模特的模特卡被整洁地铺在年轻设计师的工作室地板上，粘的便利贴上字迹潦草地写着一些说明："台步很好"和"漂亮"。

"看这个女孩！"设计师拿起一张模特卡对我说，"我立刻就选了她。认真讲，她看起来好像畸形。我的意思是说，谁会长这样？这个女孩，"她又指着另一张卡说，"她长得像只鸟，我喜欢。"

鉴于商业外形是稳定并且可以预知的，"前卫时髦的"外形总是变化的。摄影师们、导演们、造型师们总是在寻找，正如经纪人极力搜求去提供：

他们都在监督着品味，找寻这些女孩子们。我的意思是，他们有点，他们似乎像是火车头里的供煤机，因为他们在寻找的就是美学上的……在这种过剩的审美中，你希望——像俄罗斯转盘一样，希望有个满堂彩。（彼德，伦敦发型师）

　　什么样的前卫外形应该是客户们押注的呢？承认前卫不是一个直接的过程，它并不随着企业的风格指南一同到来。甚至是杂志，看起来似乎要对读者们负责，然而读者的反馈并不是它们最优先考虑的[27]。媒体时尚的生产者着眼于他们的广告客户，使自己的非正规知识影响读者的品味。

　　然而，这些生产者中的大部分对 *Vogue* 杂志充满虔诚，没有人会看像《广告一周》或者 *Campaign* 这样的广告印刷物，只有少部分客户宣称会看时尚产业刊物《女装日报》。他们很少对特定群体进行研究，只是偶然性地调用市场调查，通常传达着掩藏在例如预算这样的事情背后的由遥远的公司办公室所决定的模糊的动机。一位在纽约的面试导演偶尔会用 "Q Scores"，这是一种用于获得目标消费者对一个人或者一件商品的喜好程度的市场指数[28]。但是，总的来说，选择模特的人、打造他们的造型的人和为他们拍摄的人其实与最终被他们的图像和商品吸引而买单的人没有任何互动。社会学家本·克鲁（Ben Crewe）在其2003 年的著作《表现男人：文化产品和文化生产者在男士杂志市场》中，有一个相似的发现：杂志出版者通常忽视市场数据，取而代之的是关注他们个人感兴趣的图像和创意。这就是社会学家所说的时尚模特市场中位于供求之间的"解绑"，例如，经纪人和客户做出决策的依据并不是基于消费者的喜好，而是基于其他生产者试图去满足的消费者的喜好。[29]

媒体时尚生产者因此调动起他们的非正规时尚知识，通过将注意力转移到其他圈内人身上去伪造前卫和炫酷的品味。媒体时尚是布尔迪厄所称的限定化生产领域的经典例子[30]。在他们对于前卫的追求中，客户们搜寻这个领域，以找到将会给其他摄影师、造型师和买时尚杂志的内行人留下深刻印象的外形。

勾画出前卫时尚的外形需要大量的社会资料采集工作，这一切都始于经纪人的工作。

媒体时尚圈的媒介

媒体时尚经纪人永远都在寻觅新的流行。让他们兴奋的外形，是那些独特、新奇、拥有可以改变时尚面貌的潜力的：

一个漂亮的女孩就是一个漂亮的女孩而已。对我来说是要去找到一个与众不同、和其他人都不像的人，不会被拿来和别人做比较的人。眼睛可能会特别大，耳朵可能也大，嘴唇的形状可能很不一样……如果这依旧是完美的、对称的，就要有一些很酷的地方。如果你可以推销出去，如果你可以推销出你认为很酷、你很喜欢的外形，你可能就会改变时尚。（里奥，纽约经纪人）

为此，媒体时尚经纪人不得不十分熟悉他们的客户，不得不仔细观察和研究媒体时尚圈。他们是热切的杂志消费者——

不一定是读者，而是视觉消费者。他们不断地从各式各样的杂志中掠过，被问及是哪些的时候，有些人会说：太多了或者全部。被问及最喜欢的杂志是什么的时候，经纪人会一致提到美国、意大利或者法国 *Vogue*，在英国，经纪人常常提及那些以前卫知名的杂志如 *i-D*、*Pop* 和 *Dazed & Comfused*。[31]

他们通过观察摄影师、造型和杂志编辑们的选择来揣摩客户们的品味。经纪人通过浏览 Style.com 和 Models.com 这样的网站和读《女装时报》这样的产业新闻报纸来跟上时尚潮流。这些资源帮助经纪人把握时尚的脉搏：

你知道什么是人们想要的，你知道你在杂志上看到的是什么，你在电视商业广告上看到的是什么，你知道你在通告版上看到的是什么，你知道要把这样的女孩子们送到什么样的市场当中。你看到他们在那里生产什么，你需要有那样的模特。（艾丽，纽约经纪人）

除了观察客户，经纪人还会相互观察、密切关注那些可能是朋友的或者至少是友好的竞争者们。在经纪公司内部，经纪人会通过一起吃饭、喝饮料、出差、加班来增进联系。在 Metro，两位经纪人作为室友住在一起，一位和另一位的兄弟约会，一位和之前的星探结婚。在经纪公司之外，他们也有朋友和前同事之间的私人联系，即使在职业生涯中会跳好几次槽。

经纪人的这种连结性让他们能够看到其他经纪公司在做什么并且很快适应。同样地，他们也观察设计师们，密切关注在时装周期间推出"明星"，确保他们的通告版上全是当下最流行的外形。

一位媒体时尚经纪人描述她的工作为"预言者"；她不能不了解未来外形的流行趋势，她不能不在其他人前面知道。虽然这可能永远不得而知，但可以从时尚圈的社会分享中被不可言传地感知。除了共享社会空间外，经纪人也会和他们的客户们闲谈。有些通过一起合作多年而熟知彼此。他们不断地通过电话联系，通过午餐、聚会甚至是每周的 KTV 之夜建立友谊。他们共享时尚感知，他们知道哪种流行是热门的，他们知道谁会定下谁：

> 你和客户之间有很好的关系，你就会知道他们喜欢什么、不喜欢什么。你已经和他们合作很多年，你看到这些人的反应，然后根据这些反应推销模特给他们。（米西，纽约男模经纪人）

然而，在发展了与客户之间的私交后，经纪人们还是要小心地接近他们。他们对于将哪种模特推给哪些客户十分谨慎，他们了解在客户们永远地对他们不再考虑之前，他们可能只有有限的几次犯错误机会。他们不想毁掉自己的信用，所以经纪人们为他们的关系制定战略并小心地部署：

> 你可能有一个特别棒的姑娘，但是你会想，我不觉得她会是他要的外型，所以我不会硬去推销，因为她不是他想要的。所以下次当她是的时候，他会信任我，这会影响我的判断。因为如果你和一名摄影师说，"哦，她就是你要的。"然而她不是，

那么你就会失去下次工作的机会了。（弗里亚，伦敦经纪人）

　　为了将误读最有价值的客户的机率减到最小，经纪人会通过将新模特们先送至或者地位很低或者新接触的客户们那里去试水——这些人的信任不会被重点考虑。在见面和面试后，从客户们那里征求到回馈，特别是那些与他们的新模特有关的。在纽约的这样一个试水中，经纪人可以知道一位新模特在她的首次面试中说"女士"太多次了。（是的，女士；谢谢，女士），面试导演迅速报告了她的经纪公司这个习惯。

　　经纪人通过推荐外表和个性都十分合适的模特来维护与客户们来之不易的社交关系。他们保守到只在他们相信会有机会留有深刻印象的模特们身上冒险。最终，他们通过模特来排列他们与客户们的亲密关系等级：

　　我不会给一位客户推销不好的并期待他因为一个坏个性而付给我很多钱。如果我知道一个女孩只是去站在那里，而不会和客户说任何话，这个客户会及时打电话给我："你在搞什么啊？"我不会那么做的，因为我和客户之间的关系肯定要比和一个模特之间的关系长久得多。（唐，纽约经纪人）

　　通过建立和客户们的策略联系，经纪人获得客户们的忠诚。这被认为是社会资本，可以改变经济效益和爆发资本，去捧红一位模特。换句话说，通过不断输送恰好对的外形给客户们，经纪人赢得青睐和责任，将新的模特领进门。就如同一位经纪人所说的："模特们利用着我们和客户之间的关系。"经纪人是战略上的交际花，培养和维系与客户的关系——这种关系的持续时间要比他们发展和模特之间的关系长得多。

经纪人的炒作

经纪人忙于炒作模特的声望或者有可能让杂志客户们注目的潜在声望。一位模特的声望等级取决于客户们或者可能会一起工作的客户们的社会地位。在时尚这样的市场中，社会地位是特别重要的，因为它是在没有客观质量差异数据下的替代[32]。地位是经纪人和客户在一群相当均质的人中找出区别的一种手段，它能够缓和极度的不确定性。

所有的经纪人都共享着哪些客户们拥有高地位的默契。几乎每位经纪人提到摄影师史蒂文·梅塞（自 1988 年以来他掌镜每一期意大利 *Vogue* 的封面），史蒂文·卡莱恩、尼克·奈特（Nick Night）或者马里奥·特斯蒂诺，时尚品牌 Prada 和 Marc Jacobs，和其他版本的 *Vogue* 杂志都是高地位的客户们的代表。最终，经纪人希望能够让他或者她的模特可以接下这些客户们其中之一的工作。一位高地位客户的通告被期待为滚雪球一样招徕更多，使得模特大受欢迎。一种新的外形变得流行是让人兴奋的，经纪人会迅速开拓这种兴奋：

"我们有个特别让人惊艳的新人，你应该看看他，每个人都谈论他，每个人都为了他打电话或发邮件给我们！"有时候你是在说谎，有时候是在炒作夸大……没有人想做错过的人，他们不想被他们的老板说："你怎么搞的，竟然没有发现那个人？"一点夸大宣传，一点神秘感，我们发现这非常奏效。（米西，纽约，男模经纪）

怀着炒作的希望，经纪人努力生产这种兴奋。一位经纪人喜欢在电话里对着他的客户低声说"她已经准备好了"来表示他的模特在巨大成功的浪尖上。强烈地意识到地位的重要性，经纪人散布炒作之声去构建兴奋点，夸大模特的声誉。而客户们如何回应，就是另一回事了。

客户回应炒作

"经纪人可真差劲！"克莱夫是一位纽约的造型师，我和他是在一次为日本杂志的拍摄中认识的。克莱夫为国际先锋杂志和主要的广告大片选模特，他工作中的一大挑战就是辨认经纪人们的这些虚张声势。"大多数的经纪人总是在炒作夸大，"他解释说，"他们总是说得天花乱坠，但那不是真的。"因为经纪人们专业地忙于造势宣传，客户们倾向于对他们的热情泼一碗凉水。如同一位顶级杂志的面试导演说的，经纪人传播了很多废话。他们还指出，更有价值的资讯来源是其他的客户。

像经纪人一样，客户们也是热切的杂志消费者。如同他们中的两位提到的，他们狂热地着迷于杂志[33]。他们会特别关注最新的奢侈品大牌、专题页和署名。他们同样虔诚地点击产业资讯源网站 Style.com，更业内的话会在 Models.com 上追踪哪位模特接了什么工作。

除此之外，他们交流。他们一起出去闲谈，谈论彼此并且共享关于即将走红的新模特的意见。等到时装周再次到来的时候，客户们可能会听到很多关于我们在走秀面试上见到的模特的信息：

> 贯穿一季。我们几乎每天也都是在和其他面试导演聊天。他们是朋友，他们是竞争对手，他们是同事，但他们几乎都是朋友。所以在这一季里你开始会真的听到一些夸大的宣传，这个女孩怎样怎样怎样，然后你开始在杂志上查证，你看哪个摄影师是和她合作过的，你查看是哪个设计师……化妆师、造型师，这些都在建构着关于这个女孩的宣传。大部分的女孩，我们已经知道她是什么样。（奥登，纽约导演）

通过传播这些宣传，客户们期待听到证实作为回报，这样简化了他们找寻媒体时尚模特的过程。此外，八卦流言巩固了客户们相互间和与经纪人的关系，它铺设了接受帮助的路，凯莉关于 Karma-laden 面试的故事就隐含了这一点：

> 这真的是个帅哥。一个经纪人发给了我一张他的照片。但他可能对我们来说有点不太合适，但当我把他的照片发给与另一位面试导演共事的造型师朋友的时候，他也同样被惊艳到了。两秒种后，他们就打电话让这位模特去面试，那位模特经

纪公司的经纪人在电子邮件里对我说，"太谢谢你把他介绍给别家了。"（凯莉，纽约杂志编辑）

通过建立宣传声势，客户们可以和经纪人结成联盟。他们可以在一段时间后抵押这种青睐资源，例如他们在紧要关头或者在最后一分钟需要约下一位模特。

重要的是，客户们享受着成为这种宣传声势的一部分，他们分享对于时尚的热忱和对于前卫外形的尊重：

我会打电话给一些我合作过的重要的摄影师，跟他们说："你应该看看这个孩子！"因为这让人兴奋，同时你也知道，大家都把我们这行当做娱乐行业。我们希望可以让人兴奋，可以成为新事物的一部分。（雷娜，纽约面试导演）

客户们在媒体时尚中发现兴奋点和自豪感，每一季他们都期盼有机会加入这个可以重新定义前卫时髦的阵营。

当秀导、造型师和摄影师发现一个让他们兴奋的外形的时候，他们不会据为己有而是会尽其可能宣传出去。"把她留给你自己毫无意义，因为一个女孩的价值与她的职业价值成正比。"一位从业 14 年的纽约秀导大卫说。大卫首先会打电话致谢模特经纪人介绍这位模特过来，赞扬经纪人的眼光："我所做的是想要打电话给经纪人告诉他们，'哦天啊，我们爱她。我们都知道她将要成为明星。'"

之后，客户们就要打电话给他们全世界的朋友和同事们。

一个极端的例子就是大卫曾经订下一位全新的模特参与他负责的全部 17 场秀，这对于一个新面孔来说是个不寻常的数字了，任何一位经纪人和其他的客户们遇到这样的事情，无疑都是个可以大讲特讲的事：

> 所以我们就安排她上了 17 场秀，之后这位经纪人就有了资本。他可以给所有的大牌设计师打电话说："你必须见见这姑娘"，或者"如果你见到了这姑娘，你绝对会再见她一次的。她刚刚被定下走 17 场秀！"

大卫无法解释为什么会认为这个年轻的姑娘是出众的，但他的行动吸引了其他客户们的注意，因此表明他一定知道了某些他们还不知道的事情。这促使客户们跟随他的指引，进而诱导更多的客户跟随他们。这样一个大胆的起用获得了很棒的回报，如大卫所说的："因为那之后我可以说，直到今日那对我来说都是有好处的，我是在纽约第一个起用那个女孩的人。"通过在媒体时尚圈散布这些，客户们努力确保他们所选择的外形会成为明星。虽然客户们因推出明星而获得好评、获取权威，但也为了让他们的认同获得全领域的认同而努力工作。变得流行就是变成潮流引领者，这意味着有权力去改变潮流。

选择权和其他炒作载体

几年前，当顶尖的选角导演乔丹·贝恩（Jordan Bane）"发现了"新人塔蒂亚娜，一位纤瘦并且拥有不寻常外形的少女，他只知道她是走 Prada 秀开场最适合的人选。他告诉我，"第一眼看到塔蒂亚娜的时候"，是在他位于伦敦的工作室。"当我发现塔蒂亚娜的时候，就像啪一声打响指，是很内在的东西。我的意思是，我认为当这种身体反应发生的时候是很明显的。"

乔丹和他的助手每天分类整理一百多张模特的照片，大体一年会看三万张脸，他们寻找，如他所说的，"大海捞针"。如同老式购物，他说，媒体时尚的面试是关乎品味的："是一种品味，纯粹的品味。还有什么你可以描述的？为什么我会选择买这个椅子和沙发？只是填补了空白。你知道对我来说，这是很有意思的事情。"

但这还是一个社会化过程，事实上，塔蒂亚娜的价值像她之前来的女模们和在她之后将会出现的女孩一样，由羊群行为和身份驱动模仿所造成。

像其他几十位和我交谈过的时尚生产者一样，乔丹不知道是什么让像塔蒂亚娜这样的年轻姑娘引起他的兴奋。他"只是知道"如果一位模特对于他来说是合适的，并且"当他看到的时候就知道这点"。然而，不是每个人都能这样。取决于你在和谁交谈，而且至关重要的是在什么时候，塔蒂亚娜的外形或者是棒极了的，或者是不吸引人的。她非常前卫犀利：苍白瘦弱，长长的深色头发披下来，小脸上有一张锋利的小嘴巴和大眼睛。对于美国大众消费者而言，塔蒂亚娜并不好看。有着 14 年职业经验的纽约选角导演大卫说起 2005 年第一次在面试中看到她时的第一反应："就像是啊，塔蒂亚娜，额！（摆出个臭脸）……当她走进来的时候我好像，我好像是觉得，她是哪个贫民窟来的。"

那之后的一年，塔蒂亚娜登上了由精力充沛的摄影师史蒂文·梅塞掌镜的意大利版 *Vogue* 的封面，当春季秀结束的时候，她已经有了一个走过超过 50 场秀的简历，从 Marc Jacobs 到 Chanel。下一季四大时装周到来的时候，当塔蒂亚娜再遇到当初对她持怀疑态度的选角导演，他拼命地想要留下她。

"我不太能够预定下所有我想要的模特。"大卫解释说，"在我见完所有女孩后，我打电话告诉经纪人们说，这是我中意的女孩子们。他们通常不会立刻同意给我。他们问你的第一件事就是，'还有谁在这个秀上？'他们想要知道你选的其他人是谁。所以我总是不得不要那一个女孩，我想这一季是塔蒂亚娜。"这时他白了下眼睛，继续说，"你知道，当我的一个秀上有塔蒂亚娜的时候，我就可以想要谁就要谁了。"

然而，大卫的工作不仅仅是简单的复制前人所做的，因为即使是最有权力的时尚客户也不得不知道应该模仿什么。因此，他们依赖正式的和非正式的信息共享机制。关于非正式的，我们已经见过客户们如何传播关于模特炒作流言。还有一种正式的机制：选择机制。

前文提到过客户们的选择权，它让模特们在实际获得一份工作前先"预留"下自己的时间。虽然现实的 T 台秀面试可能只有几分钟，但是从时装周开始前几周，经纪公司发给客户们每位可供面试的模特的资料包的时候，选择模特的工作就开始了。每个经纪公司可以推荐 20 到 50 位模特，仅在纽约就有至少 12 家高端时尚经纪公司，这意味着客户要处理至少 600 张模特卡，每一张为争着吸引客户的注意力。在 2 月和 9 月，常见的景象就是一摞一摞的模特卡堆放在秀导办公室的墙边。在这些月份，客户们开始通过把模特们放进"候选"里为他们的秀进行预选。这个时装周前的惯例开始于传播炒作这一重要的工作。候选可以作为模特受欢迎的信号发送给所有其他客户们。在面试期间，客户们倾向于问模特，"哪些秀你在候选中？"借以让客户们清楚竞争对手的品味。

经纪人很快就利用候选机制去制造流言，例如："乔丹·贝恩刚刚选了塔蒂亚娜走 Prada！"对于大多数制作人来说，这是受欢迎的措词，他们大大减少了将塔蒂亚娜从另外 599 位相似质素的少女中选出的难度。

这些正式和非正式的炒作机制带来了积极的市场反馈影响，被称为"马太效应"，也就是说成功的人会集聚更多的成功（富者更富）[34]。一位有着好几个秀的候选权的模特被视为有着高需求，或者与那些没有候选权的模特相比更"热"。因此质量上的小差异会如滚雪球般变成受欢迎程度的大不同。

如今，选角导演大卫仍旧不能充分看出是什么让塔蒂亚娜这么受欢迎。"我可以看出几分，"他说，"但是现在，这不重要了。我怎么认为的现在已经不重要了。你知道，她现在就是最合适的。"就像在童话《皇帝的新装》中讲的，即使一个人不相信一个社会秩序的正当性，他也会遵从这个社会秩序，这是基于其他人认为它足够正当而去遵从，这是马克斯·韦伯所指出的一种经典的正当性状况[35]。很可能地，一个人可能不能掌握为什么一位模特会脱颖而出成为赢家，标签成就了它自身的合理性，而其他引领风尚的人会效仿他们地位更高的同仁们。

选择权使投资者能够预料到其他投资者的行动，引发群体行为，在其中，参与者们决定忽视他们自己的信息，而去效仿其他人在他们之前的决定。这些群体行为的结果就是经济学家所称的信息瀑布流，我们在像艺术、时尚和金融这些投机性的市场中看到它们（虽然模特声名的膨胀和华尔街股票估值过高相比要无害得多）。

这并不是说选择塔蒂亚娜是一个没有道理可讲的决定——几乎不；如行为经济学家已经发现的，从别人的行为中做决定是非常合理的，甚至以牺牲自己的信息为代价，或者在某种情况下，是牺牲他们自身的审美 [36]。模特市场同任何市场一样，拥有一定程度的任意性。优秀的产品不必成为畅销品，好的产品赢得市场，但次等货也可以。在 2006 年时装秀上取代塔蒂亚娜的，很有可能是另一位模特，例如来自新泽西州普莱森特维尔的莉兹，或来自俄罗斯海参崴的萨莎。

当萨莎以她的方式在伦敦和纽约模特界行走的时候，她开始了解这一点。讨论到模特如何爬到顶层的时候，她解释道："你的生活会是什么样，你去乔丹·贝恩的面试。出于某种原因他会想，'哦，她看起来像我妈妈 23 岁的时候。我喜欢她！'于是他就在所有的工作中都选择你了。"这并没有发生在萨莎身上，她最终还只是一张从乔丹·贝恩工作室里进来又出去的宝丽来照片。

图 4.3　秀开始前制作团队揭开 T 台防尘布

操纵等级制度

"模特经纪人们都是恶魔！"一位在商业杂志《现代》（*Modern*）的编辑突然挂断她和一位经纪人的电话后说道，电话那头的经纪人传达给她一个不好的消息，一位已经被确认好的模特不得不取消掉《现代》当日的拍摄，据说是因为即将到来的学校考试。这借口无疑被认为是个谎言，有了更好的工作时，经纪人总是以这些为借口来掩饰他们把低地位的客户工作取消掉而接更好的。那天我在《现代》所领教到的，是地位的重要性总是损害处在等级制度中底层的那些人。

当高地位的客户和低地位的模特工作的时候，他们抬高了模特的地位，将他们提高到一个新的、可以传递到其他客户们那里的声名等级。从这层意义上说，模特们可以转移客户间的声名，虽然在其他不确定的市场中质量的不同已经显示出来[37]。同样，在等级制度中低地位的模特也会拉低客户们的地位。一位面试导演告诉我，他曾经在一个时装周秀后接到一位经纪人的电话，因为他家的顶级模特和低地位的服装陈列室模特一同走秀了。这位经纪人强烈要求知道："刚才那个秀上的女孩是谁？"他的信誉就这样被质疑了。

雇了错的模特，那些不被有权利的人认为是"真的特别好"的模特，会降低客户的地位。最终，低地位的客户会损害或者降低模特的声誉。一位"真的特别好"的模特会因为拍摄了低地位的目录图册或者杂志而失去光彩。经纪人们因此在确认模特前谨慎筛选客户。

这种地位等级和经纪人们对它们的守护，给低等级的客户们期待约到"真的特别好"的模特带来了麻烦。这样一来，客户们的协商技巧就被证明是很有用的，例如利亚，他就为伦敦许多著名设计师做过走秀模特的面试：

在杂志里就像有一个模特的等级制度，他们让做什么就做什么。很多时候自从他们管理模特的职业后，他们就会说，她不能拍你们的杂志。或者说她已经要做这个了，不能做你们的。所以他们有时候会阻止。我要么就去求他们，要么就给点好处，试图得到我想要的。（凯莉，纽约杂志编辑）

因此部分客户的工作就是用社会关系网来操纵声誉等级制度。例如在一本低地位少年杂志工作的凯莉所说的：

在杂志里就像有一个模特的等级制度，他们让做什么就做什么。很多时候自从他们管理模特的职业后，他们就会说，她不能拍你们的杂志。或者说她已经要做这个了，不能做你们的。所以他们有时候会阻止。我要么就去求他们，要么就给点好处，试图得到我想要的。（凯莉，纽约杂志编辑）

"给点好处"，凯莉会给经纪人们一些奖励来让他们接受她的工作，例如增加模特所上的杂志内页的页数，或者承诺这位模特会单独上一组页面而不是和别人共享。在时尚的地位等级中，处于低层次的地位意味着要操心很多事情。凯莉告诉我，"就像在中学一样。"就像在中学，在等级排序中一个更高的身份会得到实实在在的好处。

给美丽定价

经纪人们说到底也是销售人员。一位经纪人描述她的工作为"被美化的电话推销员",从事着包装和销售人的工作,而另一位的描述则是"合法的皮条客"。这份工作需要做日常的销售工作:"基本上说是非常兴奋而又有美化效果的销售",一位伦敦的经纪人强调。

经纪人们并不是按照预先决定的市场价格出售模特,因为这根本不存在。《纽约时报》评论时装周说:"在业界有一个公开的秘密:对于模特的服务来说没有所谓的固定价格。"[38] 因为模特的人力资本是模糊的,她的生产力是难以觉察的,她对于投资的汇报也是基本上未知的。制作人们虽然难以衡量模特们的生产力,但可以通过追随定价约定生产出一种跟随市场的意识。在时装模特市场中,经纪人们构建社会关系并且分享喜好、日常活动和规范——一言以蔽之,就是惯例——让他们可以在什么是有价值的外形上达成共识[39]。

经纪人们和客户们遵从圈内特定的惯例去制定对于模特们不同概念下的"合理的价格"。一旦经纪人们怂恿了任何一位客户去雇一位模特,他们便开始从自认为能够侥幸获得的最高金额开始谈费用,他们利用这种谈判协商,努力将费用控制在一个高的水准。谈判协商被许多经纪人看作是一项刺激的运动,基于只有分别在媒体时尚和商业时尚圈子里才会有意义的理由。

在商业时尚圈，经纪人们基于模特的"名字"来证明所要费用是正当的，这就是说是基于声誉和经验，费用在不同模特身上的差异会非常大，有时候甚至是 2 到 3 倍。例如，一位在 Metro 的资深经纪人用我的记录，夸大了 1 万 3 千美元作为例子：

这是你已经完成的工作的水准。换句话说，如果 JCPenny 想要雇辛迪·克劳馥（Cindy Crawford），我会说她的价格是 5 万一天，他们会说，好啊，我们将用阿什利·米尔斯（即本书作者）。她就是 1 万 5。显然，辛迪价格高是基于她之前的成绩，事实上她已经做这行比阿什利长三倍的时间了。（林恩，纽约经纪人）

经验在商业时尚圈是很有价值的卖点，说明模特可靠并且也被其他人看好。此外，如果她重复为一个客户工作，那么经纪人就希望费用可以有稳步的提升，因为她已经被证明对这个客户来说有价值了。经验对于服装陈列室模特和试装模特来说尤为重要，因为这证明了在服装陈列室里的资格：

经验，如果她已经做模特有一段时间了，并且有很好的经验，走台步也好，她就值较多的钱。反之，如果有个女孩只是刚刚起步，她能够找到工作就很好了。（奥利维娅，纽约经纪人）

虽然服装陈列室工作费用占很小的比例，但它们在模特间的差别也很大，一天八小时从 500 美元到 1200 美元，一小时最少 150 美元到 300 美元。服装陈列室经纪人最终会利用一个模特在其他服装陈列室客户那里的受欢迎程度作为涨价的根据。由于在第七大道有几位设计师都在几小时内争着要稀少的"完美 8 号"身材的样衣模特试衣，Metro 可以为其顶级试装模特叫价到 500 美元一小时。

相似地，在媒体时尚领域，经验也是一个很好的卖点，所以经纪人玩转那些放出的流言来吸引那些之前对他们的模特有兴趣的客户：

在时尚界，有些人关注于女模之前做了什么，她和谁合作拍摄之类的事情。只是为了安全，他们可以这样随大流，我会告诉客户。"是的，她做过这个，她也做过那个，还做过那个。"你知道，这会给她要到一个好价钱。（克里斯托夫，纽约经纪人）

金钱对于媒体时尚的经纪人来说并不是重要的，他们知道一份收入很少的工作会在地位上收获颇丰。这种情况对于那些由大牌摄影师例如史蒂文·梅塞掌镜的拍摄总是如此，他的声望就是无价的了：

如果这是史蒂文·梅塞掌镜的工作，可能不管拍什么、多少钱，他们绝对会有人做这个。如果是大牌的摄影师，他们会尽可能地谁能入选就推荐谁。（希瑟，纽约经纪人）

放眼于未来，经纪人放弃短期的收益以寄希望于名声和传闻将会在长远取得巨大的经济结果。这就是为什么有些高端的广告工作，例如时尚奢侈品品牌的硬广，可能只付几千美元。一位男模告诉我曾经为 D&G 的国际广告拍摄，但只收到 800 美元，虽然这个数字没有经过证实，一位男模经纪人这样讽刺道："与 D&G 需要你相比，你更需要 D&G。"

同样，大多数时装周上的设计师不会付钱给第一次走时装周的模特，或者只付给每场秀低于 1000 美元的酬劳，或者作为交换，给她们前几季多出来的样衣。随着模特们名气急剧提高，变成大牌，她们每场秀的酬劳也会增加，因为有了更多的投标人为她们的日程投价，顶级模特会吸引报道，增加设计师的宣传度。但是他们也需要提高竞价资金，为顶级模特的走秀支付差不多 2 万美元的出场费。

有时候，如果经纪人知道客户真的想要这个模特，就会坚持并且有失去这份工作的风险，要么全有，要么全无。这一大胆做法的核心取决于社会关联性和经纪人与客户们共享的过去经历：

你知道他们有多需要那个姑娘，未必是听他们亲口说，而是从他们之前所做的事情看出来，他们之前所说的听出来，从他们如何工作和每件事情中知道他们有多需要那个姑娘。这是和这些人建立良好关系的好时机，因为你清楚地知道，在他们崩溃并且说"好吧，把我的钱都拿走"前你能走多远。（埃丽卡，伦敦经纪人）

　　对于每份工作来说，利己主义的谈判意味着工资会依据模特的不同而差别很大，即使他们做的是平等的工作，这种不平等激怒很多模特。为了避免冲突，经纪人们努力阻止模特们彼此谈论收入。在时装周期间，我的工作单的最后一页会印有："不要谈论薪酬！！！"推测起来，我赚的应该比其他两位模特要多，但又貌似，我可能赚的更少些。

　　价格讲述着在买家和卖家的社会关系间丰富的故事[40]。一位模特的费用告诉我们关于她的职业的故事和她的经纪人的眼光。经纪人遵从惯例为模特定价，意味着他们遵从通过共享历史经验和相互期望所学到和复制的规范和规律。但是，惯例只是通过个人行动集成得出的标准规范，是可以打破的，有时候也是反复无常的。唐是纽约的经纪人，他讲述了在 20 世纪 80 年代**晚期**刚开始做模特经纪的时候，曾经天真地打破惯例，为一位顶级模特索要天价酬劳的故事：

　　　　他们说，你想要多少钱？我说 25000 美元。当然，我当时是个初级经纪，我什么都不懂，那真是个玩笑。当然现在这是个标准，但那时候真的没人为拍目录要价 25000 美元。他们说，好，就定她！（笑）

　　因此有多种多样的酬劳——顶级模特的 25000 美元，一大袋子上一季的样衣，史蒂文·梅塞拍摄的照片，15000 美元雇佣阿什利·米尔斯，对应于针对这一市场的特定社会范畴和关系。

而经纪人和模特不得不学习这些门道，连那个最精明的甚至也常常把它完全弄错。

何时止损

惯例减少不确定性，但不一定总是有效。事情有时还是会出错，这导致每日办公室里的戏码满是不再卖座与陨落。

不再走红是最大的伤害。这是曾经红极一时的明星无法预料的失败。每个名模的惨淡都是对经纪公司财务和经纪人名声的双重威胁。不再走红让经纪公司的账目艰难，经纪人可能已经花费了模特的职业生涯没有能力偿还的大量开销去推广他们。除了模特卡、试拍和照片这些基本开销，模特们需要签证、机票和房租。他们需要零用钱度过赚第一笔钱之前的日子，而可能还会有大量无法预知的其他开销，例如健康上的紧急情况。每个经纪公司都有几十个负债的模特。在 Metro 最极端的欠债账目是 15000 美元，而在 Scene 是 3500 英镑。事实上两家经纪公司为了让账目正常而施加给经纪人和会计们的压力都是相当小的，两家经纪公司都没有可以赚钱的运动员或者被认可的名人可以迅速挽回损失。失败的投资凸显。

债务问题是赌局的诱饵，一个诱人的博弈游戏对于会计来说时常见证经纪人们的屈服：

一旦你有这么一个有大量负债的模特，有时你会看到，可能这个模特不会挣钱。你不会想要承担 15000 美元的损失，你

想要模特有几份工作以收回公司的债务。你会越陷越深。就像你什么时候去剪断绳子，你能明白吗？（乔，纽约工作人员）

媒体时尚的经纪人在这个赢者通吃的竞争中追逐高收益，时常会持续投资一个从客户那里得到不良反馈的模特。在Metro，经纪人说过最近一次投资失败花费了经纪公司超过15000美元的事情，这都是因为一位固执的经纪人预感这位模特的外形将会博得头筹。但由于一些没人能解释的原因，模特没有走红。这类故事使得那些对市场更加敏感的商业经纪人和展示间的经纪人颇有微词。他们动用较少的筹码，玩得更加安全，简单地放弃那些不被客户雇佣的模特。

因为Scene在伦敦，一个有着丰富先锋杂志的时尚之都，它面临的问题是媒体时尚界的人才流失——来自全世界的模特们来到伦敦只会工作几个月，这个时间长得足够拍摄顶尖杂志和攒够费用，但不够确保有稳定收入的工作。然后他们就离开了，拿着在伦敦积攒下的媒体时尚界的声誉去巴黎或者纽约赚钱。他们不可能回到伦敦来摆脱债务。"我们不期待能再见到你，"在我们的访谈中，这里的会计对我解释了这一移居问题。

他提到了在模特生涯的第一年里我留给Scene的1500英镑债务，最终在之后的两年半里偿还。由于外籍模特的风险太高，Scene将最近星探工作的重心放在了英国本土。

经纪人可能会做好每一件事情，但是模特们会搞砸一些事情。可能她参加的派对太多了，可能态度不好，可能太想家或者朋友，或者嗑药、酗酒、体重暴增、皮肤不好，或者只是单纯的不会或者"不想"表现出理想的个性，即使经纪人们再努力和警告，她终究是块"湿抹布"。经纪人把这些问题以及其他的"个性矛盾"，看作是模特们令人讨厌的个人失败，这会导致被放弃。

然而，经纪人很不情愿放弃模特。他们拥有个人关系和共同的过去，毕竟，许多经纪人看着模特们一步一步从青少年长大成人。"终止谈话"结束了经纪人和模特之间的工作关系，同时，无法避免的，这对于经纪人来说不是件让人高兴的事情，他们甚至描述其为"可怕的"。经纪人惯用的是："我们不是适合你的经纪公司。"

最终，经纪人和模特们可能会做好每一件事情，但他们仍旧会遇到挫折——客户们可能就是不上钩。这时，经纪人会觉得无助，如卡尔解释的："如果客户们没有要她，我们也没什么可做的。你不能强迫客户去要一个模特。"超过卡尔的视野，会有着意外、无常和轻率的巧合推动进程而不是随意的。例如，为时尚广告而选择一位模特的时候，托马斯记起了一位旧爱：

> 我不知道要告诉你什么，你根据理念选择，但是也有时会因为外形、脸和那张脸让你想起的什么而失去理智。例如，一次我选了一个女模，因为她让我想起我曾经睡过的一个人。当然，这很荒唐，但这是真的。(托马斯，纽约艺术总监)

同样，意外的发生也排除了一些模特，特别是在繁忙的日程里和大规模的面试中。在一个纽约大牌设计师时装周秀的现场，我观察到，两位负责面试的造型师正在愉快地谈着配饰和灯光，突然，其中一个喘着气从椅子上跳起来："啊，我们忘了埃米莉！"指着她旁边椅子上一张皱皱巴巴的模特卡，她说："但是她是天才！哦，不！"在匆忙的面试、时装和确认中，埃米莉的模特卡落在路旁，但秀必须进行下去。

对于经纪人来说，无法解释的失败是难以处理的，因为他们会因此怀疑整个媒介过程。正如模特对于被拒绝的感觉，在这里也是经纪人的感受——也没有什么帮助来理解它。

奉献的幻想

是什么使得一位模特成为高价值的商品？这个问题的答案可以从经纪中介的社会实践中找到。任何一位模特获得成功，都是凭借在媒体时尚界可见性的斗争中获得胜利的经纪人和客户。

经纪人是时装模特市场中供求关系链的连接者。他们发现、塑造并作为经纪人安排这些身体变成时尚的外形，使之流通于全世界的流行媒体中。在每一张你看到的广告牌上、T台上和杂志上的男模女模背后，是经纪人们的身影。

经纪人们一头扎进一个独特的文化世界中，在这里赢者会失去一些东西。媒体时尚经纪人们为了利益而运作声誉，同时，商业经纪人们积累稳定的、可预知的酬劳来维持经纪公司的运作。从这个相互影响的经济和符号价值中，经纪人们从主观的知识中建构了一个客观的市场价值，品味、感受和"炒作"转化为了实实在在的收入。为一个外形定价是经济活动，也是文化活动，这发生在每天文化遇到商业的实践中。经济价值因此从经纪人与其他经纪人和客户共同生产出的文化产品中出现[41]。因为他们在一个圈子，经纪人可以"看"出模糊分类中外形的不同，他们的"眼睛"让他们可以在"前卫"和"温和"中找到区别。

这种眼光是一种诡计，是一种在光学下的社会错觉。经纪人集中地误认他们的个人知识并分享社会和文化空间——他们和他们的竞争者、他们的客户们在夜店或者 KTV，在数不过来的午餐和晚餐上。经纪人的眼光基本上是一项关于关系的技能，它看到的不是美貌，也不是天赋，而是在声名竞赛中的地位。

经纪人的眼光类似于客户们对于前卫的品味。对于前卫外形的寻找是对于领域内特别权威的争夺，在此客户们会努力让自己留名，不仅仅是变得不同，而且在正确的方向上变得不同，变得早一步，变得像赫伯特·布鲁默所说的，"变得流行"。

变得流行所需要的不仅仅是逢时的外形，还要有方法和高段位的参与者。客户们只是知道哪个模特是"对的"或者"很好的"，因为他们知道的比他们之前的普通的模特多。他们知道这行里的职位和地位，也了解他们自己的调遣能力。

因为他们在时尚界——一个以对创意精神的信仰为前提的艺术世界——工作，客户们延续着自主创造者们受欢迎的史诗神话。这神话给了像乔丹·贝恩这样的选角导演很多好处；借给他一种魔力，将其转化成每个他面试的秀的客观的咨询费。客

户们用毋庸置疑的口气谈论品味这种天然不确定的东西。他们
快速果断地处理模糊难懂的想法，特别是相对于学术领域而言。
例如，我反复琢磨慢慢讲清楚我的确切观点。文化生产者们必
须做出明确的决断，假装对于市场的失败漠不关心。沉迷于怀
疑是质疑任务的本质，危害其成就。客户们相信游戏规则、视
觉幻想，因为这是唯一能够完成工作的方式。

但是，客户们极速的认识和修辞掩盖了"承认的政治"，这
种危险战略为未来将是什么样的外形而结盟和斗争，同时也为
了谁将有权为其命名。客户们似乎在市场中持有最大权利。毕
竟，他们是模特和经纪公司最直接的顾客。然而他们也处于危
险的境地，甚至对于最高端的参与者而言，也无法避免失败的
可能。客户们共同探索新外形。面对相当大的模糊性，客户们
求助于彼此、工作网络、模仿、构造和传播流言炒作。从这些
过程中浮现出了被众人共同推举出的"年度女孩"。她和其他人
并没有什么明显不同，除了这被选择的光环。

因此，创意者自觉地创造了他们自己[42]。他们的权威来自跟
随行业风潮，因为他们没有其他可以依靠。这样做，他们共同
忘记他们已经创造的。在他们不确定的话语中，经纪人和客户
们误认他们的努力工作，允许其甚至对于他们自己也变得无形，
以便于当他们"发现"一个外形的时候，它的发生像一个魔法。
这些引领风尚的人已经被他们自己迷住。

客户们集中品味的浮动变化最终决定媒体时尚市场将会提
供什么。在媒体时尚市场中，这些未能意识到自己对外形的影
响的参与者，他们之间无形的惯例促生出一种孤立的品味。惯

例的力量，如同我们将看到的，将经纪人和客户在两个有争议的点上挟持：瘦和白。

5

第五章

0 号码的高端种族

抗　议

2007 年的早春，在一个典型的英式多云的午后，一队大部分是女人组成的抗议者聚集在伦敦自然历史博物馆大门外的克伦威尔路上。她们不畏寒冷，呼喊前行，以正义之名面对伦敦一年中最不公正的时刻：时装周。女权活跃分子苏茜·奥巴赫所创建的 any-body.org 组织旨在倡导积极的身体形象，组织第一次游行抗议，目的也是给英国的设计师、杂志编辑和模特经纪人传达这一信息。她们所抗议的时装周问题——这个为期一个月的设计师系列国际展示活动跨越纽约、伦敦、巴黎，终结于米兰[1]，并非是时装周本身，而是关于时装模特。其中几个标语写着："我们想要身材的多样性"、"将女性从身材仇恨中解放出来"、"支持 T 台身材的多样性"。接下来的走秀季，横跨大西洋，另一种形式的多样性也作为明显的缺席者被讨论："所有的黑人模特都在哪里？"这就是在纽约公共图书馆由产业领导者出席的专题讨论会"时尚之外：缺席的颜色"上提出的开放问题，旨在解释有色人种模特的人数在 T 台上的下降。

在这一过程中，这些批评者们提出时装模特从质朴田园走向不切实际，从幻想走向噩梦，从有趣的偶像变成痛苦的工作者。她们被认为具有攻击性，并非现在日常女性的代表[2]。她们太年轻并且太过于纤瘦，穿着 0 码的衣服，有着低到有危险的身体指数（BMIs）。两位拉丁模特于两个时装季后死于厌食症的并发症，引起了国际的广泛关注。她们太白，近乎英国人专有的长相，超模娜奥米·坎贝尔和设计师维维安·韦斯特伍德投诉了这一现象，两位提出对全行业的种族主义的指控[3]。

这个对 T 台更多样化的呼吁并没有取得什么效果。一样阵容的模特从 2006 年春夏的 T 台一直走到 2007 年春夏，尽管媒体们报道了这一争论，在马德里也出台了模特最低 BMIs 指数的禁令，还有每月集会给美国时装设计师协会施加压力，让他们承认并且向种族歧视宣战。2008 年，在最高发行量的 7 月刊上，*Vogue* 意大利版全刊起用黑人模特这一举动无疑是对媒体批评的反应，但是，在大环境下，时尚杂志还是未充分代表少数族裔。批评者指出，继续选用极度纤瘦并且极度白皙的模特是时尚圈中的性别歧视的证据和种族主义实践[4]。女权主义者和交叉性理论者已经对此争论了很久，在文化表现中，性别和种族的确会拥有强大和连续的社会力量，让时尚广告可以像儿童读物和政治广告一样形形色色[5]。然而，社会学家们承认了时尚中显著的性别和种族特点，却缺少对于这些文化产品的生产过程的理解，生产者对于性别和种族的看法对于成品，即外形成型的作用。有鉴于此，我们应该提出的问题是：种族和性别如何在时装模特市场中影响文化生产者们的雇佣实践？

截止到目前，我已经使用了艺术世界的类比，试图层层剥离劳动与惯例这些组成外形的因素。直接站在照片背后的是模特们还有他们的肉体和他们的情感。在模特身后的是负责牵线搭桥的经纪人，操纵人力资本。最终在经纪人身后的是客户，这些创造风尚的人争夺着确认外形这一权威。在他们所有人的背后是约束人类行为的不平等的社会结构模式。男性与女性的差异以及种族和阶层的文化理念限制了这个领域中多种外形的可能性。

本章探讨社会结构力量在塑造外形中的作用。我阐述了在模特产业中生产者如何在两个公开的问题上权衡他们的决定：极瘦和种族排斥。当我采访业内人士的时候，我想知道他们是如何谈论这些业内问题的，他们是如何看待自己在催生这些问题时所充当的角色的，他们是如何做出可能有潜在问题发生的雇佣特定模特们的决定的。而我发现很多对于 any-body.org 组织及娜奥米·坎贝尔的同情，但同时也有很多恐惧。如我们在上一章所看到的，当经纪人和客户们挑选模特的时候，他们面临着强烈的不确定性。在制度化的约束下，生产者们依靠公约惯例、模仿、套用模版来指导他们的行为。他们日常对于女权主义、种族和阶级的理解所建构起的美丽，将会与想象中的消费者产生共鸣。

时尚形象的意义

模特们所做的不仅仅是推销时尚。模特的外形推广、宣传着女人和男人应该是什么样的理念。模特们通过专业地"做性别"（do gender）与其他社会地位例如种族、性取向和阶层关联[6]，对于模特和他们的性别、种族的意义则有着无止境的评论。

身材缩水的模特

作为性别操演的指示，时装模特们所展现的就是那些女权主义者们所批评的压迫美丽的标准，对女性身体的物化和剥削以获取资本利益[7]。在女权主义理论中，男权主义（父权制）及其生产的资本模式是倚靠对女性身体的贬低和提升理想中的美丽与现实的差距。如多萝西·史密斯（Dorothy Smith）曾经提出的，理想的女性美（和现实身体与图片中的差距）是不断追求生产的资本主义机器中难以剥离的一部分："总是有工作要完成。"[8]

但真正的问题在过去的三年就已经被媒体关注，那就是不断扩大的高端时尚的差距——模特们难以置信地瘦，以至于他们的批评者们声称现在的 T 台审美是疯狂的甚至是致命的。研究者们一贯地认为瘦从 50 年代末开始成为女性的理想身材，这能够从《花花公子》女郎、美国小姐选手们和时尚杂志广告中看出来[9]。国家妇女协会（NOW）频繁地指出在时尚界的理想身材与现实生活中的巨大差异，声称模特的平均体重只是普通女性的 77%，然而在 25 年前，这个差异只有 8%[10]。现今，美国时装模特的平均身高是 1 米 80，体重是 117 磅，然而美国女性的平均身高只有 1 米 63，体重是 163 磅[11]。内奥米·沃尔夫（Naomi Wolf）在她的著作《美丽神话》中的女权主义观点是，女模瘦身这一表现与女性的社会地位提升同步发生。当女人获得政治上和社会上的地位的时候，对于美丽的意识就更趋向极端的苗条和完美。因此在沃尔夫的作品中，模特们是反抗男权社会和政治目的的代理人。

　　不仅仅女性的身体是商业上重新定位的领域，在最近几十年，男性也加入了女性这种追逐完美身材的行列[12]。当大众媒体投入精力关注在模特业中超级瘦削的女性的时候，少量报道会指出在男性模特的身材尺码上也会有类似的缩水，同时也有类似的瘦削轮廓出现在 T 台上[13]。在媒体时尚男模领域，设计师的样衣已经由 90 年代中期意大利的标准码 50 码收缩到现在的 46码，这大体上相当于美国码的 38 码。媒体时尚男模体重被预期在 145 磅到 160 磅，身高最低要达到 1 米 83。而美国男性的平均体重则从 1960 年的 166.3 磅增长到 2002 年的 191 磅[14]。

　　这种现实与理想的差距对于女性来说是个大患，在父权社会中女性的身体是稀缺的，在人力资本经济中，所有的身体都在为自我完善而努力。然而，这种女权主义的分析回避了时尚如同一个文化生产过程，这样做不能真正解决 0 号码的问题：为什么模特要那么瘦，而真正买衣服的大多数人其实没有那么瘦？什么样的目光看到的身材是在 0 码，是以什么为目的？

黑人模特都到哪里去了？

　　身材是人种编码，0 码外形来自一个种族：白人。基于 Style.com 上 2007 年春夏系列秀场的数据，172 家时装屋展示了春夏系列，约有 677 位模特[15]。我发现其中有 27 位是非白人模特——深色皮肤或者亚洲面孔。这低于走 T 台展示人数的 4%。类似的，在受欢迎的业内网站 Models.com 上，有一个全球五十大模特排名，都是在杂志、秀场和广告大片上很有地位的模特。2007 年的 11 月，有 60 位模特上榜，只有两位黑人：基内·迪乌弗（Kinée Douf，排名第 47）和香奈儿·依曼（Chanel Iman，排名第 29），还有两位亚洲面孔：杜鹃（排名 40）、朴惠（排名 16）。之后的 2008 年春夏系列，《女装时报》也有一个类似的统计，发现在 Style.com 上发布的 101 个顶级秀上，31 个秀场上没有一位黑人模特 [16]。为什么很少有有色人种模特？

自从 20 年代末模特工作正式成为一项职业到现在，非白人模特一直处在这个行业的边缘。随着"二战"后美国黑人中产阶层消费能力的提高，非洲裔美国模特被称为"黑色钻石"，出现在广告副刊中——原来针对白人观众的广告被复制，起用浅色皮肤的黑人模特去影响少数族裔的目标消费者 [17]。黑人模特频繁在黑人族裔刊物中出现，例如创刊于 1945 年的《Ebony》。在 60 年代，更多的非白人经纪公司涌现，例如 Black Beauties 向美国市场提供"黑钻石" [18]。

融入主流时尚市场始于 60 年代，这一时期黑人变得又符合审美又有利于商业，著名的 Wilhelmina 经纪公司以不再分化市场地推广黑人模特作为与竞争对手 Ford 模特公司拉开差距的手段。截止到 60 年代，《时尚芭莎》杂志已经有了黑人模特封面，贝弗莉·约翰逊（Beverly Johnson）在 1974 年打破了白人模特对美国版 *Vogue* 封面的垄断。1969 年，娜奥米·席姆斯（Naomi Sims）被认为是第一位黑人超模，登上 *Life* 杂志。当时的封面标题为："黑人模特登上舞台中央"。内页里面的人物故事写道："你看之前的那些，你可能是有史以来对黑人的成功最有说服力的证明。"[19]

　　当然，从 1969 年到今天，非白人模特仍旧远离中心，模特仍旧远离重要的社会权利位置。不仅仅非白人模特发现在主流时尚市场有较少的工作机会，深肤色的女性相比普通的白人身体也继续被放在异域的位置上[20]。如时尚理论学家丽贝卡·阿诺德（Rebecca Arnold）曾经提出的，70 年代见证了在高端时尚界黑人模特和亚洲模特数量的上升，然而这些模特主要在照片拍摄和走秀中被用来诠释"异域"主题，选择他们是为了增加"对于当时流行思想的额外颤动"，这些理念是为白人而产生的，也是出自白人的[21]。文化理论学家认为如果不同时研究人种和阶级关系，女性的表象是不会被理解的[22]。从医学和科学课本中解剖土著女人的"异常现象"到现今嘻哈文化美化臀部，一个帝国的目光凝聚在非白种女性的身体上。西方文化对于非白种女性身体的强烈着迷是一种控制手段，例如围绕在约瑟芬·贝克（Josephine Baker）臀部的风光或者对莎拉·巴特曼（Sarah Baartman，1810 年的"霍屯督的维纳斯"）的尸检报告。男性的表象中，非白人男子常被归为危险、有性威胁和病态的，以此稳固白皮肤中产直男的社会主导地位。两性的刻板模式有助于标明人种的差异，他们构造"纯种的白人女性"，将其作为被保护者，他们使得少数民族成为从属[23]。

　　带着这个历史包袱，两性、性别和种族的不平等成为了决定女性和男性表象的互构力量。在时尚界，模特的"外形"是社会不平等的视觉体现。对于交叉性理论者来说，外形是一面社会不平等的镜子，是权力的表象。外形是权力表现的象征，是性别、种族、性取向和阶层的交接点，是我们想象中的社会差异和幻想的视觉表现。

作为文化产品的表象

社会表象是有作用的。它们为客观事物注入文化含义，它们将人们区分到不同的社会范畴中，它们设计着个人行为、道德和渴望的脚本[24]，但还是要把工作完成。对其所有的文化意义而言，外形从根本上说是一个文化产品，是有组织的生产过程的成果。和在其他的艺术世界一样，时尚外形的产生需要行业共识，共享做事情的方式。我在上一章曾经讨论过，对于文化中介去操纵不确定并且模糊的文化生产过程来说，惯例是特别重要的。但惯例也会让时尚成果来得困难，这一点很多生产者们忽略了。面试模特的惯例在每个模特细分市场都有不同，挑选目录模特有一系列选择标准，这就和媒体市场有着系统性差异。为什么这些惯例总是会选择瘦的、种族排斥的外形？

当模特代表根深蒂固的性别和种族不平等的时候，模特的身材成为他们自身为了向商业或者创意领域发展的自我筛选结果。模特市场必须通过组织和生产过程，调合性别和种族的社会结构力量。因此问题不在于模特服务的性别和种族不平等，而在于性别和种族的观点是怎样被施加到外形上。时装模特产业从目录拍摄到 T 台走秀，成为探索社会不平等如何在这些看似不太可能的地方复制它们自身的例证。

外 形 分 类

　　一个奇怪的现象是，白色皮肤、0号尺码的外形并没有弥漫于时尚市场的每个角落。它们易于在媒体时尚领域出现，而不是商业时尚中。为了更好地了解这种媒体时尚的外形，我们必须还要调查它的对应面，商业外形，和传统上对于两种时尚生产理解的系统性差异。

　　如我们所见，"经典"、"温和"的商业外形，产生可靠的高并且稳定的收入。试图去描述商业模特的吸引力和目的的时候，英国和美国的生产者们都经常提到性吸引力、"外行"和"美国中产阶层"，有时会举例说"我妈妈""堪萨斯"和"俄亥俄"。将这些词集合在一起，给我们提供了可行的商业模特定义：（1）被堪萨斯的外行人所认为具有性感吸引力的人，或者（2）美国中产阶层妈妈觉得漂亮的人。或者，例如伊莎贝尔，一位伦敦的秀导说的："美得不锋利，就是这种女孩会走维多利亚的秘密秀，会走 Sports Illustrated、JCPenney 和 Macy。你知道，易于接近大众市场中女性想要的外形，被男性喜欢的那种外形。你知道，是大胸、金色长发或者至少有一些像充满魅力的吉赛尔那种类型的。"

　　与"无趣"的商业外形正好相反，"前卫"的媒体时尚模特是独一无二的。有些生产者用"竹竿"、"不正常"和"怪胎"来形容纯时尚界的外形和身材。只有特定的受众才会"接受"

媒体时尚类型的模特。在纽约，希瑟解释道：

> 就像你有一幅你认为很美的画，但别人看了都会想："天啊，她一定疯了，这画丑死了。"但是这不重要，因为这就是一幅艺术品，你发现了它的美，这才是重点。媒体时尚也是这样，是摄影师在拍广告大片，他们看这个女孩，他们认为美。她是他们的艺术作品，他们将她作为艺术呈现，而并不是制造卖点，所以不必迎合每个人。（希瑟，纽约，经纪人）

"不是为每个人服务。"星探这样解释，就意味着不是迎合大众审美——并非引诱他们消费，或者引起他们兴趣甚至对他们毫无意义。这是因为媒体时尚的外形意味着吸引高端时尚消费者和其他精英制作人，是对欣赏前卫美的文化素养的暗示。他们（模特）主要被选择为这些业内人士例如杂志编辑、造型师和时尚买手留下深刻印象。

这并不是说媒体时尚就不在乎销售。媒体时尚因服务于产生巨大的利润而存在，即使与商业圈相比是通过非常不同的手段。鉴于商业模特受雇于直接目标和直接与消费者建立联系，媒体时尚模特则受雇于传播品牌价值和唤起奢侈生活理念。只间接通过产品授权协议和成衣销售规划进一步消费来转化利润。

因此这种媒体时尚与商业时尚的区分，成为让生产者们弄清楚想象中的外形消费者的阶级差别的代理。媒体时尚外形作为精英品味的标记，相对于商业外形和他们所代表的大众市场审美更有声望。我们可以形象地将时装模特们想象成以等级制

度和相应着装规范聚合的群体，蓝筹股媒体时尚的就穿着 Prada
和 Gucci，商业的中间阶层则穿着塔吉特百货针织衫在另一边。
穿着 Prada 的模特或者塔吉特百货针织衫的模特之间可能没有什
么具体的生理差异，但起重要作用的，是他们各自的广告的商
标让他们不同。换句话说，这决定了内容。意大利版 *Vogue* 是
"前卫"，而塔吉特百货则是商业。

所有这些都在说，在高端的媒体时尚市场中，any-body.org
的主张被无视了。设计师们和秀导们选择模特去时装周，并不
依照外行人或者"妈妈"的眼光，也不理会门外的抗议之声。

媒体时尚和商业模特之间的这道裂缝和商业模特界相对的
贬值，是理解经纪人们和客户们如何寻找恰当的外形的关键，
因为阶层是时装模特领域组织的典型特征。制定他们各自的阶
层内涵之后，我现在研究生产者们怎样在这两个市场中建构和
操纵选择模特的合法标准，以及这个标准如何将两大难以取悦
的因素——尺码和种族放入他们的雇佣决策中。

吸引所有人：商业外形

首先考虑什么是"普通"，这就是商业圈。与媒体时尚圈相
对，"漂亮"的商业外形是稍微有点年纪，稍微有些种族多样化
的，以及丰满。

邻家身材

不管在 Metro 还是在 Scene，商业男模和女模都会比媒体时尚模特们块头大一些。媒体时尚女模穿着 0 到 4 号的服装，年龄在 13 到 22 岁，而那些"Money Girls"的尺码在 2 到 6，年龄从 18 到 30 岁甚至更大。36 寸的臀围在媒体时尚领域是无法被接受的，但在商业领域则很常见。媒体时尚男模倾向于瘦到腰围 28 寸、胸围 36 寸，而年龄则在 16 到 25 岁，而商业男模的职业年龄从 18 到 50 岁甚至更大。

回到我们在伦敦时装周上的抗议者这边来，any-body.org 呼吁 T 台的多样性，而不是在 JCPenny 或者 Marks Spencer 目录上的模特多样性，伦敦的面试导演莱斯利·戈尔坦率地告诉《伦敦时报》，人高马大的模特"不会卖出和他们身材相匹配的秀款系列"[25]。但那些"经典的""可以达到的"邻家女孩身材可以在商业领域起到作用。在商业领域的市场终端，体型和肤色的多样性是普遍的，因为商业模特努力去迎合买家的人口统计结果。这是一种直接营销行为，如一位造型师所解释的：

如果你看一个 Old Navy 品牌的商业片子，例如有个屁股大的黑人女孩，她真的很普通，就像你在街口一起喝咖啡的好朋友，有三个白人女孩作为背景围着她跳舞……这就很像，"我们的品牌的受众是所有人，我们不想变得小众，因为我们想卖东西给所有人，卖东西给所有人意味着吸引每个人。"这就是商业

模特。（克莱夫，纽约造型师）

请注意这里带有种族意味的"大屁股"，还有对 Old Navy 风格模特们的蔑视：他们只是普通的，普通的身材，与普通大众消费者保持一致，如同一位选角导演所解释的：

我认为现在的情况有些争议，目录模特变得更丰满，是因为消费者的平均体重增加了。美国是这样，欧洲也是。（雷娜，纽约选角导演）

商业生产者重视和寻找低档市场的"大屁股"，因为他们想要可以引起他们的目标受众共鸣的任何一种外形。商业经纪人会轻视 0 码的模特，而更喜欢对于目录和服装陈列室客户更为实际的身材：

有个姑娘为此增肥，她原来是 6 码身材，现在是 8 码，她有丰满的臀部。有时候我们可能会有客户希望找到大臀模特，像牛仔裤客户，我们就会说："她穿这些衣服都合适！"（弗朗西斯，纽约经纪人）

商业客户直接对消费者的需求负责。例如，当皮特·西蒙斯，魁北克西蒙斯百货公司的主席，最近收到了超过 300 封的邮件，抱怨他们的"返校"主题目录的模特太瘦了，他立刻取消了这套目录的配送，把照片从商场网页上拿掉，并且写了道歉信 26。高昂的代价是西蒙斯百货收回了 45 万本图册，对其返校季销量造成了影响，但得到了有信用的、负责任的零售商的声誉。

考虑到要贴近消费者、让客户满意，并最终销售出商品，商业领域的生产者根本不会雇佣 0 号模特，因为 0 号模特太过于"前卫"了，无法与商业上的务实概念和谐相处，也无法唤起主流审美和性吸引的共鸣。

追求种族多样性

商业生产者们也更倾向于使用多种族的模特，从而有意识地迎合目标消费者。商业经纪人采用"平衡"策略，会见有配额的金色、亚裔或者深肤色的模特去满足客户的需要。如果商业客户们起用或者放弃了少数族裔的模特，那么就会被理解成为市场成本分析计算的一个回应。例如，一位 Metro 的男模经纪人依照市场研究和目标客户的品位，让她的模特有价值：

他们测试了很多不同的东西。他们知道谁会吸引他们的买手。就像当你让金发碧眼的男模、黑人男模和亚裔模特穿同样一件 T 恤时，我猜他们可以说明白哪件会卖得更多。（米西，纽约男模经纪人）

类似的，一位选角导演解释为什么对于一些秀他会追捧非白人模特：

有些设计师对我说："听好，所有我的买手，我销售的店铺都在日本，所以我需要日本女孩。"（大卫，纽约选角导演）

我们可以通过翻阅一本杂志上每页出现的模特肤色，来从视觉上判断这本杂志是媒体时尚的还是商业的。流行时尚博客 Jezebel.com 的记者也是如此，他们统计了黑人模特在 9 本最流行的女性时尚刊物上广告和纯时尚大片的出现次数[27]。黑人女模在商业世界得到了很好的展现，出现在其中 8 本的广告中。例如《嘉人》杂志在广告页展示了 10 位黑人模特，他们销售非时尚的物品，从除臭剂到化妆品。只有一位黑人模特出现在时尚大片页里。这一现象在 9 本刊物中都有出现，只有两位黑人模特出现在纯时尚的内容里。我所采访的客户们普遍承认这一现象，但是他们也不是很明白这是怎么回事，一位为数家顶尖杂志工作的自由造型师试图解释这一现象：

我可能会在广告中更多地拍摄少数族裔或者是亚洲的女孩，因为他们多少是需要获得人口红利权的，不是吗？在杂志界（媒体时尚），我的意思是对于我来说，这从来都不是一个人种的问题。只是在于我要的是什么，我脑子里想的是什么。所以绝对不会有"哦，让我们拍一个亚洲女孩。"你知道对我来说这绝对不是一个问题，我不知道为什么，但是我知道我在广告上拍摄了很多很多种模特，亚洲或者非洲的女孩。（弗洛伦丝，伦敦造型师）

这可能打击了一些读者的直觉，考虑到艺术家和自由主义、世界主义的美德之间受欢迎的关联，而"中产阶级"目录购物一般被指责为乡土而又狭隘的[28]。而实际上，目录图册市场是一个对种族展示张开怀抱的时尚领域。例如，一个商业导向杂志的选角导演这样解释她的团队为何一直坚持雇种族多样化的模特：

这是一种有意识的努力，但重点是我们不希望它变成像"哦，这有一种模式，或者一种模版，一定要是亚洲女孩、黑人女孩、拉丁女孩。"就像你知道的，我努力在将她们混在一起，而不是让其更加明显。（凯莉，纽约选角导演）

在此，战略上的多样性追求是不要太过于明显或者过于密切的结盟行动，只是把市场配额提高到对应的种族人口基数水平。JD，来自曼彻斯特、拥有中东血统的男模，这样解释自己的商业吸引力：

在广告方面，只要任何一家客户切实努力去赢得受众，去努力在大的市场上销售，赢得棕色人种或者阿拉伯人去买他们的衣服，那么他们就会寻找我这样的模特。

商业客户需要少数族裔"填写故事的片段"，托马斯这样阐述：

这取决于市场，他们的销售意图，如果这个意图是他们需要一位黑人男子去扮演一个很友善的角色，那么人们会想："哦，天啊，那个人有着大大的微笑。他太友善了！"无论怎样，他对于我们努力去赢取的那部分人来说是极好的。（托马斯，纽约艺术总监）

商业女模被雇佣以体现女性气质，并吸引生产商们臆想中的郊区的、不是太前卫的、中产阶级女性和她们的男朋友。相似的是，商业男模所体现的是异性恋中所定义的男子气概，他们是那种女性觉得吸引人的男性。这并不是说目录制作人们是多样化的管理员。尽管他们引用"你的妈妈"作为目标受众，但确切地说，是谁的妈妈，他们有考虑吗？他们想象中的消费者支撑起了一个限制和理想化的对中等阶级有吸引力的形象，但这只是一个理想的大众吸引力，不会太超现实。

吸引其他生产者：媒体时尚外形

如果商业生产者们的目标是讨人喜欢，那么媒体时尚的生产者所寻求的就是与众不同的高风险游戏。在上一章节我们看到，在媒体时尚圈工作的客户们在选择模特上会更自由，并忠于他们自己的品味，但无疑，更大的自由意味着要承担犯更多错误的几率。考虑到他们对销售效果能做的保障有限，以及他们一贯对于商业目的没有热情——媒体时尚的生产者是为了时尚而时尚的,因此他们需要外形更"前卫"的模特。与商业外形对比,前卫外形会更加白、更加年轻,从 80 年代开始就已经很稳定地在强调瘦了。

衣 架 身 材

"太瘦?!"当我问杂志编辑内芙对于近来媒体监督太过于纤瘦的模特身材这一事情的看法时,她用怀疑的语气说到。"他们是模特!"她大叫。内芙之前是一位模特经纪人,而现在工作于一本受欢迎的模特产业杂志。在之前的 15 年里,她的生活就一直围着模特行业转。就像我所采访过的那些制作人一样,她不明白为什么纤瘦的模特是一个社会问题。内芙与她的同行们一样,认为纤瘦的模特明显是首选。他们体现着对于女性美的自然愿景,一切可以归结为让衣服看起来好:

> 这只是有关穿衣。设计师们希望衣服是以一个特定的方式被展示的。就像衣服被挂着一样,如他们所说,模特就要像衣架。你也知道,模特最初就是衣服架子。(内芙,纽约杂志编辑)

内芙的这种模特只是衣服架子的看法在我所采访的经纪人和客户中广泛存在。然而这种看法并不能证明时装模特的初衷就是充当人肉衣架。第一批时装模特将从容谨慎的戏剧风格引入时尚界,他们彻底地走出之前用衣架展示服装的模式。在 19

世纪末，英国的裁缝查尔斯·沃斯在他位于伦敦的沙龙上首次采用活的"人体模型"展示他的设计——这是一个革新，用鲜活的人体展示服装而不是仿制品[29]。这些年轻女性通常从服装车间中找来。她们不必瘦或者紧绷，首要考虑的是她们要有良好的礼仪举止。法国裁缝保罗·波烈（Paul Poiret）在 1913 年记述了他最喜欢的一位模特："拥有圆润的胳膊和肩膀，她丰满的身体优雅地包裹在服装中，就像一支完美的卷烟。[30]" 在 20 年代早期，巴伦夏卡（Cristobal Balenciaga）用来展示他服装的模特"矮小、拥有健壮的身体"，与他自己的体格相近。

　　几十年后，时装周的 T 台上昂首阔步前行的是美国码的 0 号和英国码的 2 号，这在尺寸对照表上是 7 岁女孩子的尺寸[31]。几乎所有与我交谈过的经纪人都解释说，在他们的职业生涯中，现在的模特比他们最初所看到的瘦多了。一位纽约的服装陈列室经纪人布蕾，1996 年大学毕业后就进入这一行，那时还是超模辛迪·克劳馥和琳达·伊万格丽斯塔拍摄 Vogue 封面的年代。她解释说："现在瘦已经超出了我曾经看到的一切。这是我所见的最崇尚瘦的模特的时代。这太可笑了。"2006 年有两位模特死于厌食症，引发了报道头条、运动联盟和政府对于可能致命的时尚界的调查[32]。

　　在媒体狂热追逐此事的鼎盛时期，我目睹了伦敦与纽约的时装周秀场后台和面试，在这里模特界一如既往——纤瘦的模特、小号尺码的样衣、繁忙的日程表，除了一件事——客户们如同厌食症代言人一样公开谈论他们不幸的处境。他们甚至还开这件事的玩笑。在伦敦，一位面试导演在他的试镜上当着一群苗条的模特说："你们知道，找那些 12 到 14 码的姑娘实在太难了，她们那么猛，我的意思是她们都只是……"说到这里，他鼓起双颊抬起眉毛继续，"她们看起来并不好看。"他总结到，对着他的那些笑着的模特观众。在这个笑话背后隐藏的是一个严肃的窘困：为什么这里没有"凶猛"的 12 号模特？

通过我们的访谈，经纪人们和客户们一致同意衣服决定了模特。占压倒性多数的受访者，被问起为什么 T 台模特是标准的美国码 0 到 4 的时候，都认为这是衣服所决定的。标准化的服装尺码随着"二战"后成衣的大量生产而进入时尚产业。随着定做服装的结束，由模特确定成衣规格变得越来越重要，这样模特的身材就需要同质化[33]。服装样品目录倾向于 4 到 6 码，但高端时装设计师打样是基于标准化的 0 到 4 码。在发布一个系列之前，服装修改是他们最不想遭遇的事情。不像在目录工作室，T 台秀不能及时修图或者用安全别针修饰不完美的地方。一个有问题的试装是不能进入下一环节的走秀的，因此小号衣服需要小号模特：

> 我不想让有的人看起来瘦弱憔悴或者就像他们真的要死了一样——没有人会为此感到愉快。但一般而言，模特不得不非常非常瘦，因为衣服挂在瘦高的人身上会更好看。你知道一条崇尚完美曲线的裙子穿在 12 码的人身上，绝对不可能比穿在 8 码的人身上好看。你知道我不得不在每天早上处理这些，所以你必须要对此实事求是。（伊莎贝尔，伦敦面试导演）

许多像伊莎贝尔这样的制作人依赖于用表面上显而易见的审美来阐述他们对 0 号尺码的喜爱。他们说纤瘦的身材让衣服看起来更好，虽然他们也承认这些身材有时会看起来不健康或者说"畸形"：

> 因为衣服的形态，它们被拉开的时候会舒展，在瘦的模特身上会看起来更好。（泽维尔，伦敦造型师）

生产者谈论苗条如同是对女人的审美法则（在较小程度上对于男人也是）。考虑到欧洲男装周 T 台上出现的 38 号苗条西装和铅笔身材，一位男模告诉记者："设计师喜欢纤瘦的男模，他们穿上衣服后好看，这是最重要的。"[34]

当然，社会规范是审美的基础，很少有永恒不变或者普世的身体吸引规范。除了普遍的美学，样衣尺码不能从崇尚瘦的环境中分离出来。它们被细致的手测量、剪裁、制造出来。当你问设计师为什么他们要把样衣做成这些特定的尺码，许多回答是遵从传统。样衣大小是他们从设计学院所学来的，这个尺码是车间里他们所信任的人体模型的，是他们期待经纪公司所提供的模特们的。生产者们当然不喜欢被认为是他们的衣服让女性的饮食错乱，但他们也不知道如何去改变整个的服装设计体系。就像标准的英文键盘，我们以一种特定的方式来做某事，因为这是久而久之"锁定"的惯例，不改变它们会让事情简单，即使我们不喜欢它们[35]。经纪人和客户们不会利用这样的经济学语言来解释他们的工作，他们理解这只是"完成事情的方式"。

如同任何一个惯例，样衣尺码也有惯性。一旦到位，惯例限制了艺术世界其他组成方式的可能[36]。

考虑到鞋子的大小，11 码鞋的女模给客户制造了一个紧迫的问题。当凯莉，纽约青少年时装杂志的预定编辑见到这样一位模特的时候，她做了艰难的决定：11 码的脚不可能适合服装陈列室提供给她拍摄用的 9 码样鞋。为了让拍摄进行下去，凯莉的公司不得不买下更大号码的鞋，这些鞋子之后将被储存在巨大的办公柜里。（在那里鞋子将与包和衣服一起摆放，最终它们可能会被再次利用，或者大部分会作为免费赠品送出。）这意味着凯莉花费在这个脚码 11 号模特上的投资要多过 9 码的模特。

那些不能穿进样衣的模特给那些雇了他们的人提出了相似的难题。小号模特并不成问题，因为拍摄的时候用别针别上多余的衣服要比紧身增加面料容易得多。客户们一直都要预见这些问题，甚至是在私人交谈中。例如，在一个面试上，我看到两位造型师快速翻阅新一期的 *Vogue*，停下来用典型的时尚浮华辞藻赞美和评价各种图片：

S1：这个发型广告好恶心啊。

S2：这风格太 LA（洛杉矶）了。（翻了一页）

S1：哦，我爱这页，每一样都爱，灯光，构图，太赞了！

S2：我把那页撕下来挂在墙上当灵感，我也爱它！

S1：这太病态了！

当两位造型师翻到史蒂文·梅塞选用加大码模特为 D&G 香水拍摄的广告大片时，他们的谈话明显有了转折。他们赞美这幅图并且被将来也能用大码模特拍摄自己的作品的可能所吸引。但是，他们承认，他们可能永远也不会选择她拍摄：

S1：我喜欢这个，她看起来真的很棒。

S2：我也这么想。

S1：我的一位摄影师朋友也爱这个，也想去为杂志拍摄这样的大码模特大片。但是我不能做这个。在我所擅长的高端时尚界，我借不到衣服，而且不知道哪里可以，你知道吗？

S2：我也不知道。

S1：我不知道。

没有了惯例上的标准尺码，像时尚这样的艺术世界就不会出现。为媒体时尚的工作找恰好的外形是个艰巨的任务。经纪人们估算每一季时装周都有 3000 到 5000 位模特涌入纽约，在过去的大约一周里，大约 25 个 T 台秀场一定是排满的。在找寻恰好的外形时，生产者们倾向于彼此相觑，社会学家哈里森·怀特（Harrison White）提出这是一个在生产市场中常见的事实，但在像时尚这样不确定性是常态的文化生产市场中更为明显。在所有的不确定性中，生产者依靠模仿，特别是在高风险的媒体时尚市场，审美偏好可以瞬间如滚雪球成就模特的事业，也可以瞬间摧毁模特的事业。具有讽刺意味的结果是类质同像的外形，如同均质化的美频繁地在大众传媒中被惋惜[37]。

媒体时尚生产者卷入成为惯例的生产系统中，在这里商品生产——模特——嵌入历史上形成的和由经纪人、设计师、编辑们组成的商业导向网络中。在这个系统中每个角色都试图尽可能匹配认为将会补足合作者的需求并且必须基于之前的历史和经验迅速做出决定。经理人试图通过提供他们认为会讨设计师喜欢的模特来击败他们的对手，设计师做他们认为可以吸引杂志编辑的时装秀，编辑们赞扬他们认为会受到广告客户喜欢的外形。经纪人们和客户们对于不确定性都感到不适。在一场伦敦大型公关公司的面试上，我瞥见办公室墙上的白板上潦草地写着："仔细看！她可能是下一个凯特·摩丝。"

每个人都在寻找着"无主"的明日之星，0 码可能不是每一位特定生产者的预期结果，但在制度约束下，这被认定为一种生存的策略。杂志编辑和造型师一样，他们似乎拥有影响风尚的相当大的权利，却显现出对抗样衣尺码约束的无助：

这也取决于造型师以及事情本身。就像如果衣服很小，这是样衣造成的，这是设计师造成的。并不是杂志说："我们想要纤瘦的女孩。"而因为设计师们做了这样的样衣，所以我们不得不选这些女孩。（乔斯，纽约杂志试镜导演）

摄影师们同样听从一个更高的权威，毕竟，他们解释说，他们必须为广告客户和杂志编辑拍摄吸引人的照片，而最终是设计师决定那个外形[38]。

对于批评者我要说的是出去看看那些为时尚人士而做的时装！也都不讨人喜欢，就像要把一个稍丰满的姑娘塞进 Miss Sixty 的牛仔裤？这肯定行不通。我认为是时装屋决定了穿他们衣服的人是什么样子，这是他们造成的。（比利，纽约摄影师）

设计师们面对经纪公司所预测提供的模特时也很无助。他们期待来试镜的模特都是惯例上的 0 到 4 码身材，并准备了与其号码相一致的样衣。他们也期盼一场备受好评的秀，会让媒体时尚的观众见到他们预期的模特。

例如，伦敦设计师品牌 B-rude 的两位设计师蒂姆和迈克很乐意让朋友和夜店常客走他们在伦敦时装周的秀，这其中包括一位年届六旬的女士。"你知道，"迈克说，"我们不担心年轻或者其他任何东西。我愿意去向人们展示，60 岁的时候是什么样的，我的意思是说，她是位非常优雅的女士。"

"是啊，我们真的想让其他人，多元化的人参与我们的秀，在我们的秀上是没有法西斯主义的。"蒂姆补充道。

然而，他们都承认专业的模特能够更好地传达他们的品牌形象，因为职业模特走秀会更加自信，更能够吸引有力的媒体报道。因此，蒂姆和迈克看到他们在追逐模特多元化上更容易被模特经纪公司限制：

基本上我们选择经纪公司提供给我们的模特，直到最后经纪公司没有人可推荐了。你知道，如果他们只推荐当时流行的高高身材的模特，那么我们就只能从中选择。

那些控制着模特的供应，因此看起来是直接影响模特的高矮胖瘦的经纪人们，通过声称仅仅迎合客户的需要而否认这一切是自己的经纪公司造成的：

> 我认为这是关于合适的衣服，这是底线。34—24—34 是理想的身材。我不知道这是从哪来的标准。当然，我也不喜欢它，我自己也没有这样的身材。但如果你不能改变这个，你就要加入其中。这就是规则。我们不可能改变多数——除非我们离开这个工作。（凯西，纽约经纪人）

同样地，对于男模也越来越瘦的批评也在增加，一位纽约的男模经纪人告诉记者："这都是客户导向的。这个尺码只是热门设计师和高端时尚业内想要的。"[39]

当问到为什么要选用纤瘦的模特，他们会回答这是经纪人们提供的。当问到经纪人们为什么要推荐纤瘦的模特，他们会回答这是设计师们想要的。作为有结构的组织体系，模特市场好像存在强迫经纪人和客户们的外力，虽然这是他们分别作用产生的结构。

性别和不可企及的身材

有人可能会想，如果这些衣服穿在现实生活中的身材上，会有多糟糕？这正是问题的关键：当媒体时尚的生产者们一致雇佣特别纤细的身材的时候，他们重点在描述特点、形象和感觉，而不是服装。

走秀是特殊的，设计师们想让模特们更瘦一点，因为他们想要在模特走 T 台秀的时候，让他们的衣服如同挂在模特身上。他们不想让人们看到整个模特，他们只是想要模特的脸，而其余的部分是他们不想要的。（霍尔，纽约摄影师）

这并不是说生产者不想要身体，而是他们想要一种特定的身材来走秀，一种适合媒体时尚前卫惯例的身材，而不是性感。在高端时尚界，模特表达着一种不需要特别取悦中层市场消费者或是她想象中的男朋友的女性气质。在媒体时尚领域性吸引不是卖点，取而代之的是一种无法企及的幻想中的女性气质和男子气概，被多重目光注视——同性恋者、异性恋者、男性、女性——作为自我参照。

其实，同性恋者的审美眼光并不是决定时尚外形的全部。一位经纪人大胆断言，0号外形就是同性恋在时尚圈享有优势的结果：

随着商业的改变，更多的同性恋者进入这一领域的重要位置，例如秀导、艺术总监、创意总监。因此，他们理念下的美丽是年轻，这里就说是 15 岁。那么最接近这个外形的就是青春期女生。首先是瘦，没有胸，没有臀。于是这已经演变成了年轻，瘦，没有女性特征的身体。我认为这都是因为男同性恋者

进入这一领域。（布蕾，纽约经纪人）

　　确实，在最近几十年里，男同性恋者在时尚产业中的人数越来越多，特别是现在设计师职业已经从原来的被贬低、被认为女性化、与制造和缝纫相联系的职业转化为一个有名望的、有文化的职业 [40]。自从 20 世纪 80 年代以来，男同性恋造型师、艺术总监和设计师就已经站在时尚审美变革的最前沿，特别是在阳刚的表达上 [41]。这太容易用于解释女性的“男友造型”（boyish fashion）。首先，阳刚的概念在不同的社会有着差异很大的理解，从肌肉男和车手到都市花样型男，男同性恋者在外表上没有一个单一的喜好。第二，相关性并不代表有因果关系，当我们将时尚当做艺术领域分析的时候，男同性恋的出现和女性外形的纤瘦不能被证明有因果关系。通过艺术的视角，个人的喜好——无论是同性恋者还是直女——都不会决定一个外形。更确切地说，外形是协调、集体行为，被惯例和主流文化思想限制，而不是被个人喜好和意愿决定。最多，男同性恋在时尚产业的出现与生产者对消费者喜好的看法结合，间接影响了外形的趋势。

　　这些喜好在圈子里传播、改变，有时被选中成为下一个走红的外形，有时就被忽视遗忘了。喜欢和渴望的调和过程不是线性的，或者说直接发生的。当我和维克托，一位在伦敦工作的同性恋美国时装设计师谈到这个的时候，这变得清晰了。与他的设计合作伙伴——也是一位同性恋者——一起，维克托想要给他们时装周秀选出都是妖娆范的模特，用他的话说，他想要的是"有火辣胸部和臀部的面试"。但他解释道，为一个秀选模特，涉及的远比个人的喜好要多：

> 一个大的架子是好的，你知道我的意思吗？非常火辣，但这不一定是你想找来展示你的衣服的人。服装沿着 T 台被展示，你试图让每个人都看起来不一样，但是其实是一样的，你在努力表达一个真的集中的方案。你在吸引自己的同时也在吸引观众。（维克托，伦敦设计师）

同样，渴望于将自己与中产阶级普通女性的视觉观拉开距离，媒体时尚的客户积极地寻找特别的身体，这是一种彻底的对主流纤瘦的延伸，基本上会被"妈妈们"认为恐怖或者丑陋。身体曲线或者伴随着这些曲线出现的女性特征都会被认为是对高端品牌和高端女性气质的污染。换句话说，曲线会太过于廉价。相对于媒体时尚的外形，经纪人们谨慎地将性感拨除出媒体时尚的身材外：

> 我发现在 T 台上有胸特别可怕，除非用类似束胸一样的东西将它们控制住。如果你穿着夏季很薄的裙子而有胸随着你的走秀晃啊晃，那一点都不好看。（利娅，伦敦面试导演）

毫无疑问，让精英与优雅的象征去炫耀她的身体是不合适的，无法控制的摇晃的胸部适合那些廉价的低端市场。性感在高端外形上毫无用武之地。"不性感"是精英时尚感的重要元素。维克托说："你要在那些永恒的、不可高攀的美丽上展示你的服装。"

放任种族主义

"我们所谈论的所有高端时尚都是崇尚白种人的。"纽约造型师克莱夫说。他的意思是高端前卫的外形是年轻、瘦并且倾向浅色调的白色。对白的偏爱在两家经纪公司的布告板上可见一斑。在 Metro，200 位女模中有近 20 位是有色人种，125 位男模中有 10 位是有色人种。而在 Scene，150 位女模中 8 位不是白人[42]——对此比例，经纪人们很乐意去道歉，并叹息他们试图让模特人种多样化所遇到的困难：

> 我们没有太多（有色人种模特）。实际上是很少……让人惭愧。我只是越来越觉得，不知道该怎么说，像是目前很难定下黑人或者亚裔的女孩，因为他们的工作不会那么多，我们毕竟是做生意的。（埃丽卡，伦敦经纪人）

然而，情况并不是有色人种的女性"退出"了高端时尚。经纪公司所提供的模特们相对而言是无限的，因为通过全球范围内的星探寻人，甚至是为了某种特定类型而有目的地寻找，都让经纪公司不断地在刷新他们的模特板。例如精锐模特公司就曾经为了找到一位深肤色的模特而深入到撒哈拉以南非洲的偏远村落[43]。自我选择效应，例如阶级和人种的障碍，可能会直接限制非白人模特的数量，他们很可能无法在阻止经纪公司提供少数族裔模特中扮演重要的角色。

有色模特的短缺不能仅仅用偏见来解释。如同我所讲过的，经纪人和客户们来自多样的社会和阶层背景。他们并不是冥顽不化的那群人。相反，他们煞费苦心地将其从传统的种族主义形式中区别开。我所采访的大部分生产者都挫败于时尚圈中少数族裔的缺乏。如果是由他们做决定，种族多样化会是永远"时髦"的。他们从不同方面归咎其他人：经纪人归咎于客户，客户归咎于经纪人，经纪人甚至还会归咎于其他经纪人。例如里奥，他自己就是东南亚后裔，在我们的谈话中他几次提到：

> 人们一想到你是少数族裔，就会想到你是街头风格，是那种犹太聚集区的风格。你不会是高等阶层。你要是白人，就会更有价值，因为你不是白人，你的每日薪酬都会低点。我是有色人种，我都能感觉到在经纪人中的孤独感。（里奥，纽约经纪人）

经纪人们说他们也愿意增加更多的有色人种模特，虽然他们声称自己"爱风味"和多样性，他们也承认的"嗜好"是在客户们的需求之下的。他们有一个共同的理解，少数族裔的模特比同样的白人模特工作机会要少，客户和"市场"被指责为种族不平衡的罪魁祸首。经纪人瑞秋就表示，这都是市场的问题，他们什么都做不了。

和经纪人一样，那些媒体时尚的客户们根据"市场"的风潮进行他们的雇佣实践，这被视为一股尽管理性却强大的力量：

> 好，那我们就说 Prada。Prada 不会有大量的黑人客户，他们买不起。所以，这就是这里的经济学。为什么要放一张黑人面孔在这里？他们放一张白人面孔，因为这些人是买他们的衣服的。（劳伦斯，纽约造型师）

什么是"这个市场"，经济因素在这里的决定力有多少？事实上白人消费者在时尚和服装上花费更多的钱。黑人主妇在 2005 年花费了 220 亿美元在穿衣上，而同期全美的服装销售额达到 1810 亿美元[44]。黑人市场只占其中的 13%。持传统看法者和一些市场调研表示，时尚消费者对与自己同种族的模特有更多的认同，然而其他心理学研究质疑这种将种族显著性作为社会认同的提示[45]。因此，广告商们可能会认为通过用白人模特来吸引占大多数的白人受众一定是获利的[46]。这一经济逻辑当然地与商业层的时尚有关，时尚生产者们考虑消费者的分布并依据此选择代表模特。

但是在媒体时尚领域，模特与销售量之间的关系是模糊不清的。对于个体模特走 Prada 秀所带来的销售是无法弄清的。在上一章我们已经知道，媒体时尚客户并不面对大多数购买者，他们不会对例如买家分布、群体或者市场研究这样的事情投入注意力，而更加在乎个人对于"前卫"的反应和那些圈子的炒作。因此他们的经济决策都基于文化思考。当生产者们用"这个市场"的逻辑来解释他们的行动的时候，策略上他们将新古典主义经济学话语合理化为他们的个人选择。作为一种理念，这一市场是相当大的散漫的工作：它对市场结果的规划，实际降低文化产品进入公式化的必然性之中。它将创造潮流风尚的工作合理化为一系列当供满足于求时中立的结果。这样做模糊了文化的价值，并渲染了无形的性别主义和种族主义。

每一次当大多数美国人都对将种族主义归根于天生的自卑而不舒服的时候，一种"更温和更友善"的反黑人种族主义观点出现，使得负面的种族主义偏见得以延续，将没有非白人归咎为黑人自己的问题。劳伦斯·波波（Lawrence Bobo）称之为"放任种族主义"，因为这一倾向是将黑人与白人的不平等归咎于黑人自身[47]。像"这个市场"的论述，放任种族主义融入社会的进程以便其看起来自然并且没有疑问。这种信任在这一市场中合理性地渗透到生产者的审美选择中，使得关于美丽的种族不平等看起来普通、自然并且无法避免。

正统的关于市场的经济学概念，例如作为供应满足需求的中立场所，无法解释在媒体时尚领域的种族不平衡。幸运的是这种市场的观点被大多数社会学家否认。我们倾向于将市场看作经济的、文化的、结构的形态。我的目的并不是否认以市场为基础的解释，而是重新制定分析去提问：什么是真正的市场？对于种族差异，生产者实施的规范的理解是什么？这些理解是如何影响他们的决策的？

任何一个文化中介接触时尚市场的核心都是他们对于时尚消费者的概念，特别是他们想象的在白人和非白人消费者中的区别。因为对拉丁裔、非洲裔和亚裔根深蒂固的偏见，经纪人和客户们认为非白人并非奢侈品牌的目标消费者。一位在纽约某模特经纪公司负责男模业务的经纪人，这样解释为什么他的通告版上140位男模中只有10位是非白人：

> 黑人和拉丁裔并不能赚很多钱。我所在的是个市场，我努力去推销产品。我给设计师们推销身体。那些去买 Calvin Klein 或者 RL、Gucci、Prada 的人不是黑人或者拉丁裔。亚洲人处于灰色地带，因为他们不完全是少数族裔，也不完全是大多数。亚洲人处于黑人和白人之间。他们非常聪明、有天赋，会在他们所处的任何领域成功，但他们不是白种人。他们倾向于，在营销意义上，人们假定他们有钱。就算黑人和拉丁人看起来有钱，他们也不会买这些品牌。（伊万，纽约男模经纪人）

除了责怪消费者，一些媒体时尚的客户也会将种族不平衡归咎于经纪人们：

> 我个人来讲，以我个人的观点，这行里真的没有特别好的黑人女孩。周围真的特别好的黑人女孩还只是那几个，仍旧是每个人都想要的。找到一个真的非常难，经纪公司没有提供足够的选择给客户们。（奥登，纽约面试导演）

来回来去，经纪人们还会声称消费者和客户的需求限制了他们，而客户们声称经纪人们的供应限制了他们。

优秀的少数族裔模特如何产生?

经纪人和客户们都会同意的是,相比于同样的白人模特,要找到一位优秀的少数族裔模特是很难的:

优秀的少数族裔模特太少了。老实讲,我认为如果有更多更好的,他们将会被雇佣。我很明确地讲没有人会反对用他们。只是目前没有足够好的。(利娅,伦敦面试导演)

经纪人们强烈意识到所谓的"短缺"并且奉经纪公司之命去寻找真正好的少数族裔模特。一名真正优秀的少数族裔模特什么样呢?这是一个难以回答的采访问题,一位生产者通过描述不符合成为优秀少数族裔的条件,负面地提供了这个问题的最佳答案。羞涩地,带有尴尬的内疚,几位经纪人和客户们提取了"他者"及其文化的偏见:

我们不喜欢太经常用同一位模特,但找少数族裔的女孩太难了。我不想被说成种族主义,但拿亚裔来说,找适合衣服的高个子女孩太难了,因为大多数都矮。对于黑人女孩来说,我猜想是黑人女孩的外形让人感觉太硬了,如果我要拍摄特别前卫的东西,我会用黑人女孩,但这要取决于衣服。(安,纽约杂志编辑)

许多经纪人和客户主要通过讨论他们在预定黑人女模时的困境来回答少数族裔模特的问题，就好像多样性的问题相比其他种族主要是黑人问题。考虑到历史上的种族分类，特别是对于"白人"的定义，久而久之扩展为包括少数白人族裔，愈发演变成涵盖亚洲人和西班牙人。自从出现黑人开始，就出现了一道只有非黑人可以通过的后门，即使不是传统意义上的白人也没有问题[48]。虽然，时尚生产者大都拘泥于种族平等的思想，他们的注意力却会不自觉地转向棘手的种族，即黑人，而这将会破坏他们对于全球反种族歧视的自由的坚持。少数经纪人把展示少数族裔女性的困难解释为面孔的问题，例如，一位伦敦经纪人说：

很多黑人女孩的鼻子都特别宽……她们脸部的其他部位很平，因此在平面上，你的鼻子就会被摄影拉宽，所以就会看起来很滑稽。我认为一些漂亮的黑人女孩是动过鼻子的。

同样，一位来自纽约的经纪人说：

要找到真的特别好的黑人女孩是很难的。因为她们必须要有恰好的鼻子和恰好的脸盘。大部分的黑人女孩鼻子宽脸盘大，如果是的话你就可以找到好身材和好脸，但这是很难的。

另外几位经纪人视黑人女孩们的臀部为另一个面试时的问题。因为媒体对美国第一夫人米歇尔·奥巴马的报道使得黑人的后背也获得了更多的关注，米歇尔的全身被媒体分为胳膊、腿、臀部、头发几部分，每部分都成为一个门户，去解读出冲突、骚乱、狡猾与阶级 [49]。黑人家庭入住白宫并没有根除身体上的种族偏见，反而让大众能够更加近距离地审视他们。

白人与黑人女性身体差异的真与假并不是重要的事情，重要的是经纪人们对这种差异不吸引人并且是个问题的肆意推测。关于美丽的隐藏条款已经坚定地根植于一白遮百丑，任何偏离白的、资产阶级的身体都会被鄙视：

> 我认为他们有着不同的身体框架，所以特定的衣服不可能适合这种体型，如果不适合这种体型，将卖不出去。就拿牛仔裤广告来说，如果你请黑人模特或者拉丁裔模特，他们会适合这个牛仔裤的版型吗？或者说他们能穿这种款型吗？你知道这只是特定的衣服，给特定的人，对于高端时尚来说，通常你要努力给目标客户讲故事。（比利，纽约摄影师）

比利暗示，时尚故事应该让白人精英受众产生共鸣，这群人被假定想要一个理想的苗条身材，并且成为与性无关的超级女英雄。在客户眼中，这样的一个故事是与非白人女性不相兼容的，因为他们倾向于将黑人模特的身材等同于性感。一位伦敦的造型师最初声明他不喜欢在工作中被迫去思考种族主义的东西，他骄傲地告诉我，他最近在一个杂志拍摄中用了一位黑人模特：

我做了这个项目是因为我真的很想这么做。我想要性感的表达，我认为只有黑人女孩可以表达出来。（布鲁诺，伦敦造型师）

生产者们将黑人外形与庸俗放在一起，成为他们在媒体时尚领域中努力回避的两大腐败元素。我和一位纽约年轻设计师在她位于下城的工作室交谈过，那时她刚为她的时装周走秀做完模特面试。从 60 位候选者中选出 5 位，她站着双臂交叉，看起来很高兴地站在地板上摊放的模特卡前。解释选择时，她停下来反省："我在想你问为什么我会选这个女孩，我意识到有时我真的有那么一点种族主义。因为，你看。"（她指着照片中的模特，都是苍白、金发、年轻、瘦。）"我的意思是这种女孩真的有着漂亮的脸。"她从被刷掉的那堆里捡起一张模特卡，是一张顶着非洲式卷发的非洲裔年轻女孩的大头照：

我不知道，有时候我感觉黑人模特和我的秀上想要表达的形象不一样，他们有一点（她停了一下）不对劲，并不是高端时尚，或者在某种意义上说有点俗气。我想要真的看起来与众不同或者说不普通的。（唐娜，纽约设计师）

美丽因为理想化和难以企及而被渴望，这两个条件是根本上不符合历史上非白人女性的形象。

高端种族的外形

一位真正优秀的少数种族模特可以具体体现出对于调和矛盾的社会分类的努力。一位造型师称这种调合文化争议的外形为"高端种族"，这是一种在媒体时尚领域体现种族具体差异的外形：

基本来说，高端种族意味着你全身上下和白人不同的只有肤色。其他的一切，你就完全和白人一样。你要有像白人女孩一样的身材。你要有同样的气场，同样的贵族气质，但是只是你的肤色是黑色。（克莱夫，纽约造型师）

少数种族和高端时尚有着无意识的距离，而沦落在商业领域。因此，媒体时尚的生产者要寻找的少数种族模特，他必须体现着上层阶级独一无二并且罕见的感觉。由于非白人种族被视为粗俗的这一偏见并非一日之寒，这不是一项容易的任务。高端种族外形具体体现在两种方式中，分别是最小种族差异和极端种族差异，我称之为弱种族外形和外种族外形。

起初，时尚生产者们创造出一个弱化种族的外形，一副有着其他肤色隐性白人的外形，这种被贝尔·胡克斯（Bell Hooks）称为"消毒的民族形象"是 19 世纪美国文学和电影中黑白混血儿女性的一种变体[50]。这种外形不仅仅在媒体时尚领域，也在整个广告领域，包括那些被研究表明黑人模特倾向变为浅肤色的

商业广告 [51]。

　　混血模特是这种外形的尖峰，经纪人和客户们看重他们可以"交叉"吸引更广泛的消费者。弱种族外形混合了主流的白的美丽想法和其他别的什么。例如，一位经纪人谈论到一位亚洲模特的时候说：

　　　　我们有一位非常成功的亚洲女孩，她的外形很有亲切感。她的眼距不是太宽，她有着非常欧美化的外形，如果你见到，你就明白我说的是什么了。她有着甜美的笑脸，拥有很美式的性格。（保罗，纽约经纪人）

　　一些客户批评这种外形是故意粉饰出来的少数种族，虽然他们在寻找的模特就是要这样：

　　　　"她的特质太过于黑人了，肤色太深，嘴唇太厚。我们想要黑人女孩，但不是这种那么黑的。"这是令人震惊的，真的真的震惊。我见过一些女孩，他们说："不，她太西班牙了。"这位少数族裔女孩需要以一种不会害怕的方式展现一切他们害怕的事情。（弗兰克，纽约面试导演）

　　弱种族外形结合了高端阶级的精致和民族多样性。例如，在 2007 年的一篇新闻报道中，一位选角导演对取得了成功的一位浅肤色黑人男模 T. J. 做了种族与阶层的评估，T. J. 是被著名的迈克·高仕（Michael Kors）这样的高端设计师选用的模特："对于一个年轻来人说，T. J. 是一位优雅的好男人。Michael Kors 并不是廉价的服装，它的风格是不那么都市化的高雅。"[52]

除了上层阶级的适用性，生产者们也看重混血外形的"令人关注"，他们希望从混血种族背景中得到特别并且安全的美丽类型，就如同伦敦一位选角导演所说的：

老实讲，这世界上大部分不平常的、引人注意的女孩都是不寻常的混血。她们从父母那里得到了不同的背景。

在这些对于混血外形的评估中，生产者们唤起了科学的种族探讨，假定重要、谨慎的种族线。无论 19 世纪到 20 世纪的科学如何警告异族通婚在道德和自然上的危害，现今遗传科学仍旧庆祝对于种族边界的跨越。一些遗传科学家现在表示："有着混血面孔的人会更为健康并且更有吸引力。"根据进化论心理学家对于吸引力的研究，混血人种可能的额外美丽红利更优于繁殖[53]。

过去十年媒体报道中突然出现一批对种族结合，及其暗示的文化同化的成功的庆祝。这应该是因为人口比例发生了变化[54]。然而对于混血种族的赞美充满了本质主义的紧张，就如同记者们和科学家们要努力去战胜他们一样。正如批评人士所指出的，对混血女性美丽的赞美具体化了生物"纯种"的思想和明显的种族分类，也是存在于他们明显的身体标记中的一个信仰。

混血面孔的可见性增高并不等同于社会的进步。媒体倾向于亲切地对待混血群体，将其作为种族和谐的标志，也因此模糊了一些社会问题，例如对于混血的排斥。此外，文化评论家主张异族通婚的禁忌潜伏在非常性感的混血女星形象的背景下⁵⁵。淡种族外形承载着这样的文化意义：堕落、赞扬、异族通婚和进化上的霸主地位。

"你是什么混血？"这是我在面试上常听到的问题。当我屡次被问到的时候，我回答："白人，还有四分之一的韩国血统"，好像我的血液和身份可以被解析为少数品种。有时候我被客户告知希望听到更多的信息，就要讲关于我的故事，关于米尔斯家族的故事：韩国祖母生下来就作为邮购新娘嫁给了在夏威夷的糖料种植工人，有一半韩国血统的父亲，第三代波兰和捷克后裔的母亲。我在南方的白人环境下长大，一直没有想过自己的韩国祖先，直到我知道了这是我外形卖点的一部分。

混血身份像任何种族分类一样，是不固定的，要依靠具体情况而定。像模特界的其他条件——年龄、尺码和个性——种族也是一种通行证，我清楚了这一点是在我田野工作的早期，在一次与经纪公司的交流中：

"对了，还有一件事。"我的经纪人叫住正在出门前去面试的我，"你提到过你身上有一点亚洲血统？"

"是，四分之一韩国。"我回答。

"好的，"她说，"当你面试见到 M 的时候，别提这个。因为他喜欢纯血统的美国女孩，并不喜欢其他种族。这个没什么错，就是他喜欢。你还说过，你有点东欧血统，对吗？"

"是的，"我说，"波兰和捷克。"

"好的，我们就这么说，波兰和捷克后裔。"

　　我被指示，换句话说，为了能够通过而去伪装成另一个种族。"通过"作为一个不同的种族分类在美国已经有着很长的历史，一滴法则[56]成为固定法律。此外，虚构的人种分类促使大批的混血人群隐藏他们的黑人祖先基因以获得全部的美国公民权[57]。"通过"在时尚上是对这段历史的现代反转，在这里模特们似乎在讲述不重要的"白色谎言"战略性的脱颖而出。这样的故事也在 JD 身上，我们在第二章提过的来自曼彻斯特的 22 岁伦敦男模。JD 不是他的真名。

　　中东与南美混血的他参加过一个模特大赛——他自己声称是在伦敦玩的时候偶然和朋友们一起参加的——获得了第二名。在大赛中的星探具有讽刺意义地授予他"未来面孔"的称号，提供给他一纸合约和一个新的名字——JD。

　　"我的名字根本不是 JD ！是贾马尔·埃达尔。他们会问，'你叫什么？'贾马尔·埃达尔。'哦，好的，JD。'"[58]

　　JD 以为自己是唯一的中东模特，直到他前往巴黎见到了纳赛尔、阿萨德、奈比勒和赛米尔，他们都巧妙地取了纳特、亚历克斯、比利和山姆这样的艺名。他很快学到种族是可以让他点缀到外形上的时尚配饰。他的新朋友们教会他怎样通过面试。他回忆道：

　　　他们说："当客户问你从哪来的时候，要确定地说阿拉伯、北非，因为这个人爱北非。不要试图隐藏你的阿拉伯血统。但是当你见的人种族主义倾向非常明显的时候，你要说你是西班牙裔或者巴西裔。"

巴西、摩洛哥和意大利，JD 穿上所有这些标签。符合弱种族外形，JD 可以调和他自己的种族为普通白人或者特殊的种族。经纪人们和客户们大体上表扬这种弱种族外形作为朝向种族包容的积极举措，虽然更为限制了多样化的定义：

> 我要说的是，（一名设计师）对于少数族裔模特是非常开放的。他们选了我的一位黑人女孩，她的特点很不突出，就像是一个黑肤色的白人女孩。然后他们又选用了一位有一半亚洲血统的女孩。所以他们还是很开放的。这是件好事。（布蕾，纽约经纪人）

弱种族是高端种族外形的一个阐释。在第二个阐释中，生产者们可以利用种族市场创造浪漫的异国情调。这些异域民族外形展现出一种从白人框架中的彻底分离，这被艾莉克·慧克最好地演绎了，她是一位知名的苏丹模特，拥有非常深色的皮肤。这种"时髦的"模特都是客户和经纪人们声称非常乐意推广的，但他们也总是承认其中的困难：

> 我想要很高、身材很好、很时髦的黑人女孩，深肤色。但不只是深肤色。但是我们这里有的黑人女孩都不是这样的，Leah Kabetty 那样的女孩，你知道那种迷人的女孩，但要再白一点。人们想要白一点的黑人女孩。（克里斯托夫，纽约经纪人）

异国情调根植于帝国主义中的时间太长，不像种族主义那

图 5.1　时装周后台，一位深肤色模特，高端种族外形的例子

样对他者的仇恨和惧怕，异国情调视他者的文化为"要去挑逗和享受的一系列美丽的幻想"。[59]

审美上的色盲

因为生产者们心照不宣地操纵对种族身材消极的假设，他们预设非白人的身体是难驾驭的，不适合高端展示。"种族外形"以生产者难以谈论的方式唤起他们自身的注意力。在充满怪异、思想自由的艺术家的时尚领域，有一个诡计，就是创造出"不冒犯文化的高端种族外形"这种悖论。为此，时尚生产者们有时必须在没有种族主义的情况下对少数种族模特"说令人讨厌的话"，爱德华多·博尼拉-席尔瓦（Eduardo Bonilla-Silva）提出这样一个政治上正确的立场。社会学家已经提出，自从20世纪60年代各种族取得正式的法律平等以来，种族已经以"色盲"的形式表现。

鉴于社会对于偏见的不可接受性，今日种族不平等被认为是文化或者个体的选择——除了人种以外的任何事情——从来都不是本质结构的问题[60]。通过访谈我发现，人种是最容易让人感觉到尴尬、也是最容易让人在讲话中产生踌躇的问题。回答类似"为什么你倾向于用少数族裔？"这样的问题，客户们频繁地在解决这些令其不舒服的问题之前打起太极：

哦，这是个好问题。我们总是试图在杂志中选用更多的种族。你知道你必须要和那些可以合作的人一同工作，你知道对于我们来说我们需要年轻的女孩，这常常意味着他们不会在上学，或者不得不缺课，因为我们主张他们应该继续学习。上学是首要的。他们可以在周末做模特，他们可以在假期做模特，他们可以偶尔缺几天课，但是他们应该在学校上学。哦，我忘了，我怎么说到这了？（乔斯，纽约杂志编辑）

客户们也努力将他们的面试选择全部归结于审美和外表，鲜有人提出他们偏向于白人模特是因为他们自己的种族信仰。以下是一个极端的"色盲种族主义"的例子：

我并不会因为模特是这个或者那个人种就去选他们，我会看他们是否有很酷的外形。这是一种感觉。（杰伊，纽约设计师）

另一位伦敦的选角导演费了很大劲，解释为什么他所负责选人的秀有着只用白人的名声：

我不知道，我认为这只是一种审美，真的，实话和你讲，这并不是我们不用少数族群，这只是因为特定的客户，这是很政治正确的事情。这并不是因为他们被不建议雇佣，而是关乎于是否合适。我讨厌去讲这些，我觉得我们仍旧活在一个种族主义泛滥的社会。

色盲种族主义在时尚产业中具有讽刺意义，因为在这里肤色不可能不被注意。另一方面，色盲种族主义是一种刻意的种族意识，一位客户（40 位之一）渴望去讨论这点。蒂姆和迈克，伦敦一个夜店风格运动系列的设计团队，在他们伦敦时装周的秀上 36 位模特中有 7 位是有色人种。他们面试模特带着对于肤色深思熟虑的眼光：

> 我们的衣服真的很适合黑人穿。我们有一套婴儿粉色的运动装，我们曾经试过让白人男孩穿，但是太糟糕了，当我们让黑人模特穿上的时候，就立刻很好了。他就应该穿这个。（蒂姆和迈克，伦敦设计师）

蒂姆和迈克就是那些将非白人看成审美破坏者的客户中的例外。非白人模特在媒体时尚领域很难被认为"合适"。表面上这不是个种族问题而是个审美问题。另一个相似的推理就是1987 年前在纽约的无线电城音乐厅都只是白人举办演出。黑人舞蹈演员被排除在外，导演解释说，这并不是种族主义，而是因为"一致的审美"，如果有一双黑人的腿出现在舞蹈队列中，就会打破舞蹈的和谐性[61]。整齐无疑有无数种方式，例如可以都是黑人舞者，或者黑人舞者在一排，再或者让他们在队列中间隔而站[62]。当然，在这个问题上并不是真的种族审美的问题，而是种族的文化意义，是在黑色皮肤背后的强大的历史包袱。在分析中很难将审美与文化分割开，但这是一个通过谈及审美而转移政治责任的精明的策略。

今日生产者们频繁引入这种"一致的审美"对 T 台上的全部白人现象做出解释。模特们一致是白人，所以生产者们提出，要努力突出衣服而不是模特：

> 我的意思是几乎哪里都有这种特定的金发外形，我期望选角的时候能将他们区分开，我认为就是要着眼于时尚，于服装上，而不是那些女孩子们。在 T 台上她们的个性都是被抛下的。（格蕾琴，纽约杂志编辑）

到目前为止色盲已经进入艺术类型的生产者的内心中，她可以几乎不提"种族"这个词，而更乐于以很模糊的"个性"来代替。当"色彩的缺失"成为纽约公共图书馆一次座谈活动的主题时，"个性"成为那些不愿意去谈论种族或者种族主义的人所选择的词语。回应之前编辑的解释，纽约公共图书馆的座谈小组反复地谴责了时尚产业中的这个变化，从 20 世纪 70 年代女孩们带有自己的"特色"，到现在成为成堆的没有名字的"白板"——这是对白人模特的称呼——她们可以只展示服装而不让人分心（即使是她们惊人瘦弱的身体也不会让观众分心）。

媒体时尚的模特不仅仅是展示服装，更要展示出一个理想的品牌世界，而有色人种女性和身材臃肿的女性都不合适。

象 征 主 义

如果真是这样，去问为什么那么少的少数种族模特在媒体时尚领域就没有意思了，而是要去问：为什么还有那么一部分在？生产者们努力让这个答案中没有种族主义因素出现：

总是会至少有一位的，因为他们不想去得罪任何群体。所以我总是试图选一位亚洲人、一位黑人，我也认为如果我们这样努力的话也是对设计师的一种服务，如果我们为 *Essence* 杂志，或者为 *Trace* 杂志。（大卫，纽约面试导演）

生产者们雇佣这些象征符号性质的非白人，在他们的白人阵容中作为向公众体现他们种族多样性的标志。

象征符号如同任何代表，在这个领域起作用。他们做这些合法性排斥的工作。这种象征的少数族裔提供了错误的种族张力解决方法。如果被选出的少数族裔模特走运走红，她的出现就会变成一个双重奇迹：首先是在一个看似神秘的比赛中获得胜利，第二就是作为一个少数族裔获得胜利。这一甜蜜的胜利模糊了奋斗中的苦涩，不仅仅是在这个特定领域中为象征资本而奋斗，还包括在这个社会中为成为代表而奋斗。媒体时尚界的神奇女孩和不受争议的超级巨星的成功都是出乎预料，不经意间抓住了对每个人来说很渺茫的机会。

象征主义也许现在可以合并为审美期待的一部分，唯一例外的不同是其有助于 T 台整体效果的适当性。象征的少数族裔为整个视觉组织添加了意义，她的出现是被期待的。没有了她，疯狂追逐时尚的人们可能会觉得有些东西缺失掉了，就像一篇《纽约时报》的评论中对 Calvin Klein 2007 年秀场上全部都是白人模特的评论那样："这看起来似乎脱离现实了。"[63] 类似地，全部的黑人阵容也会看起来不同寻常，就像 2008 年 7 月意大利版

Vogue 全部使用黑人模特。

象征主义盘踞媒体时尚生产中，以至于几位经纪人们承认这引导了他们选择模特的决策：

但是黑人女孩们，总是似乎，虽然听起来糟糕，但确实是真的，每个人都看到像是有这么一位被选出的象征女孩。我们现在生活在2006年，会有一到两个黑人模特在一场秀上，在每场秀上，在每本杂志上。我不知道对于黑人女生来说这算是挑战还是幸运。你会发现有一个黑人女孩，所有的设计师们都会在同一季里面用她。（保罗，纽约经纪人）

在一个奖赏标记差异的市场中，一个人变成代表种族多样化的标志，从而限制了每位其他少数族裔者的机会。声援象征意味着要么赢得全部要么满盘皆输，因此对于经纪人们来说，相比于选择白人，选择少数族裔模特更为冒险。保罗继续说："我们有一位来自苏丹的黑人女孩，我真的很主张去推荐她。非常强壮非常不寻常的外形。她在令人感兴趣的这一保护伞下，但是同时你也可以说她就是很经典的那种模特。"他停顿了一下，"但是选黑人女孩，考虑到她的方向和日后的职业周期，真的是很冒险的，我讨厌这么说。"

两个象征符号

我采访过的黑人模特们虽然数量不多，但他们都在这一话题上滔滔不绝。当我第一次见到阿丽娅的时候她 22 岁，在那时她已经结束了两年的餐馆女服务员的休息期，不断接到纽约大型的商业工作。刚从芝加哥搬到纽约的时候，她一家又一家地拜访经纪公司寻找展示机会，背着她那填满中西部特征目录图片的简历，一次又一次地听着同样的拒绝：

"'你当然特别好，但我们已经有四位黑人女孩了，我们不可能再多加一个了。'或者'你很漂亮，但是我们已经有一个和你风格很像的女孩了。'然后他们会给我展示那个和我很像的女孩。我当时就想，怎么看出我们俩像的？除了事实上我是黑人她是黑白混血。"

在数月被经纪人们这样拒绝之后，她最终和一个很有声望的高端时尚经纪公司签订了合约，但是在商业版。她一年大约会接 40 万美元的目录拍摄、洗发水广告甚至是部分身体出镜的模特工作，例如指甲油广告。阿丽娅拥有深色肤色和自然卷曲的长发，拥有自己的拍摄风格和不断闪现的明媚微笑，一笑起来就露出两颗门牙的缝隙。很容易理解为什么商业客户喜欢她，但如我们所说的，很明显她被媒体时尚圈拒绝。对于阿丽娅来说，肤色是并且一直是她发展的重要制约因素。她说，种族解释了为什么她的经纪人不像推白人模特那样大力向时尚广告大片工作推荐她：

我不认为这是故意的……这只是他们看不到你。就像他们甚至不认为我会怎么样，这才是伤感的地方。

同时，跨过大西洋，索菲娅，一位 21 岁的牙买加模特，感到了因为种族和身材而带来的双重边缘化。当我在伦敦见她的时候，在被经纪人说有个"大屁股"之后她正在努力将 36 英寸的臀围减去一英寸。索菲娅拥有深色肤色和剪成小平头的自然短发，1 米 77 的身高，很难让人从她修长的身材中找到她"胖"在哪。她希望下一季回到纽约为时装周面试，成为媒体时尚圈的明日之星。索菲娅恰恰在阿丽娅的对立面——她拥有没有薪水的一些声望。"我做杂志拍摄、走秀，"她解释说，"所以我是时尚模特。""至于目录拍摄，"她说，"他们说这个工作报酬丰厚，我从来没有——我猜想他们不认为我能做这个。"作为媒体时尚领域的黑人竞争者，成功的机会渺茫，特别是当索菲娅的机会和白人模特相比的时候：

> 绝对不会一样。在我们的文化中，我们总是认为黑人需要付出比白人多两倍的努力。你看一下秀场，很难看到黑人女孩。或者可能就一位，你的机会就是如此。

作为对抗无标记的白人霸权的标记类别，非白人获得了关注。对于大多数白人高端文化生产者来说，毫无疑问，他们想要一个特定的非白人模特类型，来适合潜意识里根深蒂固的对白人的限制。非白人的出现可能缓和了内疚，或者是一种声明又，或者可以接触到消费者，但这始终是一种有意识的选择，在雇佣白人模特时则不会出现。

无 形 的 手

时尚很容易成为文化批评主义的靶子。对于 T 台上 0 码白人模特的批评每六个月就要卷土重来一次，但 T 台种族主义和性别歧视的指控并没有抓住更大的社会学观点。时尚生产者们不会根据性别主义或者种族主义的议程而选择模特，而是实现横跨时尚两大领域——媒体时尚和商业的两大不同系统的制作安排和惯例。在两大领域中，模特们被选择以体现市场特定的女性和男性视角，并将之与想象中的观众的阶级联系起来。外形因此清晰表达了性别、性和种族被阶层调和的思想。

0 号码的高端种族外形主要出现在媒体时尚市场中，但如果缺少对其另一面商业领域的理解，这种外形的出现还是无法被理解的。在商业市场中，一个丰腴的、更多种族的外形是正常的，是一个被理解为吸引中产阶级"时尚门外汉"的正常的、经典的形象。这是一个直截了当的市场游戏，生产者们确定他们的受众人口分布，创造出一个无风险的外形将会获得成功，而成功则被定义为销售量。

回到纽约公共图书馆的活动，"色彩的缺失"的嘉宾主持、前模特本瑟恩·哈迪森称赞了广告上的非白人模特："他们知道他们在和谁对话，他们在和他们的消费者们对话，这就是为什么商业广告正在点上。"

对于媒体时尚生产者们来说，他们在和谁对话呢？这个高端时尚领域的生产者们试图相互敬畏和激励。他们选择模特的首要原因是她们没有与大众消费者相同的地方。涉及现代西方思想上的女性身体的时候，节制和掌控是被奖励的，在资本主义社会中更是如此[64]。这种审美在商业工作和广告上明显可见，这些身材都远离松弛或者非训练。但是在媒体时尚工作中，生产者们更进一步追求着时髦前卫，否定了性吸引和主流的异性恋的女性气质。鉴于商业世界面向大众消费者，而媒体时尚领域有自己的独立品味，需要有独特个性的精英制作人们在微型社会网中相互捧场。

在这种美丽世界的逆转中，媒体时尚生产者离开主流，正是试图去建构出虚构的、属于品牌的理想世界。他们珍视特性，那种他们狭隘地限定在精英术语中的特性。在这个世界中，日常身材和他们的种族多样性都是没有一席之地的。

有一只无形的种族主义之手在引导市场，这被生产者们理解成一股他们无权对抗的合理有效的力量。在我们现在的放任自由种族的思潮中，看似自然的市场力量确保隐形种族主义的安全。作为一个议题，"市场"是生产者们解释他们对于模特的偏好的强有力的理由。关于市场的解释合理化了他们对于白人身体的偏爱，将种族议题推给了看不见的市场过程。通过引用想象中的供需规则，生产者们忽视社会和文化含义对于审美选择的重要性。然而，经济领域是很难从社会世界中分割开的。时尚世界如同任何一个市场，是由经济法则和文化价值观一同掌管的社会体。不仅仅是在市场中嵌入了社会关系，如经济社会学家长期以来一直所争辩的那样[65]，市场还是社会和文化的建构。时尚市场由卷入文化信念体系的社会关系所组成。文化意义和偏见渗入到组织惯例中，在此他们为生产者们非正式的知识、爱好和工作日程定型。任何像时尚这样的文化产品都是这类型共享的文化生产的成果。

时尚生产者们并不是明确的种族主义者或者性别歧视者。事实上，这是一个由自我标榜的艺术家和城市波西米亚人所组成的善意自由的世界。他们陷入生产循环中，在极大的含糊不明中努力做出决定，而这些决定则基于他们过去的工作经历，并且被未来他们仅可想象的成功束缚。白和 0 码的外形可能不会是单一一位生产者刻意为之的结果，它在制度上不断地被复制并在约定惯例下变得更加持久。加之他们的专业声望，生产者们相信容纳政治偏见的空间很小，也没有反思这种选择"合适"外形的惯例是否合理，也没有看起来特别有兴趣尝试去做。事实上，他们允许他们自己被看不见的种族主义之手引导。讽刺的是，在媒体时尚领域里生产者拥有最大化的自由度来摆脱消费者分布图或者主流期待来建构前卫时尚的外形，他们对已成为惯例的种族主义有更大的掌控。

种族主义和性别主义并不是稳定的身份认同或者群体分类，他们是一种默契、错综复杂的霸权，在没有被我们充分认识的情况下构建我们的视野，引导我们的行动。尽管经纪人和客户坚持种族平等，他们却擅长将种族主义和性别歧视用自由和平等包装起来的新型色盲。时尚生产者们对说清楚为什么身边很少有真正好的有色人种模特而感到不知所措，但这是一个相当普遍的问题：为什么没有任何有色人种的 ×× ？这个空白可以被不断地填充：为什么没有更多有色人种的 CEO，或者校长，或者社会学家，或者看门人？时装模特界是检测这种不言而喻的偏见的生动的舞台，因为这里没有正式的基于类似学问或者证书这类文凭的入行门槛，而且有很少的像文化或者社会资本的非正式障碍——那些过去和现在对于少数族裔进入到白人占主导地位位置的封锁。同样地，仅仅没有真正好的有色人种模特，正如没有"凶猛"的 12 码姑娘一样，因为在心照不宣的种族主义、性别歧视的假定下，他们不符合要求——因为这是一个白人、精英说了算的社会。

经纪人们和客户们不会或者说可能不会承认这点。相反他们相互指责并且推卸社会责任，想象他们自己无助地对抗无法避免的市场的力量和合理性。但市场是不可能独立存在的，而是基于文化信仰所建立的。对于种族、阶级和性别的文化理解是制作人们如何在这个产业中工作的核心。就像鱼儿在水中一样，生产者们也在"白"中畅游。这是他们呼吸的空气，是他们评定所有身材的时候无形的标尺。在这种文化中，白就是一切，也同时什么都不是 [66]。经纪人们和客户们就这个意义而言是文化生产者，文化创造者——当他们找寻对的外形时，他们复制文化，唤起和改进我们共享的阶级、性别和种族定位。

6

T 台性别

看　点

　　我坐在位于曼哈顿西侧的一个工作室的狭窄走廊里，与大约十位年轻姑娘一起，我们被叫到这里面试一个设计师的香水广告大片。我那天的面试单上满满九个附加的面试信息，这个写着模特被要求带她们的浴衣。上批姑娘进入面试房间已经有30分钟了。音乐声雷动般从工作室里面传出。那是尚恩·保罗很流行的一首歌，每30秒一次：Shake that thing，Miss Kana Kana，Shake that thing，当大门最终打开的时候，面试者们鱼贯而出，一位坐着的模特问："在里面要做什么？"

　　出来的模特解释说："跳舞。"

　　"跳什么舞？"另一个问。

　　"只是自己随便跳自己的，放轻松。"

　　上批模特离开了，一个女人负责带下一组的五位面试者进入大的工作室。她指挥我们走到坐在宽阔的工作室一角的皮沙发上穿着白色衬衫黑色宽松裤子的男人面前。没介绍他是谁，或者他是什么职位，但他必然是老板了，因为他仔细审查着我们的名册，一个接一个，拿着一张卡片，当我们站在他面前的时候，粗略地扫过我们。"谢谢你们。"他说。

　　那个女人命令我们在房间一角的屏风后面换上我们的浴衣。在我们换衣服的区域有一面很大的镜子，我注意到每个姑娘通过镜子察看自己，也谨慎地察看别人。

一个接一个，我们走进工作室的中央，在聚光灯下被拍摄，随着音乐跳舞。当一个姑娘跳的时候，剩下的人在换衣服的地方，伸长脖子去看，在尴尬和同情中咯咯地笑着。

我前面有两个姑娘，我走到聚光灯下被胶带做好标记的区域。摄像师命令我报上名字和经纪公司，然后要求开始跳舞。

"只是跳舞？"

"是，准备，好开始！"

"阿什利·米尔斯，Metro 模特经纪公司。"

"Shaking that thing，Miss……"在我跳舞的这 20 秒里——但是我感觉如同 20 分钟一样长，低音音乐响彻房间。音乐突然停下，那个负责的女人礼貌地说："谢谢你。"

我回到屏风后面和其他模特站在一起，在那里她们做着评论："这感觉很奇怪，对吧？""我的天啊！"有人只是摆摆手，翻了翻白眼。一位模特不敢相信："那个男模，就是坐在那儿的那个，看着我们呢。那个坐在沙发上的，他也看着我们呢！"她也认同我的"奇怪"的感觉——这种怪异直接表现在固定于我身上的目光中——来自坐在沙发上的男人，一位男模坐在附近看着一切的展开。她继续说："现在这位男模应该在我们面前脱光了跳舞，男人绝不会这样，这太不公平了。"

但仅仅几秒后，这位男模从房间的角落中仅仅身着白色紧身内裤现身。在女人们的呼喊和口哨中，他移动到聚光灯下。从我们的屏幕中窥视，当他跳舞的时候我们爆发出笑声和嘘声。"至少现在我们有东西可看了！"有人这样说。

在工作室外面穿衣服等电梯的时候，我看到了那位男模，他自我介绍叫迪伦，来自达拉斯。

"面试怎么样？"我问。

"和我预想的不一样，"迪伦告诉我，"穿着内衣跳独舞。"我们相视一笑，这时电梯门打开了，我们说了声再见，就此道别。

这就是作为性感对象的我和迪伦所拥有的共同经历。迪伦可能希望他的表现可以在走出工作室门的那一刻停止——来到街上的时候，他就恢复成一位普通男性，不再如展览品一样被审视。对我来说，穿梭于这个城市之中的面试感觉就像再一次站在聚光灯下，当我收到与我在街上擦身而过的男性们的注视与口哨声的时候——这样的姿态，在一篇女性主义文章中被指出会让女性在公共场合感觉到不舒服[1]。这些路人的目光可以确定是出于受到欢迎，然而，这些天来急匆匆地走在另一个面试的路上时我深思，那些不请自来的关注持续地出现。我的面试穿着——依据经纪人的要求，一件T恤和一双高跟靴，加剧了每日的街头性骚扰。"嘿，小姐！"一位男士大声喊着，从车窗中探出头，后面的司机也怪叫着："喔唷唷。"而穿着牛仔裤和运动鞋的迪伦，可能就不会在街上遇到这些。

很多次，在面试中我目睹了一个有趣的画面——近乎全裸的男模冲着客户搔首弄姿，而这些客户通常是女性或者从外表上就能看出是同性恋的男性。这些男人大摇大摆地走进工作室，戴着太阳眼镜，做出一幅无聊的表情。他们两腿分得很开地坐着，随着正在听的音乐点头。几分钟后，我可能看到其中一位依照指示脱掉衣服和裤子，以便客户能仔细看看他的身材。我也知道，如那些穿着三角裤暴露在众人之下的男模所知道的，如果我们都被同一份工作选定，我将会在一个同等的工作量中赚到他的两倍。在模特以外的行业，性别秩序是：男性是主体，女性是客体，这中间有 20% 的挥之不去的男性优势工资差[2]。

我们已经知道了模特们塑造自己的外形，要付出情感和体力劳动，经纪人和客户们产出外形的价值需要进行社交工作。这一社会产品按照种族而划分结构，高端的媒体时尚外形从文化角度上看，不符合非白人肤色的文化意义。这一章将揭示时尚界是如何按照另一概念——性别——划分结构的。

为了了解性别如何塑造模特市场，我以一个谜题为开始：人们普遍注意到在近乎所有的职业中，女性赚得都比男性少，在美国大约是全职工作中的 80%，这是在近 20 年中相对稳定的收入差。例外也确实在少数职业中出现，例如性工作和时装模特界。社会职业与性别研究者们解释说，各种社会力量赋予了男性在薪水差中的优势[3]，但是很少有人知道男性遭受工资差弱势的案例。在这一章中，我翻出这个问题并且调查使女性一致要求工资溢价的这些过程——从 25% 到 75%——在时装模特领域。男性不仅仅在模特界最高领域的人数少，女性的身价也高于男性。经纪人、客户和模特是如何产生并且维持住这个反向的男女工资差的？

由于时装模特市场由经纪人、客户和模特这三大类主要人士组成，我从三方面回答这一薪酬差谜题：首先，经纪人们如何推销男性模特？第二，客户们如何购买？第三，为什么男模们会接受较少的钱？当男模将社会科学家们典型的性别、工作和性的思考方式复杂化，我认为最终男性的贬值是对男性特权的重现，即使它似乎是在庆祝女性进步。模特界似乎是一个异常的案例，在这个案例中女性占上风，但事实上突显了性别和文化是如何构成一个劳动力市场中的一般模式的，即使我发现的是作为展览品从文化上提高女性的身体和她们的更大的相对价值。

工作中的性别

时装模特将我们对于性别的惯例想法复杂化。当大部分审美劳动研究都集中于将女性作为观赏性对象的时候，这里男性是展示对象，着重利用他们的性取向去"扮演同性恋者"以提升他们的收入等级，虽然大部分研究表示女性和男同性恋者在工作场所淡化他们的性别。像其他男性一样，男模也工作在一个由性别规范建立起来的组织中，但不寻常的是，这些组织中的潜规则是：女性是最高级的工作者[4]。最终，这一切的一切，男模的所得彻底低于女模，这一矛盾的劳动市场结果反转了典型的酬劳模式。这些存在于性别、展示、性向、组织和工作间传统关系中的障碍，展现出了一个似乎是女人战胜了男人的花花世界。

模特是不成比例的"女性工作"，根据美国劳工署的数据，人口高度集中于女性，对于男性来说是非传统的工作[5]。几乎一致的，女性在从事"女性的工作"时会遭受"薪水惩罚"，然而在模特工作中，女性的收入要比男性高出25%到75%。

在工作的每个级别中，从目录拍摄到走秀，男性的收入都低于女性，这种收入差异的例子很多。在 2006 年 2 月，我参加了美国服装连锁店的展示，女性模特的酬劳是 600 美元，而她们的男性同事同样时间的酬劳为 400 美元。一位美国著名设计师在纽约时装周的秀上，女性模特的一场秀所得大体为 6 小时2000 美元。类似经历的男性模特的酬劳则是 2000 美元等价值的设计师服装[6]。对于像 Prada 这样的国际奢侈品品牌广告大片，一位名叫卢卡斯的伦敦男模一天的收入是 3 万美元——用他的话说是"极好的"收入。而他旁边所站着的女模，广告收入则达到 100 万美元。经纪人们、模特们、客户们和会计师们提供了模特每项工作的最低、最高和平均价值评估（详见表 6.1）。

表 6.1　男性与女性不同种类模特工作薪酬

工作种类	女性		男性	
	最低（美元）	最高（美元）	最低（美元）	最高（美元）
香水广告大片	100,000	1,500,000	30,000	150,000
奢侈品品牌广告大片	40,000	1,000,000	20,000	200,000
商业广告	15,000	50,000	5,000	30,000
高级别目录	7,500	20,000	5,000	15,000
中等目录	2,500	75,000	1,500	3,000
低端目录	1,000	5,000	1,000	2,500

	女性		男性	
服装陈列间 / 天	400	2,000	250	500
服装陈列间 / 小时	150	500	50	200
时装秀	0	20,000	0	1,000
杂志拍摄	0	225	0	150
最大估值（依据性别）	−20,000	2,000,000	−2,500	200,000

在伦敦的 Scene 模特经纪公司，最顶级的男性模特年收入 3 万英镑（6 万美元），在 Metro 公司，顶级的男模年薪在 15 万到 20 万美元——这并不差，但相比于这两家经纪公司中最高收入的女模，这个年薪显得微不足道：顶级女模在 Metro 的收入超过 100 万美元，在 Scene 超过 100 万英镑（大约 200 万美元）。甚至在主要的高端时尚和香水广告大片中，男模可能只赚类似工作的女模的十分之一——10 万到 15 万美元。在时尚界中成功孕育成功，但是对于男性来说只有一点，正如积累的优势拉大了个体模特薪酬之间的差距，积累的劣势也如此拉大了男模和女模薪酬之间的差异。

薪酬差并不只是一个复合的影响，这其中少数女星的收入提高了女模的整体收入水平。男性和女性的收入分布在几乎每个级别所有种类的同等量工作中非常不平等。如果模特界是"女性的工作"，那么为什么男模没有如他们在其他女性掌控的工作中依靠自己的阳刚优势获利？

男 模 简 史

虽然男性模特的历史还在书写，但男装市场的历史表明男性模特直到 20 世纪 60 年代才获得了经纪公司的代理，这已经是鲍尔斯模特经纪公司在纽约开启女模业务的 40 年后。在 20 世纪 60 年代之前的广告反映了对于男性在镜头前的一种文化不安——男性插画相比照片更受欢迎。当男性独自在时尚影像中摆造型时，他们倾向于看着远方，回避直接的、同性欲的凝视。广告客户展示男性的时候会有女性和家庭在一个场景中，以冲淡同性的暗示。[7]

男性模特更显性感是与男性休闲服装的崛起同步的，这在美国开始于 20 世纪 30 年代的"加州休闲"运动衫风格。由于男性时尚在一个日益非正式的文化中变得放松休闲，三件套西服过时，而西海岸风格的男性裸腿休闲姿势成为时髦。在 1942 年，男装产业出现了第一个全部是男性作为展示的时装秀，棕榈泉运动服饰会，虽然当时这个秀很谨慎地被称为"风格秀"而不是时装秀。

由于男装市场的扩张，成衣设计师品牌将关注转向男士。在 1960 年，皮尔·卡丹（Pierre Cardin）在巴黎举办了第一个高级定制男装系列秀，随后一年举办了男装成衣系列秀。两场秀皮尔·卡丹都起用了学生，因为当年巴黎还没有出现专业男模。皮尔·卡丹的秀引领了一种新意识：时尚不再是完全女性化的领域，男装线和广告在这个"男装革命"的年代蓬勃而生。

截至 1967 年，在纽约有四家经纪公司专做男模经纪，而这一数字也在迅速发展 [8]。

这一时期的广告客户对于男性作为模特出现有着挥之不去的疑虑。万宝路男便是一个显著的例子。当万宝路寻求将品牌形象由女性清淡香烟更改为男士香烟时，广告人放弃了他们的专业模特，转而找到了达雷尔·温菲尔德（Darrell Winfield），一位真正的牛仔，他在 1968 年成为万宝路形象中的"万宝路男"。广告高管们疑虑男模能不能正确传达出广告形象中要表达的粗犷、异性的阳刚之气，后来他们理由充分，请来的商业模特在镜头前摆的姿势隐藏着女性化的影子，因此太"阴柔"而不能够传达出那种粗犷的男性之美 [9]。当提及万宝路男时，特意没有将他作为"模特"，而是当作"牧马人"。

自 20 世纪 80 年代以来，新兴的男士服装零售市场和美容市场引来了男模市场的扩张。时尚杂志在这一时期瞄准了男性身体，尽管市场调查显示与预测相反，英国杂志 Arena 在 1986 年成功风靡一时，随后 Loaded 杂志和大洋彼岸的 GQ、FHM 和 Maxim，所有这些都在呼吁新的针对年轻男士的时尚。相比他们 20 世纪早期的插画和 40 年代的加州休闲风格，这些新的表现描述了男性不明确的男性气质——身材被修饰而着装趋于完美 [10]。

传统的工资差

男性模特收入较少与典型的劳动模式相左。无论是职业横向比较还是同一职业内，女性收入一贯低于男性。当男性进入到女性化劳动中，例如看护和辅助性专业人员，他们倾向于获得财务上的最优和晋级到高层[11]。

为了解释传统的男女薪酬差，主流经济学家强调理性选择和个体因素，例如男女人力资本的差异和雇主的个人倾向。与正统的经济学范式中市场作为一个独立的、静态的结构相反，社会学家们提出经济、文化和结构因素相互作用形成市场过程和结果。经济学家们提出市场是由社会关系组成的社会结构，与文化不可分割。这意味着市场同样与性别不可分割[12]。

女性主义学者关于工作场所的分析已经论证了工资不平等是如何反映和维持男女不平等的社会权力的。1977年罗莎贝丝·摩斯·肯特（Rosabeth Moss Kanter）在其经典著作《公司的男男女女们》（*Men and Women of the Corporation*）中发现，女性惯于服从且支持男性的权威地位，社会学家们已经展现了性别如何构成组织和塑造在组织中工作的人们。组织通过职业隔离、雇主歧视、不平等的家庭劳动分工和文化上对女性的贬低重现两性的不平等。通过综合这些因素，男性占据了最好的收入和最大声望的工作，而女性则重新洗牌，进入报酬相对少的领域，在这里她们的职位可能比男性低[13]。

那些做"妇女的工作"的女性通常会比其他职业赚得少。文化贬值假设主张，因为在我们这个社会中女性相对于男性是被贬低的，所以那些与女性相关的工作，特别是那些与女人"天性"相结合的工作（例如养育子女和善于表达）被贬低。相对于其他男性，那些从事女性工作的男性工资较低，尽管克里斯蒂娜·威廉斯（Christine Williams, 1995）曾经证明当男性从事教师、图书管理员、护士和社会工作者这些职业的时候，平均来讲，他们获得了相比女性更好的收入回报和更快的晋升机会。男性通常会由于进入女性行业而获利，然而女性在男性工作领域却并不融洽，也并不感觉到受欢迎。

当然，不是所有男性都享有在女性之上的特权，然而，这种利益冲突不仅仅出现在男女两性之间。在任何一个语境中，如康奈尔（R.W. Connell）提出的，"纯男性气质"从文化角度上凌驾于次级男性气质和女性气质之上。男同性恋的等级接近于性别排序的底层，与女性气质同等[14]。因为主流男性气质在文化上的稳定构成了市场和工作，性别成为女性的负债和男性潜在的资产。如果不是在特定的工作场所中，阳刚之气的优势就通过工作者们的实践产生和维持，以至于女性会碰到传说中的"玻璃天花板"，而男性则享受这种乘坐"透明扶梯"在非传统工作领域晋升。

但是这种捷径也会在少数领域无用。时装模特可能就是其中最负盛名的。

展 示 工 作

女性比同领域的男性赚得多，在另一个有关联的工作——性工作中同样存在，如女性主义理论家凯瑟琳·麦金农（Catharine MacKinnon）悻悻地说：

除了模特以外（这当中有很多共同之处），性工作是唯一一种让女性整体上赚得比男性多的工作。我们可以以我们的价值标准检查一下 [15]。

如麦金农这样的激进的女性主义者，谴责性工作者们和模特们的工资溢价对女性的性剥削的证据，麦金农的理论表现出了父权制的关键。社会学家视这种主张是简化的，失之于以经验为主，但这里还是有着对于女性身体展示的文化溢价有用的分析。

展示类职业中女性的酬劳高于男性，女性主义学者认为，因为女性的身体作为性和美的客体拥有更高的文化价值。无论是在报纸广告中、文艺复兴的油画里、叙事电影还是在现代时尚形象中，女性的身体长时间被认定为是被动的、视觉愉悦的客体。这种认定呈现在女性的工作和人生轨迹中。女性从历史上讲就比男人更有可能以她们身体上的美丽换取经济上的保障，她们的外表在人生际遇上承载着比男性更重要的意义 [16]。女性从事展示类职业貌似是自然而然的，但当男性进入色情片拍摄或者脱衣舞领域时，他们发现很少有异性恋观众，这促使一些男性表演者为追求高报酬而伪装成同性恋者 [17]。

相反，男性的身体在专业的体育运动中被誉为"积极的展出"，而女性则会在体育运动中受到很大的损害，所以近期她们成功地挑战了在赛事奖金中男女的差异。2007 年，在世界上历史最久的网球主要赛事温布尔顿网球公开赛上，男女选手获得了等额的奖金；尽管赛会主席声称报酬是由"市场"掌握的，而

非性别 [18]。

　　当然，男性和女性是不同的，他们的身体大部分是无法互换的。大多数男女打球的方式是不同的，他们有不同的繁殖能力，服装的合身尺码也不同。这很容易让人们相信这些身体上的不同自然而然地导致了社会角色上的不同，但是社会上的结果来自更为复杂的（更有意思的）进程。例如，精子和卵子市场就是另一个薪酬逆向的市场，社会学家蕾妮·阿来米琳（Rene Almeling）发现，生物学上的稀少使女性卵子比男性精子价格高。她还发现母性文化的溢价在如何定价卵子上也起到了作用。换句话说，身体承担的文化意义（在阿来米琳的案例中，母性稳定于父性）影响了在实践中组织如何商品化身体 [19]。

　　在模特市场中，男性和女性的身体作为"装饰性物品"被商品化。对于女性来说模特工作就像职业化的性别操演；她们出类拔萃地"做性别"（doing gender）[20]。男性模特也同样"做性别"，但是他们是在相反的立场上。如约翰·伯格（John Berger）在他的经典著作《观看之道：影像阅读》（*Ways of Seeing*）中所提出的，男性行动，女性表现。作为专业的装饰性物品，男性模特存在于展示阳刚的文化矛盾。如果展示是依照性别分类的，那么观看展示的行为也是。电影理论学者劳拉·穆尔维（Laura Mulvey）曾经提出甚至我们看电影的方式都是依照性别的，有着主动/男性与被动/女性之间的分割，有男性化视角和女性化景象。她声称这是二元对立的，在观众离开影院之后继续影响女性和男性如何看待他们自己 [21]。

　　然而，毫无疑问地，关于样貌的政治在近十年来已经变化。

穆尔维和伯格假设的是一个二元化的男性/女性消费者和产品，这一立场自 20 年纪 80 年代性别表现的变化中就已经站不住脚了。在 1982 年，卡尔文·克雷恩（Calvin Klein）创建了新的男士内衣线，消费者们目瞪口呆地看着纽约时代广场上的巨型广告牌，仰拍了一位奥运运动员强健的、近乎全裸的、只穿着白色紧身内裤的身体。他阻碍了交通并且标志着在主流媒体中男性身体的展示作为性感对象的一个转变[22]。今日，男性形象通常促进男性的时尚潜意识，所谓的"都市型男"，这使得传统的同性与异性、男性与女性的二元结构变得模糊。标志性的男性身体作为公众的崇拜对象经常出现在广告牌和杂志中。随着男子气概可见性的变化，男性模特站在舞台的中央——但无论他们在哪里，他们的薪酬低于对应的女性模特。

经纪公司：供应满足需求

在 Metro 公司每周有特定的一组模特见会计领薪水。Metro 的会计总是手握支票等着一群姑娘们来领，但他难以回想起会有超过一位男模经常地拿到支票。他的同事，一位坐在对面办公室的助理会计已经放弃回忆上次男模比女模拿到更多钱是什么时候："我的意思是男模们总是，总是，总是赚得比女模少。"

"即使他们做的是一样量的工作？"

"完全相同的工作。"

会计解释说，很典型的，在这个二月，男模的工作盈利占不到经纪公司月收入的十分之一。在两家经纪公司，男模都比女模赚得少很多。在 Metro，男模占模特的 30%，但是他们所带来的收入只有 20%。在伦敦的 Scene，男模占 25%，收入不到 10%，这一特别糟糕的表现被部分归因于 Scene 经纪人们"前卫"的外形喜好。Scene 的男模通告几乎完全是纯时尚的大片拍摄，偶有目录拍摄工作。会计解释说超过四分之三的工作人账来自于每年两度的 Prada 新一季大片拍摄，这意味着除了这两名男模外其他的通告都是没有利润的，这促使经纪公司最终终止男模业务。

解开薪酬差异谜题首先要从经纪人们开始，因为他们是市场供求链中重要的环节。经纪人们并不依照预先制定的价格售出模特，当然也没有这样的价格。面对高度不确定、复杂多变的环境，经纪人们遵从惯例和常规去决定模特的薪酬。经纪人开始总是开出他们认为可以代表模特的最高的价格。主要是依据模特的现有声望，或者潜在的声望。接下来，经纪人积极地与客户协商以保持高费用。最后，经纪人调动社会关系，呼唤老朋友的帮助并向客户施压。

这个过程很难被称为"等价交换"，价值谈判基于经纪人和客户间的互惠、信任和共识。经纪人在判定模特的价值上拥有巨大的权力。他们充分意识到这点，并以此为傲。他们能看到非客观存在的价值。但事实证明，模特的性别在判断其价值上发挥着重大作用。

这只是一个市场

一位男模经纪人说："这就是一个女性赚得比男性多的产业"，超过半数的受访者也都如此迅速地告诉我这一点。在大多数情况下，经纪人们似乎是男模薪酬相对较低的主谋，这种薪酬差看起来也是市场供需均衡的支柱。"这只是被接受的结果，"更多的人表示，"这就是市场的方式。"另一位经纪人说，当他的男模抱怨低薪的时候，他告诉他们："如果你们不喜欢这个，那么就变出一对乳房来吧。"

当被要求解释为什么男模薪酬低时，33 位受访者中的 7 位根本没有答案；其中 6 位认为这不公平，甚至"完全离谱"、"令人作呕"，但总是超出他们的控制能力之外：

他们赚得少很多，但我真的不知道为什么……你知道这令人恼火。我的意思是作为模特经纪人，我无能为力。作为一个女模经纪人，我不能和我的姑娘们说少拿点，因为我不可能那么做。（卡尔，伦敦经纪人）

我也对一些客户说过，"不，男模的收费不能更低了。"但你知道，这有时候有用，有时候不行。要是价格实在太低，有时你只能给男孩子们自己看看："我认为这种价格不应该接，但，希望你自己决定。"（格蕾塔，伦敦经纪人）

接着格蕾塔耸了耸肩，补充道："模特总是会接受这个。"有些经纪人批评这种性别不平等，但是他们声称对于这种无法避免的合理的"市场力量"感到无助。

但是，什么是"这个市场"？当然，模特们的酬劳符合时尚时装的性别化需求。男性时尚的规模和容量都比女性时尚市场小得多。女性成衣是时尚产业的主要组成部分——例如2010年秋季系列期间，Style.com报道有288位设计师设计发布了女装设计，但只有91位有男装线。在2005年，美国只有86本针对男性时尚的杂志，而目标受众为女性的时尚杂志则达到184本。在时尚直邮名册中，有355家做男装，436家做女装。市场调研公司NPG集团调查显示，男性服装销售只是女性服装产值1070亿美元的一半[23]。同时男性消费者的购买量也低于女性：在2004年，根据NPG集团的市场分析，女性除了买自己的衣服之外，超过三分之一的男性服装是女人买的[24]。

考虑到男士时尚市场价值较小，男性购买力低于女性，似乎从女模特身上可以获得更多。毕竟女性时装销售产值是男装市场的两倍。相对于男模而言，女模一个小时的投资回报很可能更高。从经济学视角来看，男模薪酬差距就是一个显而易见的结果。

经纪人们视这种薪酬差异为一个显而易见的市场驱动的结果。事实上，他们不能理解为什么我一直在研究调查中询问薪酬差的问题。但是他们向我解释得越多，我的疑问就更多。

超出供需：当男性消费更多的时候

关于"这只是一个市场"的解释，我发现有三大主要纰漏。首先，在一些非时尚产品上，例如酒类和香烟，女模依然预期比她们的男性伙伴赚得多，尽管事实上男性才是今日美国烟酒的最大消费者[25]。作为消费这些产品的最大群体，男性是烟酒商们重要的目标客户。如果薪酬根据消费者分布而定，那么我们可能会预期男模在为那些以男性为主要市场受众的产品工作的时候会获得更好的收入。然而经纪人们并不指望以这种方式计费。在一个全国性香烟或者酒类广告大片中，一位男性经纪人努力将他的模特收费争取到 2 到 3 万美元，远远低于女模收费，他解释说：

> 通常可以肯定地说，女性在香烟广告或者酒类广告中将比最终决定采用的那个男模多赚 2 万美元。（伊万，纽约，男模经纪）

经纪人预期这种反向收入差在酒类广告中出现，甚至是对于同等地位的模特。换句话说，不出名和不走红的女模在非时尚类产品的广告中赚得都要比不走红的男模多。反映在另一个酒类宣传中，一位会计解释，一位在当时相对不出名的商业女模，在一个限量印刷的广告中酬劳是 15000 到 20000 美元。当被问到同样工作的男模的费用是多少时，他说：

女模酬劳的一小部分。可能四五千美元。我不记得有男模赚过很大一笔钱了，这不是像香水国际大片那样的重要工作。（伦纳德，纽约经纪公司工作人员）

男士时尚单品广告中同时出现的男女揭示了这个市场中第二个不合理之处。当女模站在男模旁边摆着姿势，为像古龙水这样的男士产品做广告时，经纪人们认为她仍旧会赚到比男模多的酬劳：

女孩们总是比小伙子们赚得多。因为，你是否注意到这点，每一项工作中都有女模出现。女模甚至可以出现在男士产品广告中。女模展示男士古龙水，而男人只是个背景。（艾丽，纽约，经纪人）

当男人出现在女性广告中的时候，他们通常是作为酬劳极低的背景道具。当女模出现在男性广告中的时候，她们则是道具前面的主角，可能会有过高的薪水。如果我们认为男模的收入与他们消费群体的规模和产品销售额有直接的关系，那么男模在这些工作中赚得会多于女模。对于合理市场这一解释第三个不合理性出现在对于非白人模特的补偿上。

种族中反事实的薪酬对等

种族问题和随之而来的不平等，在模特薪酬的补偿模式中提供了关于这不是"只是一个市场"的第三个反驳观点。非白人模特——黑人、亚洲人和非高加索人种的拉丁人——只占Metro所有通告的10%到15%，Scene的5%。正如此，经纪人表示是由于对非白人模特的工作需求少。少部分"被选出"的非白人模特已经够了，违背他们自身的政治理念，经纪人的理由为，这通常是客户们的购买人口比例。毕竟，白人消费者花费更多的钱在时尚和服装上[26]。换句话说，因为由非白人所组成的购买人口相对较少，对于非白人模特的需求也少。

然而，在其他因素不变的情况下，白人和黑人通常薪酬是一样的。这就是说，拥有相似经历和地位的同性别的白人、黑人、亚裔、拉丁裔模特通常赚相等的时薪或者日薪。种族不是价格协商时候的一个谈判筹码。男模经纪伊万这样解释：

> 我有很多非洲裔模特被拉夫·劳伦（Ralph Lauren）选用，那我就可以说，哥们，我的模特做过RL，RL喜欢他，如果你也想雇他，那么7000美元，就这样。"你知道，我不知道我们是否会为一个少数族裔模特付这个价钱。"要么自己去找并不是真的想要表现你公司的模特，要么就给他应得的钱。

考虑到所有市场的基本种族结构，这看起来是违背常理的。自从20世纪60年代黑人女模进军白人广告市场，时装模特在薪酬上携带着遗留下来的种族歧视[27]。

今日，白人与非白人在相等的工作中收入不平等几乎是闻所未闻，一位男模经纪人解释说："我认为每个人特别忌惮这点，因为你不得不保证政治正确。"在少数情况下，客户们不想给非白人模特一个公正的收入，经纪人们拒绝接受他们看到的偏见：

> 我有过一位客户找一位拉丁和一位高加索女孩。对于这两个模特来说工作都是完全一样的，但他们想要给高加索女孩更多的钱。可能多几百吧，我当时的想法就是，这是在逗我吗？（奥利维娅，纽约经纪人）

如同经纪人们清楚表示的，种族划分并非薪酬折扣可接受的理由。非白人面孔进入壁垒并且机会较少，但一旦他们在这个外形市场中获得机会，他们所赚的，多半并不受到歧视性工资惩罚的影响。

通过访谈可以发现，种族不平等是一个最有可能使受访人不安的问题，让他们尴尬甚至彻底激怒他们。然而，被问到性别不平等时，受访者只是耸耸肩，轻松地提供了一个解释，或者讲个玩笑。模特界是一种劳动力市场，在这里种族和性别相较于不同的平面。种族提供了机会的整体结构映射，是让经纪人很敏感的一种不平等。当涉及价值的时候，性别是最强大的决定因素，虽然经纪人少有将此当成问题。

远大于"仅仅一个市场"

这三个案例——烟酒这种非时尚类产品广告，男士古龙香水这一类的男性目标受众的广告，和非白人模特同等的收入——这些都与经纪人们所声称的薪酬源于消费者分布和产品销量背道而驰。

我们已经通过一位模特的价值变成一个固定的经济总量看到了复杂的社会过程。因为模特们的生产力是不可见的，他们的薪酬是与消费者分布和销量分离的。一个外形的价值从经纪人与客户们的协商中和他们的社会关系中产生。

少数社会学家会认为薪酬和所做的工作只是一种技术关系。然而，市场通过参与者对世界规范的理解而出现。价格和薪资是与组织约束、道德价值和领薪者的社会地位相关的[28]。

我的目的并不是拒绝基于市场的解释，而是提醒大家注意社会工作——共识、信仰和约定——形成了市场的基础。那么又有一个问题出现了，市场遵从什么样的逻辑？或者说遵从谁的逻辑？关于收入差距，市场吸纳的是什么样的性别规范理解？

经纪人们承认需求的结构状态是不确定的，然而他们的工作是迎合客户的需求。去疏导供求的紧张，经纪人们必须要假装他们知道客户想要什么，事实上，他们有相当大的权力去塑造客户的需求。一位模特的价值不仅可以塑造成他的客户想要的价值，还可以按照他的经纪人们认为客户应该想要的价值塑造。事实证明，大多数经纪人没有看到对男模的太多需求，所以他们不太可能为了男模的高收入而争取：

没有男超模。我不认为他们价值低，但人们就是认为时尚是女性的世界。他们目前就是给女模的薪酬高，因为现在确实

不是男模当道的时刻。（林恩，纽约经纪人）

　　有很多例外。男模经纪人有时候也可能开出高于女模的价钱，那是在这样的条件下——这个男模在时尚圈已经闯出名堂来了。一位男模经纪人这样讲述他是如何设法为他的名模争取高薪酬的：

　　我以前这样做就成功过，就是撑着，说你不能选他。如果他们真的真的想要某个人，例如，帕特里克。这个世界上只有一个帕特里克，你就可以说："不，你只能在这个工作上选他。"但这是有前提的，那就是帕特里克已经做了很多广告大片的工作。（纳扎，纽约经纪人）

　　这个例外揭露了一个规则：市场价格是社会协商的产物，通过经纪人们"抻着"他们的客户，有时候他们仅仅凭借与客户间的关系和对模特的相信。几乎没有静态的市场力量的直接结果，模特的薪水是复杂的社会关系的结果。根本上这些关系就是性别的文化规范。

男人的价值较少

　　"我很讨厌这样讲，"凯丝，一位纽约经纪人说，"但谁更有价值就更倾向谁。"她解释给我，为什么男模赚得比女模少。"谁有更多的媒体时尚工作，谁有更多的经验，我们认为谁更有潜力。我认为这真的就是底线了。"

在我们的访问中，经纪人们解释了无数个他们认为男模比女模潜力少的原因。他们引用根本上的性别观点解释男性作为模特的不值钱，因此要比他们的女模伙伴价值低。在他们与客户和其他经纪人的交流中，他们参与构建模特和模特工作的价值。他们维护这样的一个规范：女性是合适的展示对象，而男性不是。

女人的职业

对于大部分经纪人而言，女性和时尚模特行业是紧密相关的，然而男性和模特却不符合文化常识。"我不知道。"当唐，一位资深经纪人、模特经纪公司总监，都不能回答出关于男模业务的基本问题时，我大吃一惊。问到关于男模每小时和每天的费用细节的时候，他大笑："我负责整个经纪公司的运作，你应该去问那些人的经纪人们。"当被问到为什么男模赚得少时，他简单地说："我认为这是因为，"他犹豫了一下，"女人，这是一份女人的职业。"

有些经纪人根本不理解男模，一位承认最近摆脱了寻找男模的责任，声称："老实讲，我真的不明白为什么男人会想要去当模特！"另一位前男模经纪人开玩笑说：

我不理解为什么男人想去当模特……如果你说你是一位模

特，那就像是在说在失业一样。这是一回事儿。（里奥，纽约经纪人）

女孩子们被认定想要成为模特是因为例如想要出名、富有、光彩或者自我认可这样的原因，但经纪人们猜想男性的动机可疑，例如虚荣和对男性阳刚的质疑，大部分普遍以同性恋的形式出现，但有时是不可调和的，超级异性恋的。一些女模经纪通过声称男模不需要那么多的钱来宽恕男女模特之间的工资差异。在一个将男人塑造成物品的领域，男性模特可能只是令人费解的存在。

当被问到关于男性与女性模特的差异时，另一些经纪人以更宽泛的社会理论来阐述自然性、美丽与时尚。他们调用旧广告中的"色情营销"真言。谁能比女人更能做到这个？就像伊万所说的："你知道吗，女孩们那么火辣，她们可以售出任何东西。这听起来很粗俗，但女人们买东西是因为她们看到在广告里的女人，她们也想要像这样。而男人只是想占有女性……他们有两个市场。"

伊万的话暗指，女性在我们的性别社会中，最终还是西蒙娜·德·波伏娃多年前唏嘘的"性"。要强调的是，这只是关于男性和女性普遍心理的一个假设：

但我认为在男性的普遍心理上，在广告里有个漂亮女人站在男模的旁边是比仅仅一个男模要好的。但我不认为这对于女人来说有必要。（伦纳德，纽约）

　　作为与最终消费者保持有一定社会距离的文化中介，经纪人们过滤普遍思想、关于消费者的喜好和他们对不同外形如何反映的假设。如果经纪人们假定男人和女人有同样的心理倾向，将女人当做视觉对象来欣赏，那么自然地，对于女模的需求立即就要超过男模。

　　或者，更确切地说，相比男模，对于年轻女模的需要更为自然。经纪人们通俗地用"女孩子们"来描述年龄从13岁到20多岁的许多女性媒体时尚模特。男模年龄明显更大，从18岁到45岁。几乎所有对年龄差的解释都带有性别歧视，认为对于女性身体来说，年轻比年龄大好，然而对于男人来说，年龄则是经济优势：

　　　　在年龄上，男性占有更大的优势。他们可以从年轻猛男一直到年轻奶爸再到中年父亲，他们是可以向前进的。但是大部分女孩迅猛发展然后就陨落了。有一些可以保持住，但当你到了15岁之后，你的身体每年都会有变化，22、24、30、40都不一样。但对于大多数男人来说，22岁以后也只是每年会重一点，最多也是会在30岁以后少点头发。（伊万，纽约男模经纪）

　　然而，那些在这份工作待到三十出头的男人发现也不一定有好处，较长的职业生涯并没有让他们在经济上处于优势。由于他们的竞争对手减少，他们的工作机会扩大，但是他们的竞争对手被理解为退出，如同男模业务总监所说的："在30岁过

后，当他们拥有家庭，有了孩子，我们就觉得他们需要有个正
当职业。"

你知道这里是唯一的一个让我觉得会因为不是个男人而感
到高兴的地方。因为在社会的任何其他领域，如果你是个男人，
你就有更多的机会。但是在模特行业，你是个女孩，你就会赚
更多的钱。对于女孩们来说收益更好。你的职业能带你去更好
的地方。作为一个男人你可以在这行更久，但是谁愿意四十多
岁还做模特呢！（莉迪娅，32 岁，纽约模特）

不同于其他类型的女性工作，对于男模来说无论是在经纪
公司还是在更大范围内的时尚产业中，都没有结构性的进步或
者玻璃扶梯效应存在。男性要么在产业中因为不如女性而受到
嘲笑和冷落，要么退出。

为了报酬伪装成同性恋

无论是时尚界还是外行人看来，今日的时尚都被认为是同
志化的[29]。我的每位采访对象——模特、经纪人和客户都猜测，
在时尚圈里75%到90%的男人是同性恋者，当然还不包括男模。
在这样一个被女人和男同性恋主宰的行业里工作，男模的性取
向模棱两可。经纪人们解释说男人就像女人一样，不得不"这
样做"去获得工作，不得不去和客户们调情。

这些男模为了钱而伪装成同性恋，社会学家杰弗里·伊斯科

菲尔（Jeffrey Escoffier）发现这一现象在色情产业中很普遍，直男会在高酬劳的同性成人片中扮成同性恋。在时尚界，这意味着在面试的时候策略性地假扮成同性恋者。

> 我可能是错的，但这个圈子就近乎是个同性恋圈。不是所有，但有大部分的同性恋主宰这个领域。因为这个原因，我感觉男模知道如何——不是去睡客户——而是他们知道该如何利用这个。调情是一个因素，他们利用了他们的优势。（唐，纽约经纪人）

在某种程度上，经纪人们期待男模表演出这一固有印象。一位男模经纪人命令他的男模去"配合"客户。大多数男模经纪人声称绝对没有向模特暗示过潜规则，虽然他们都同意，与客户暧昧可以帮助男模接到工作。这与女模施展魅力争取客户是相似的，但与同性恋男性在其他女性行业例如护士和教师的策略相反，那些人面对恐同症，在压力下隐藏了他们的性取向，展现他们男子气概的一面。

隐含在"为了报酬伪装成同性恋"背后的是，生理性行为是交换的一部分：

> 有多少男孩是出柜的？或者是为了钱而成为同性恋的？可怕的是，有多少人认为可能会得到工作而这样尝试？（纳扎，纽约男模经纪人）

然而只有少数男模是真正的同性恋者。在一家经纪公司，男模业务总监做过一个非正式的统计来统计他"出柜"男模的数量：100人里面只有3人出柜。经纪人希瑟这样解释为什么这种模式会出现在男模圈里：

> 有意思的是，许多人认为他们是（同性恋），我明白是为什么，因为他们表现得像女孩子，但他们其实不是那样的。事实上我认为并没有那么多的同性恋者存在。

由于有将女性化与男同性恋挂钩的刻板观念，在女性工作领域的男士就普遍带上了同性恋身份暗示。

伊万，一位在纽约经纪公司管理140位男模业务的同性恋者，乐于揭开同性恋男模的神秘面纱：

> 这是一个明显虚假的刻板印象！他们大多数都不是同性恋者，不仅仅现在不是同性恋者，而且以后也不会是，喝了7杯酒之后都不会是！就算睡着了也不会对男人产生兴趣。他们当中的一些人对自己的性取向很满意，因为这个行业就是由同性恋者主宰。（伊万，纽约男模经纪人）

确实，男模们必须对所有类型的性取向适应。作为提供视觉愉悦的客观对象，模特被支付薪水以变为对消费者、客户甚至是他们的经纪人来讲诱人的商品。他们必须性感。这在有一天表现得特别明显，当天我坐在纳扎旁边，他是男模业务的另一位总监。在密集的电话和邮件之间，我请他解释为了钱而隐瞒性取向这一现象。

"女人也这么做，"他突然说，"你怎么看女人穿露脐装？男人们也这样做。我的意思是，你看这张照片里这个穿着小背心的男人。"他转动座椅对着墙上的模特卡，照片上有一位年轻性感风骚男穿着宽松的白色小背心。"你觉得这照片说明什么？"

这位模特肌肉强健的双臂扣在头上，如同靠在铁栏杆上。他的头向上倾，看着我，目光如炬，嘴唇性感，微微张开——这很性感，但是他的眼神中透露出淡淡的忧伤。我回想起 *The Face* 杂志 1989 年兴起的著名的布法罗风格，当时造型师雷·佩特里（Ray Petri）创造了忧郁的男子气的新风貌——强壮而又多愁善感的男性。这位年轻男性并没有表露出明显像 A&F 广告里那样的男性特征，而是充满阴柔。

"说明是同性恋？"我问纳扎。

"是啊！大多数客户都这么干。你看看女性那一边，"说着，他指向旁边一张年轻女性的模特卡，同样穿着白色背心——她的头发湿着，手臂和前胸因涂着婴儿油而闪闪反光，她的头微向下倾斜，眼神淘气地看着镜头。她的食指轻轻放在下嘴唇上。

"我的意思是她把手指放在嘴里，这真的必要吗？这是在推销什么？到头来，他们是一件商品。"纳扎成功地结束对话。

所以，当男模不是同性恋者或者他们的经纪人认为他们不是时，在某种意义上而言他们是奇葩，他们侵犯了男性气概的霸权。如同恩特维斯特尔（2004）指出的，男模是一种"奇怪"的工作，因为它让大量直男变成了男同性恋的注视对象。作为展示对象，男模鲜于为男性气概发声，而是将他们放在和女性等同的社会地位，然而最终这使得他们的地位低于女性。

抵制为了薪水而展示

　　基于围绕在男性、性和身体之间的论述，似乎经纪人们认为女性更适合做模特，因为这是一个与身体展示紧密配合的职业。表演、舞蹈和竞技体育——在这些其他形式的身体交易中，身体同样是提供出售的，但作为主动体而非被动的视觉商品。甚至那些每小时 10 美元微薄收入的人体模特，定义他们的职业时也认为远比模特的简单展示客体要意义丰富得多。人体模特视自身为艺术的合作者，他们视自己的劳动同时需要体力和主观能动性。重要的是，雇佣他们的艺术家们也同意，他们给人体模特男女同工同酬。具有讽刺意义的是，人体模特拒绝为摄影师工作，他们认为在这种工作中自己只是创意过程中被动的角色。这种不同可以从人体模特用语中发现：摄影师"拍"照片而画家则是"创作"他们的影像[30]。演员、运动员和人体模特被认为用身体做一些事情谋生。相反地，模特的身体仅仅是展示。当然，在第三章中我们看到，模特们不同意这点，没有比保住通告更艰难的脑力与情感工作了。然而，在普遍的经纪人话语中，模特是被动的客体，只是"商品"和"性"。

　　女性身体作为消费品和展示品的历史已经很长了，然而男性只是刚刚开始。自 1980 年，穿着膨胀内裤的 CK 男模和像大卫·贝克汉姆这样的运动员将他们的角色定位于性感偶像，男性身体迅速成为女性和男同性恋者眼中的大餐。然而经纪人们仍旧拒绝去承认这种新的发展潜力。他们继续沿袭女性作为自恋消费者而男性要有男子气概这一传统成见：

是的，这是世界上仅有的几个产业之一，还包括色情产业，在这几个产业中男性赚得少。因为更多的女孩买时尚杂志，更多的女孩化妆，更多的女孩喜欢服饰。这是个女性产业，我不认为会有足够多的直男能够支撑住护肤品产业，但是我知道每个单身女性都可以。（瑞秋，纽约经纪人）

男孩们就是那么酷

由于经纪人们认为模特的工作对男人的价值低于女人，他们倾向于视男模为非专业的。在伦敦，一位会计不断地以不同性别的专业性区别试图说服合伙人缩减男模业务：

他们赚不了什么钱，他们有着不同的心态。女孩子们看起来似乎更专业，特别是相对于英伦男孩们来说。对他们来说，这只是个笑话。（詹姆斯，伦敦经纪公司工作人员）

有几位表示他们感觉男性无法像女性那样拓展他们的模特技巧：

你不可能让男孩子们做和女孩子们一样的动作。因为我并不认为这对于男孩子们来说是一种技巧。对于男孩子们来说只要酷就够了。他们就是这样进来，不需要学任何东西，学得越多错得越多。这是完全不同的技能。女孩子们需要学如何穿着高跟鞋走路，在镜头前表现自己，然而一个男孩所摆的姿势越多，他看起来就越不自然。（海伦，伦敦经纪人）

因此经纪人们接受男模赚取较少的酬劳，因为他们认为男性作为模特提供的也少。他们的外形无法像女性那样被精心修饰到近乎完美，就如同一位伦敦的会计所说的："没有那么重要。"

对于经纪人们来说男性模特缺乏专业性。毕竟，进入模特行业是年轻女性都有的野心，大众传媒将模特行业描述为女性就业的顶峰。并且，在儿童早期的社会化过程中女性就被教育为观赏性对象。这是女孩子们学习什么是"性别"的一环，相反，男孩学习如何展现阳刚一面。模特行业因此可能相较于男性更吸引女性，这使得经纪人们假定男模没有价值。

在实践中贬值

这些假设为经纪人们如何实际思考、谈论和管理模特们定下了基调——支持逐渐向女模倾斜。经纪公司为女模职业生涯起步阶段的花费投资，例如办理签证、买飞机票、给零花钱和拍摄简历照片的钱，叠加起来相当可观，在 Scene 女模可以达到 6000 美元，在 Metro 可以达到 15000 美元。然而对于男人来说，借账数额是最小额度的，男模经费也没有那么多：

> 我们让他们做兼职，我们可不是自动提款机。并不是我们吝啬而是因为我们想让他们赚钱，而不是借钱，我们努力让我们的借债控制到 2500 美元以下。（米西，纽约男模经纪人）

鉴于他们没有太多的工作机会，男模必须要特别有风度特别帅才能找到稳定的工作。坏脾气不被容忍，特别是从经纪人们的口头禅上来看。"拿到工作还不够，重要的是回头客。"因为每位男模对于经纪公司来说，确实没有许多甚至可能是大部分的女性同行们的价值大，经纪人们放弃男模要比放弃女模快并且少有伤感。

在一个层面上，这只是模特经纪公司一个谨慎的商业策略，考虑到男模能够赚取足够的钱偿还债务，或者是回报经纪人对他们的耐心的惨淡的前景。这些不同也揭示了基于性别的较低的期望。经纪人视男模能力较低，是对公司资源的消耗，并不值得投资。一则社会学格言在像模特这样的文化产品市场中特别正确：守门人的期望和认知直接绑定到模特事业的结果上。

客户：性别炒作

我所采访的客户们同样怀疑男模。就像经纪人们，客户们看待男模带着一些困惑，特别是来自男模的回报太少。大卫是纽约时装周的顶级秀选人，通常他每一季定很少的男模，他通常拥有选择范围，即使他通常不会付钱给男模。所以，为什么他们仍旧想要走他的秀？这个问题使他困扰："曝光，我猜是为了曝光，或者我不知道实际是为了什么。为什么他们要这样做？"

这种感觉就是，这些男人一定是哪里有问题，才会降低自己的男子气概和职业选择，为了在模特行业中得到个拍摄，客户们指出，对于男性来说，模特作为一份可以养家糊口的职业的可能性很低：

我认为对于一个男人来说，成为一名模特是有损人格的。我认为从某种程度上说，靠外表生活可能让许多男人都如坐针毡。这一行有点算是年轻人的工作。可能对于大学生或者还有其他工作的人来说是可以的。（翁贝托，伦敦摄影师）

引人注意的是，这位摄影师从个人说到了群体，将他自己的观点"我认为"与含蓄地反感同性恋的"一些男人"拉开距离。

如同经纪人一样，客户们也同意在男模身上所需要的技巧要少，因为男模的外形不需要特别完美，伦敦的一位摄影师这样解释：

我认为对于男性来说有点容易，男人只要看起来忧郁就行了，我认为男人做模特要比女人容易。（克洛艾，伦敦摄影师）

客户们普遍视男模为"更容易"或者至少"更简单"。他们对于男模更少有期望，期望他们创造出令人心动的时尚大片或者用男模的外形突破经典。男模在这个行业进进出出，霍尔解释说：

我讨厌这么讲，但是我不认为人们对男模有相同的期待。我期待专业性。但我不会像忍受女模那样忍受男模发脾气。（霍尔，纽约摄影师）

涉及定价的时候，客户们也解释说薪酬是市场的一个功能，但是他们设想在很大程度上市场是由经纪人建构的。经纪人制定费用然后协商。因为经纪人倾向于对女性模特要求更多的钱，所以客户们相对会花费更多广告预算去雇女模。少有客户们会坚持付给男模和女模同等的价格，他们多是依照经纪人的指导价。

但是，为什么客户们能够容忍在有更多和更便宜选择的情况下付给女模高额酬劳呢？针对这一问题，客户们倾向于经纪人的炒作。在媒体时尚和高端广告、目录拍摄圈中，客户们希望获得最火热的新面孔，最被热议的新人模特和最佳的业内声名和象征资本。在这一高端市场中，客户们留心经纪人和同行以图跟上业内流行，选择最佳外形。客户们在寻找下一个超模面孔上展示出了热情和兴奋，但是他们对于女模的兴奋感大大高于男模。

在时尚圈中，客户们对寻找下一个超级男模所产生的热情大大低于女模。奥登，投身时尚产业 23 年的直男，最初模特出道，之后做了国际星探，现在是一个纽约奢侈品品牌的选角导演。我说"投身"23 年是因为像许多我采访过的男人和女人、同性恋和直男一样，奥登将爱与热情投入到工作当中。他享受发现新面孔的机会，从而"开启"一位 T 台超模或者杂志明星的新人生。他解释说："由于星探的身份，我认为时尚工作的本质是发现模特。我已经做了 20 年，努力去发现下一个超模是我最主要的事情。"

奥登强有力地使用他的权威。他很起劲地谈论对于寻找新面孔的热情，解释说当他发现一个"重要的新面孔"时，他首先做的事情就是打电话给经纪人，对于经纪人的眼光表示钦佩，接下来，打电话给在米兰、巴黎和伦敦时尚圈的朋友告诉他们，在纽约的秀后"一个特别惊艳的女孩正要到来"。"最重要的一件事情就是传播关于这个女孩的消息。"他说。

但是，对于新人男模他也会这么做吗？当我问奥登的时候，他停下想了一会，说：

我会那么做的，但我的职业是女模星探。对我来说，一件衣服可以让女人散发光彩，让女人看起来性感，让女人更女人。一件西服是很棒，但我穿不穿这件西服看上去没有差别。

客户和经纪人们——这些在模特定价中扮演着重要角色的人，在对女模的态度上远比男模热情，他们更愿意加入到为女模的舆论造势中。这种对于女模极大的热情给了经纪人们要求更高费用的影响力。对于女模费用逐渐升高不可或缺的舆论炒作却在男模中缺少。由于拥有较少的象征资本，经纪人们很难提高男模的费用。伊万解释说：

> 女模至少拥有一点影响力，因为通常当他们准备要去定下一个女孩的时候，是客户们真的很想用她。比如看上她丰富的T台经验，或者丰富的时尚杂志拍摄经验。像是一场参与者之间互动的舞蹈，它让女孩子更受益。（伊万，纽约男模经纪人）

如果如同伊万所解释的，舞蹈——参与者精心策划的集体行动——在模特、经纪人和客户之间建立刺激和舆论，炒作产生出女模的高收益，而确定男模花不了一个响指的时间：

> 就像那些他们可能会喜欢的男模，"好啊，有四个男孩我们想要，让我们从中选一个配那个女孩。"然而那个女孩，好比，"我们需要杰玛，看看之前杰玛在巴黎的工作，在米兰的工作，她的那些时尚杂志大片。"她拥有他们想要的背景，所以他们想要定她。而对于男模，一般就是"好啊，他很当红，把他放进广告里吧（瞬间决定）。他没时间？他要价太高？那就换掉他，换另一个男孩。"（伊万，纽约男模经纪人）

在选择男模时，客户们通常不太挑剔也不需要太协调商业与文艺还有时尚品味。相比大多数对女模的试镜，男模试镜很简单甚至是无聊。选谁都行的。

大体上，许多客户不会去想为什么他们给男模的酬劳要低于女模。他们声称只是根据原则来——如果这是对男模的惩罚，那么就是对女模的奖励：

> 这是一个女人们在年复一年的抑制与解放后获得成功的产业。我不知道是谁制定的这些规则，可能是一个女人吧。（乔丹·贝恩，伦敦试镜导演）

与乔丹"女模隐藏在男模较少的报酬背后"相反，工资差并不是由某个人来制定的"规则"，而是由经纪人和客户所做的协定，类似于传统：

> 我认为可能是因为女人做模特的时间已经很长了。所以这个行业总是一个女人的行业，突然男士时尚就出现了。我认为这是错的，但这是客户们看待这个问题的方式。（奥利维娅，纽约男模经纪人）

当涉及传统和市场的时候，经纪人们还是通过接受男模较低的报酬来制定这些传统和具体化的市场关系。我发现女模经纪人广泛地用男模的报酬作为女模费用的基础来加价。换句话说，女模经纪人抵制平等酬劳，事实上他们使得男模的低酬劳长久保持着。一位女模经纪人讲到当他的客户要付给男模同等的费用时他是如何做的：

> 如果听到这个我会说："为什么她要和那个男的得到一样的

酬劳？"因为这已经是摆在那的了，我必须表现出来。我是为这个女孩而工作的。她是个女模，所以我必须努力让她赚得多。（克里斯托夫，纽约经纪人）

男孩赚得和女孩一样多是很少见的。经纪公司总是用这点去获得更多的钱。就像一位经纪人说的那样，"你会给那个女孩更多的，对吧？"通常，事情就是这样的。（艾丽，纽约经纪人）

经纪人用正统的市场观念合理化性别之间的工资差，他们用一组中立的规则来理解这个市场——供需关系。但是正统的经济学并不适合在理想的市场设定以外阐述价值。模特行业显然是非理想化的市场，它由围绕在管理上不确定性的一系列社会关系组成，社会关系一直根植于共享的文化规范中，所以这一定要保持稳定才能正常运作。由于这个市场是不确定的，经纪人们为了搜索推销什么和以什么价格推销出去的信号而模仿和参考同行与客户：什么是公平的价格？我们去年是什么价格？作为在高赌注中模仿的结果，工资可以被"锁定"在协约里，而偏离协约有被认为不公平的风险，会由此破坏客户的信任从而失去工作。

这里我们就在市场中拥有了结构力：因为每个人的社会人际网络，相互模仿，这些协约因此成为像传统一样的惯例。

对于经纪人和客户而言，反抗协约是有风险的。"传统"和"事情存在的方式"突出显现在会计们对男模工资的解释中：

你要一直掌控着费用的走势。我的意思是，他们支付他们可以支付的价格，我们支付我们可以支付的钱。这都是根据市场价，和其他东西一样。当客户们来电话了，他们定下一个男孩一个女孩，在和经纪人们打过好多次交道后，他们知道要付给女模的钱多于男模。（乔，纽约工作人员）

事实上，客户们大部分确认这就是他们现在所期待的。弗兰克，一位广告选角导演，在1995年的时候还是一位模特，他回忆说在一个工作中他旁边的女模赚的钱是他的五倍。现在，作为市场另一端的客户（甲方），他解释价格如何自动地依照性别变化：

我的意思是，你绝对不会遇到一个经纪人打电话说："女模赚多少钱？你需要配合她的价格。"这是理所当然的，男模会少一点。（弗兰克，纽约试镜导演）

模仿机制和大多数的经验法则为工资差距提供了一个耐久性。从协约的角度来看，工资不同并不是市场力量的结果。市场力量已经在根深蒂固的社会规范中起作用了。男性和女性身体展示的社会意义为经纪人和客户们共同寻求外形价值创造条件。

男模们：金钱非万能

经纪人们贬低他们的价值。客户们嘲弄他们。市场——作为文化、社会关系和有组织的协约的结合体——普遍地惩罚他们。男模知道这一切，多半，他们接受他们的低报酬和被迫害的潜力，坚持传统男子气概的意象。这些"男孩子们"重新定义他们的"无用"为一个特权和奖励，最终他们也开始贬低自身的劳动价值以抵抗女性化的作用。

时髦梦

许多女孩子梦想成为模特。而男孩子们梦想成为世界冠军而不是T台上的超模，即使近年来广告上赞扬（推销）男性美有了显著的转变。看起来，男模基于现代男子气概表现的改变，可能成为一个对于那些出生在80年代后的年轻一代男士来说很好的工作。

在我交谈过的20位男士中，19位从来没有想过要当时装模特。当他们谈起最初入行的时候，大部分都是邂逅星探（12位）或者在朋友的鼓励下入行（7位）。几位还表示模特工作"就是好运撞上门"。这种"陷入"通常发生在小时候，在18岁到21岁之间，在那个时候模特击败了对于学生来说其他可以替代的（例如夜店、商店、餐馆）打工工作：

　　我没有赚很多的钱，但是我因为这份工作免费去了很多地方，所以你知道，这比我之前在夜店的工作好太多了，我在这里会比夜店赚得多一点，但没有多太多。（库珀，28岁，纽约模特）

　　大多数男人谈到了他们对这份工作的矛盾心理。虽然他们说喜欢这样的额外奖励，但否认模特是他们真正想做的工作。约翰拥有稳定的目录拍摄工作，是我见过的男模里收入靠前的，一年近50000美元。当一家经纪公司为他提供了一张去芝加哥的机票和一处住房时，18岁的他放弃了俄克拉荷马当地大学的全额体育类奖学金。模特职业让他可以全国到处飞，和顶级的摄影师工作，以及，用他自己的话说，派对上玩得像个疯子。然而他嘲笑了给想当模特的男孩子们建议这个想法。"我认为这是最蠢的事情了。"他说，"就像是，你无心成为模特，这很奇怪。我进入了这个行业，我从中赚钱，就是这样。"

　　只有一位我采访的男模，44岁的米歇尔，追求约翰所认为"奇怪"的梦想，主动想成为模特。米歇尔辞去他位于法国一个工业村的工厂的工作，寻找一个轻松而炫丽的人生。他将他的健身爱好转变成中产广告市场和国际商业电视台里有钱赚的事业，去年一年他的收入近70000美元。米歇尔的下一个梦想是成为一个商业品牌的全国代言人，他是我采访过的模特里唯一一位未来的目标仍旧是在模特行业里取得成功的人。

　　与米歇尔相反，大部分男模将他们在这个行业里的经历作为在创意产业中的垫脚石，预想他们的未来在音乐上（6 位），电影或者剧场（4 位），或者时尚和广告（4 位）。一位纽约男模解释说尽管知道赚得远远少于女模，他留在这个行业里是要为他做音乐人的下一个梦想做准备：

> 我从没有真的将模特作为事业。我将其视为进入其他创作行业的基石。那才是我真正的兴趣。我认为模特工作提供了很多积累人脉的机会。当然，过程也很愉快。（安德烈, 22 岁模特）

除了获得更多机会和社会关系，模特提供给男性的是有趣的"冒险"。如纳什所说的："你坐在镜头前还有钱赚，身边都是辣妹，这也是种福利。"

这样的话强调了男性在市场中的低参与度，他们的模特生涯只是人生中短暂的一段时光。然而，女人更可能为了经济上的好处而追求模特这个职业。女模职业就是目标自身。值得一提的是，没有女人表示，追求型男是成为模特的动机。

男性并没有视模特职业为最终目标，而是达成目标的手段：为了旅行为了作兼职赚钱，去勾画他们真正想要为生的职业之路，去在创意产业中立足。奥利弗是伦敦一位有抱负的音乐人和模特，总结模特职业就像是"偶尔调剂的糖果"。

什么都不做

一旦从事这份工作，男人必须要面对几个因为他们的价值被贬低而产生的问题。首先，价值被贬低意味着财务的困难。作为一名男模是很难维持生计的，特别是这样的工作机会都在像纽约、伦敦这样生活花销大的国际化大城市。为了去设法管理惨淡的工资和不规律的模特工作，男模倾向于再找一份时间灵活的兼职。在我采访的 20 位模特中，有 8 位只有模特一份工作维持生计，而女性有 12 位。为了让生活继续下去，奥利弗做吉他私教，布罗迪做 DJ，瑞安做健身顾问和侍应生，JD 做杂志工作，爱德华为一家产品公司工作。所以当一部分男模区别模特职业为"外快"或者"额外收入"和"糖果"的时候，很多人其实靠兼职才能留在这个市场当中。

对于男模来说第二个挑战是他的职业耻辱。除了被市场贬低，男模也被社会贬低。几位男模向我坦白，在入行之前他们认为男模基本都是同性恋。有一张流行的男模图片是一个来自 2001 年的电影《超级名模》（*Zoolander*）自负的白痴形象，在电影中担任主角的本·斯蒂勒"专业性地非常好看"。为了避免被贴上同性恋和自负两大标签，男模们尽量在谈论自己的工作时含糊其辞，特别是当面对这种平常的开场白时："你以什么为生呢？"欧文，一位特别有型的伦敦模特，学习艰难地如何去回答这个问题。当他遇到新人的时候，他先慢慢透露自己的工作，直到其变得明显的时候却没有人相信他："人们说，'什么，你是个模特？'"在透露工作职业是模特的时候，女模也表示相似的不情愿（大部分是因为她们不想听到恭维和吹嘘），所有模特更倾向于说他们是学生或者在广告界工作。

但是女性和她们的家人会更为她们在时尚圈的角色而骄傲，

大部分男性模特想要对他们在时尚圈的成绩保持缄默。就像欧文说的，如果他回到家告诉东伦敦的兄弟们他是模特，"我肯定当场被毙了。"

另一些男模试图将时尚生涯轻描淡写而去强调"额外收入"和得来容易的钱。例如，22岁的伊桑告诉大部分家里人他在纽约是做餐饮服务的，当然这已经很接近事实了。一到他的新经纪公司，经纪人们就给他几张餐饮公司寻找长得好看的兼职的小广告。在5个月的模特和餐饮服务工作后，伊桑带着6000美元回到田纳西州，这是他做餐饮攒下来的，还有1000美元的公司负债，尽管他做了不少杂志拍摄和广告拍摄的工作。他解释说，他的朋友们乐于用《超级名模》里的话调侃他：

> 他们因为这对我冷嘲热讽，但我不想隐瞒什么，甚至是我在大学的时候，他们取笑我去面试，但之后当我获得了通告的时候，我觉得我一天什么都没做就赚了500块。

第三点，伊桑暗示相当普遍的贬低问题是：男性个体对这个工作的不满意。就感觉是"什么都没做"，他们说。模特这个职业有时候是无聊的，对于男女来说都会在智力上被轻视。男性还要承受另一个负担，模特让他们尴尬地依靠他们的外形，对于男人来讲外形"什么都不是"：

> 你处在一个本质上只是基于外形的产业中，我的意思是说如果我是一位运动员，你越努力表现就越好。你可以不断练习。

但在模特行业，你的命运就要靠客户了。所以，如果你的事业好只是因为你的外形，这有点荒唐。（安德烈，22 岁，纽约模特）

因此，我发现男模并不太高看自己的模特工作。对于米洛，一位有着 5 年模特经历的 26 岁男演员来说，模特是"并没有让我获得什么重要技能的行业，尽管学会了如何拍照并且知道让自己看起来好看，但并不像做外科医生或者其他什么行业那样有技术"。

塑造男性外形

"女孩"，弗克兰，纽约一位选角导演，同时之前也是做模特的，他说，"女孩们从出生那天开始就被人评判她们的外形。"他强调："这种折磨从女人生下来就开始。"他说男人则是另一种情形，意味着男人和女人从不同的起点进入打造自我的进程。因为大多数男性进入模特界是由于星探的挖掘，而并不是追逐童年理想的实现，他们进入这个领域的时候外形都是很男性化的。这就是说他们可能并没有将身体看做赚钱的工具，通往上流社会的门票，或者是展示的客体，如同女性那样普遍的社会化。尽管缺少社会准备去做一个审美劳工，男性普遍在这种"做"男子汉的新方式上缺少训练。他们在 T 台上和镜头前听任沉浮：

去一些秀的面试时，我都不知道该怎么走，但是我不得不

逐渐学。我就看其他人怎么做，我请教经纪公司的人，他们就会说要发展出自己的走路方式。（爱德华，22 岁，伦敦模特）

虽然男人们并不认为模特是一份真正的工作，事实上，他们承认经营身体是重要的，需要练习和技巧。他们制定出这些技能，然而不知为何不同于并且不如女模。最终，如伦敦经纪人之前所说的，男模们似乎等同于"男孩们需要酷就行了"。例如，一位与界内另一位女模交往的男模说：

我认为从男孩的立场来说，能做的并不多。这和女孩是不同的。例如我的女朋友说的，在巴黎你不得不去面试的时候，打扮成特定的一种风格，而在伦敦和纽约摇滚风就好，看起来休闲。（卢卡斯，26 岁，伦敦模特）

卢卡斯提到了一个女人应该更多打扮的大众预期。当然，一个访谈在一定程度上说也是种表演，所以这些男模可能会遵从无视大部分女性化事物的性别脚本[31]。在这个案例中，他们让自己与这个预期相一致，他们没有在外表上过多打扮。然而，当谈到期待和客户暧昧而取得工作时，他们几乎没有保留。

"每个人都不能不打出王牌"

在服务产业中，女人一直被期待扮演情感劳工，通过谄媚和吸引（男性）消费者，利用她们的性别和性（异性恋的）去提升利润——最著名的就是霍克希尔德（1983）对女性空乘人员的研究。在时装模特界，男女都必须通过施展魅力而招徕客户。而对于男模有着一个独特的形式，他们通过暧昧来促进职业生涯。男模学到的主要可以依靠自己的就是可以通过性别优势策略地用他们的性取向增加机会。

　　和客户们还有经纪人们一样，男模认识到他们从事的产业中有着高比例的男同性恋和女人。他们否定男模都是同性恋的成见。因此，一大部分直男不得不去学习如何习惯在男同性恋者面前展示。几位男模谈到克服最初对同性恋的恐惧时的犹豫，这特别发生在从农村或者郊区来的男模身上。除了学习自然地待在同性恋身边，男模还要学习如何利用其工作，他们要将高比例的同性恋分布变成优势。直男模特与同性恋客户调情暧昧是普遍发生的，并且毫不觉得羞耻。如伊恩所说的，"每个人都要打好手里的牌"：

　　如何去解释呢，我就会给那些同性恋一个微笑，或者让他们会想有点什么的讯号，就是给他们点希望。我并不忽视他们。我和他们一起玩，因为在生活中你必须去勾引这些人，特别是在面试中。有时候你只有五分钟，有三个人看你的简历，你不得不去引诱他们。他们可以是男人，男同性恋，女孩，女同性恋。（伊恩，25岁，伦敦模特）

　　没有人教这些男模们诱惑手段。他们就靠自己学习这些。如瑞安说的："是常识。"每个人都做。这还通常表现为"任人摆布"的形式。例如，伊桑就顺从地允许一位同性恋客户在派对上撩拨他。很有可能的是，模特们也会采取主动，这时米歇尔向我使眼色，调皮地笑了笑："我会给他抛个媚眼然后说'嗨'。"

男模们通过寻找男人的喜好而玩着卖弄风情的游戏，但是带着的是不真诚的感情。齐美尔提出，这是一种游戏，因为调情巧妙地平衡了对追求者的勾引和拒绝[32]。但卖弄风骚同样危险，因为调情增加了必须兑现的风险。许多男人讲述最让人感到不舒服的瞬间就是，不得不消除他们模棱两可的性取向。奥利弗不得不在一次由调情导致的公然求欢上坦率地告诉一位客户："我并不喜欢这个。"在一次更加激烈的反抗中，欧文将一位摄影师推开并冲出了工作室。即使没有调情，男性模特也会遇到来自客户们的性方面的猛烈攻势。他们分享了几个以性换取工作的暗示性的故事，44 岁的米歇尔是纽约的一名模特：

> 许多次，许多摄影师都很喜欢我。有一次，我遇到一位名摄影师，在他特别大特别大的阁楼里，我过去说"嗨！"，他说"嗨！"——

说到这里，米歇尔紧靠向我，抓住我的手，我把我的伸过去，因为这就像他想和我握手。但是他却将我的整个手臂拉近他的胸部，放在他的身下，朝着他的胯部。我急拉回手臂，他扬起眉毛看着我：

> 他是一个很大牌的摄影师，很有名。我说不要！我可以做

什么？他真的很大牌，我可以玩玩这个游戏，但是没有，我不能，于是我就丢掉了这个很重要的工作。

几乎每位单身男模都讲述了相似的来自男人的性骚扰的故事，虽然这些故事大部分在讲述中来自朋友的经历。事实上，如果为了钱而伪装或同性恋的压力如模特们所说的那么普遍，那么缺少第一人称叙述这件事表明，讲述自己痛苦的性经历是件不情愿或者说尴尬的事情。

接受工资差

男性模特知道文化和惯例对他们不利，赚得比女模少是毫不意外的，与他们的工作、产品还是个人的经验无关。普雷斯顿讲述了他的朋友，一位在伦敦的"顶尖的人物"的故事，他被选中和一位"超模"，当然是一位超级女模，一同演绎一个广告大片。他们的酬劳分别是 1 万美元和 6 万美元。那么说，这一定是个女装广告了？当然不，他告诉我。问题来了：

你只需要接受她们大部分时间拿更多的薪水。如果不，那样，你的经纪人们将会告诉你，他们高兴并且骄傲你比女模赚得多。（普雷斯顿，21 岁，伦敦模特）

显然，要想成为一名男模需要做很多努力——情绪上、认同上、身体素质上甚至是性向方面，在危险的欲望上走钢丝。

那么，为什么这些"男孩子们"连公平的待遇都得不到？当我提到这个时，米洛出人预料地对相对低的薪资坦然接受，他耸了耸肩，说："在某些方面，我所做的是被贬值了，如果没有付给我认为可以得到的薪水，我可以理解，因为在我心里，我并没有做那么多。"

在我采访的男模中，另一个普遍的解释是将模特们的收入放到被男性优势构建的其余劳动力市场中。这些男人推断时装模特行业在某种程度上是由女性"确立"的："你不可以抱怨，因为男性几乎在世界上的每一个方面都赚得多。"帕克，一位有着 7 年模特经历的商学院学生说。

男性也倾向于以基于市场的解释搞清楚他们薪酬上的不平等，包括女性日益强大的时尚购买力，更能说明问题的是女性比男性更有天赋成为超模。基于第二个原因，男模接受了这种性别偏见：女人是比男人更合适的视觉对象和更有价值的视觉商品。

"我认为这是女性的职业。"19 岁的乔伊解释说，"她们是应该做这行的那类人。女人是美丽的。"当然，这句话暗示的是男人不美并且尽量不要做这行。男人会接受任何报酬，因为他们觉得自己像是不劳而获：

对于大部分男性来说，这就像是一个给予，钱无论多少他们都不敢相信。就如同"什么？你想让我摆个姿势，然后就给我 200 块？"我在 DKNY[33] 的广告就是这样做的，人们过来告诉说我亏了多少。当时我就是个服务生，我说："你跟我开玩笑

呢？"像那天，如果不是站在镜头前，我会在桌子旁边招待，得到的不到其十分之一。（弗兰克，纽约面试导演）

最终，由于对自己的劳动价值的低估，男性模特对自己的报酬期待值很低：

是的，这发生过几次。我不知道这是什么工作，但是女人拥有更多的权力。如果她们可以赚得比我们多，那挺好……为什么在其他地方男性比女性赚得多得多？因为他们做得更好。（瑞安，25岁纽约模特）

瑞安的言论脱颖而出，是因为他断言任何薪酬不同都是理所当然的。他从古典经济理论中得到这一结论：一个人的人力资本（例如技术、教育、资历和其他所有能力）与其收入匹配。工作做得好的人（男性或者女性）将会获得最高的收入，根据市场的困难的、精确的计算。考虑到男模将自己与展示职业拉开距离并且贬低他们自身的模特工作的多种原因，可见瑞安当然期望女人能比他赚得多——正如在时尚之外的其它劳动市场，他则会期待比女人赚得多。

在大多数情况下，男孩们谈起这些都是用祝贺的语气，鼓励女性最终沉浸在她们应得的主导地位中。少数男性甚至将这一优势解读为女性在社会中拥有更大的权力：

这很容易理解。是什么支配着世界？性，权力，金钱——

类似这样的东西。而性则是女孩子们的，不是小伙子的。(伊恩，25 岁，伦敦模特)

女人们在这个产业中获得更多的尊重，到头来，女人为这个世界制定规则……就如同为什么男人想要更多的钱？一个重要的原因就是想得到女人。为什么夜店总是希望女孩子们来？因为有女孩子们来了，就有有钱的男人来为她们买酒。这都是因为女人。最终，甚至世界上最有权势的男人们，也会回到家里围着女人们转。这就是事实，她们更有权力，而时尚也正是如此。(JD，22 岁，伦敦模特)

这种观点在社会学家朱迪思·斯泰西所称的"文化中的后女权主义转变"中体现出来，在此理论中女权主义的平等思想融入流行用语中，被重新修订、去政治化，最终被削弱[34]。天真的男孩子们忽略男权系统的自然性以及其在法律、家庭、工作和教育几大领域组织建构中的历史影响，愉快地祝福女人们成为世界的主宰。模特界对于女人胜过他人来说是个安全的地带，因为在这里她们并不会对男人的统治结构产生真正的威胁。事实上，他们确定也支持这个理论——通过证明女人更适合将身体作为展示品：

我认为在一个产业里很棒的一点就是这个产业是她们应得的，换句话说，就是应该展示女性的阴柔之美，她们应该得到更多。因为，在这个世界里漂亮男人永远无法企及漂亮女人。

（本，29岁，伦敦模特）

说这句话的本是一位刚刚被定下以5000美元一天的价格拍摄太阳眼镜广告大片的男模。而站在他旁边的女模则一天赚10万美元。但是本并不介意。他乐于见到女人们挑战性别秩序并在这个领域作为视觉客体的优胜者宣扬权力。当然，这并非对于性别真正意义的挑战，而是对传统性别规范几乎不加掩饰的复制。

真男人与伪平等

经济学价值观告诉我们很多关于社会价值的东西。在模特产业中，男模较低的薪资告诉我们阳刚气概和模特在文化上的矛盾。如苏珊·鲍尔多（Susan Bordo）提出的，展示行业总是有些女性化的，即便男性的身体在流行文化中的受关注度不断提高。然而，他们谈论男模的时候，经纪人、客户甚至是模特自己也透露出对于阳刚气概在展示行业中的不适宜。

历史上看，身体资本一直是女性的生意，男性消费。就像性工作一样，时装模特推销女性气质。这个市场中所出现的以工资差别形式出现的对男性的不公平，事实上体现了更广泛的社会服务中男性阳刚气概的统治地位，通过抵制和保护男权霸权的商品化和展示化。"真正的男人"不做模特，因为模特骨子里是女性化的。自从认识到有才能的男性展示多种气质而不仅仅是展示美丽，广告商更愿意雇佣运动员或者男演员拍摄男性时尚广告大片。甚至模特界的术语"外形"也是沉浸在性别之中的，对于"外形"而言，并不是男性们是怎么样的，而是他们做了什么，而他们对待女性是以普遍和大众的方式。

经纪人和客户们承认并理解这些文化比喻，通过这个镜头他们解释消费者的价值观并担任男模工作的中间人。这些生产者们如何解释男性作为身体的地位，将会确立男模在市场中的地位。经纪人口中根据供需理智运转的"这个市场"，并不能完全解释男性的薪资问题。但是他们使用"这个市场"的概念去证明性别差的合理性，甚至积极地建构出基于他们理解的男性与女性不同的鸿沟。男性的薪水因此被误认为一个自然的市场结果，只为奖励女性。

社会学家曾经提出，当雇主在支付工人工资时会隐性地将性别组成列入考虑，女性员工越多，老板对这份工作的评价越不高[35]。男性模特通过展示给我们当雇主决定他们劳工的价值的时候，工作的文化轮廓如何扩充了这一理论。雇主们敏感地调和工作性别适应性。正是由于这个原因，另外一些学者发现，那些在所谓的女性工作中的男性们，例如男教师和男护士，会遇到"玻璃扶梯"到达他们领域的上方位置，并晋升到管理和有权力的位置。虽然男性进入到一些女性工作领域后可能会得到提升，如护士和社会工作这样的培育与看护工作领域，但他们还是因为将身体放入模特市场展出而受到了严重的惩罚。

从时尚中，我们可以引申出一个对于男士展示价值的普遍理论：身体越是客观对象化地被展示，女性的相对市场价值就越大。类似的，天赋或者技术越是在这个身体工作中不被认可，男性相对于女性的薪酬差就越大。

考虑到工作需要很好的身体条件而并不被认为需要天赋：脱衣舞（与芭蕾舞正相反）、成人电影（与舞台剧和电影表演正相反）以及卖淫——所有女性被认为可以得到比男性更多收入的领域，女人们从事例如脱衣舞和卖淫这些色情工作以通过复制女性身体的展示价值获得回报，而男人从事这样的工作则会受到贬低。与男性作为脱衣舞娘和色情电影主演相似，男模破坏了性别秩序。除了性以及与之擦边的例如时尚这样的市场，一位女性和男性在展示工作上相对价值的理论对于研究性别和审美劳动特别重要，特别是考虑到从旅游业到零售业"时尚劳动市场"的增长。如果"看起来好看"如社会学家所想的，在服务领域越来越重要，男性的展示价值将似乎承担更大意义。

建立在一个市场的更广泛社会理论上，我认同如消费支出这样的经济力量仅仅可以部分解释薪酬差谜题。市场也需要社会干预，共享意义与文化，并且成为惯例的例程，使得不确定的行动多了一点可预测性。同时，经济、文化和社会结构力量使市场交换。在男性的身体是并且应该是不如女性有价值这一共同的理解下工作，经纪人、客户甚至模特自己共同建构起了这个反常规的工资差。

不像种族差，男性工资差并不被认为是个问题。反而，并宣称是女性性别的胜利。这一正面话语自 20 世纪 80 年代作为后女性主义话语的一部分产生。在审美经济中，我已经发现，性别不平等将自己伪装成幽默和进步。的确，他们甚至符合了经纪人和客户对于进步的世界性的心态，但只因他们适合在根深蒂固的男女价值结构中。

　　具有讽刺意味的是，虽然模特业是一个反常规的个案，是一个公认的女性享有特权的领域，但实际上这里展示出了一个更为普遍的根深蒂固的性别不平等的模式：就身体而言，女性比男性拥有更多价值。

7

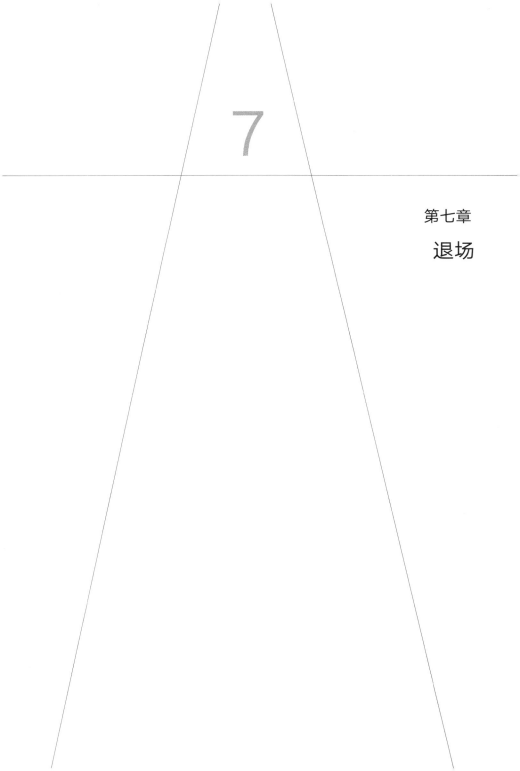

第七章

退场

　　当我完成这篇调查的时候，萨莎和莉兹已经 27 岁了。我们认识已经 5 年，距离我为了毕业研究项目而开始在纽约做模特也已经 5 年。她们都已经跨出了纽约的模特界，找到了新的、不同的目的地。

　　在接受我的采访 3 年后，我在一个知名连锁企业的电视广告上看到了萨莎。具有海参崴特色的容貌和大得出奇的棕色眼睛与清爽短发让人很容易认出。我约了她共进晚餐并了解到她预期 2009 年从模特工作中赚 25 万美元。自离开伦敦后，如她所说，"如小老鼠一样可怜"，她来到纽约，受到了商业客户热情的接待。她从那以后开始从媒体时尚转向商业，现在一天的目录拍摄收入是 5000 美元。最近她为俄罗斯的家人买了套房子，现金付款。现在她在曼哈顿下城租了一套大公寓，也已经在一所精英私立大学注册学习表演和电影制作。

　　莉兹却已经身无分文。如今她与 4 年前一样处在停滞的状态中。在纽约柏鲁克学院第二年的学习后，莉兹退学搬到洛杉矶从事萨莎做的这类商业电视广告工作。早期的"撞运气"后，她得到了一个洗发水的全国广告工作，最终可以靠模特收入维持生计。

　　但好景不长，就在一切都很顺利的时候，她生病了。她被确诊为胃部肿瘤，两期按部就班的简单治疗就让她遭受了经济上的灾难。由于没有医疗保险，莉兹掏空了那些年赚的所有钱。她已经申请破产，搬回新泽西普莱森特维尔父母的家中，接受瑜伽教练培训。她偶尔会到城市参加服装陈列室展示的面试，但几个月都没有接到工作，正等待着随时被经纪公司弃用。

同样的自由职业安排让萨莎享受到了自由和弹性的收入回报，却搞垮了莉兹。她们，包括我采访的另外 38 位男模女模都没有达到超模的级别，即使有几位已经非常接近了，在刹那间几乎已经触碰到了。为什么这 40 位模特都没有到达模特界的顶端？我的读者们，你们都不会从他们的一群竞争者中认出他们的真名。为什么会有人从几千位失败者中脱颖而出成为成功的那一个？

"显然，我认为如果你是纽约有名望的经纪公司的模特，你就拥有那样的外形"，在我和莉兹最初熟识的日子里，她这样对我说，"我不知道是什么让一个人比另外的人更好。我认为人们认识到这一点，人们总是自问但从来没有人用语言把这表述出来过。"

然而事实是，经纪人们、客户们甚至是模特自己都不能说清楚这特别之处是什么，这只能说明这种特质并没有以物理性质出现。这一特质在生产者自身的社会地位和关系中出现。它存在于社会文化生产中，由商业和媒体时尚市场中积极的交换和正在进行的谈判协商组成。

通过将模特剥离，去除他们迷人的形象，我们可以研究外形的社会成分。外形能发生作用是模特、经纪人、客户策略工作的融合，是他们对于不确定的外形的共同探索。模特学习和表现出经纪人和客户想要的东西，经纪人则迎合客户的口味，客户调整经纪人和同行们的审美。和模特一样，经纪人和客户的职业依赖于在时尚界的工作，发展的社会关系，以及共享的价值而获得的文化和社会资本。在这一世界中所有参与者的思想都被资本主义白人文化准则渗入。他们进入到这个浸淫着无形偏见的市场中，在这里有色人种和相对于女性而言的男性的价值遭到贬低。

通过揭开幕布，我们发现成就或者摧毁时尚事业的是有组织的集体行动，而不是仅仅依靠个人天赋。时尚界中的每位参与者以期待他人的行动而行动。任何一位模特的成功都不是基于例如美丽这样的内在特质，因为美丽有着社交生活。

超自然能力

这本书已经呈现出了看起来自然的复杂社会生产。我在这里所要追溯的自然化价值的社会进程，可以在一系列超出时尚界的其他社会价值体系中发现。究竟是什么根据人种、性别或者性向分类，然而价值的生产却在欲望、可接受性和合理性的领域中？

在这个当代后种族主义、后女性主义的时代，人种和性别是我们既不能说也不能看的东西。然而他们正在运行的。即使在时尚界，在这个世界，生产者们声称世界性的自由主义身份认同和坚称渴望不是种族主义者且不再需要女权主义，我们还是看到日常种族主义和性别歧视的实践被隐藏，理所当然的对美丽、身体和价值进行假设。这些假设导致生产者们认为一个展示自己身体的男人一定会是同性恋，并且必然要比女性廉价。这些假设同样认定"特别优秀的"黑人模特根本不存在，同时，他们留下毋庸置疑的关于美的白人标准。对于时尚界，令人不安的错觉是种族主义和性别歧视已成为过去。在我们身上笼罩着巨大的魔咒，文化生产者和消费者庆祝种族多样性和女性主义，但同时更加重视白人的价值、女性身体的商品化价值和上层社会的理想化愿望。

这些默认的价值观无时无刻不被制定着，并且通常不声不响。但一旦被采纳，它们同样被渲染得拥有魔力。魅力似乎就是这样一种围绕在成功的文化产品周围的魔法气氛。魅力让外形表面上看起来是奇迹或者说是无意识的自发事件，因此影响了生产这个外形的市场里的整个社会生活环境。时尚不只是一种社会化进程，更确切地说是超自然的奇迹般的成功之路。

这一社会炼金术酝酿在媒体时尚领域，在这里赢家拿走一切。媒体时尚领域的赢家看起来完成了不可能的事情，将会被看作显然超自然的特例。这一了不起的成功被理解成与众不同，不仅仅比其他人好，还是从品质上讲的与众不同：只有亲眼所见才能懂得这点。

商业领域则相反，没有这样的潜力大奖，也就没有奇迹，没有幻想。因此投入其中的热忱也会减少，因为成功之路显而易见。

因此，不确定性和巨大魅力，与时尚模特领域携手前行，

图 7.1 举办于纽约布莱恩公园的时装周，拍摄于纽约，2008 年

对于媒体时尚外形的赢家而言并不会发生魔法般的事情，而是来自将不确定错弄成魔法的集体误识中。在模特、经纪人和客户的讨论中，看上去的不确定事实上是一个看不见的作品的创作过程，似乎是通过魔法所生成的。

在时装模特舞台上，两种驯化的力量同时起着作用：一方面我们看到了，种族、阶级、性别理所当然地暗中影响对美丽的日常评估，另一方面吹捧令人兴奋的奇迹使赢家和他们所巧妙操纵的整个游戏合法化。

作为时尚的市场

文化中介站在文化与经济的交叉口上。他们做出文化决策、解释与构造品味，同时又在适当的市场交易中制定经济决策。"定价美丽"这一悖论是他们工作中的一个重要部分：他们建构客观不存在的经济价值。

研究文化经济意味着打破文化和经济分析的区别，设想经济运算是基本根植于文化价值和社会进程中的。大部分社会学观点视文化产业为异常现象，好像艺术和时尚市场有特别和独特的属性[1]。但考虑相反的框架：所有市场都包含一个时尚的元素。作为一个劳动力市场，伴随着其日益重要的软实力，模特是新经济中典型的不稳定工作。以貌取人一直在发生。我们都在做着审美的工作，依据我们的表现作出判断，但相对于模特来说缺少透明度。

　　模特是个很好的案例，因为这给了我们通向一个少有借口并且承认含糊不清的市场的入口。所有市场都有不同程度需求的不确定性和无法预知性的结果。在时尚界"没有人知道，它的不确定性不比金融或者地产这样的投机性市场低。那些"看了才知道"的媒体时尚客户与拥有"新闻嗅觉"的记者、"球感"的篮球运动员、超强第六感的股票交易员相似。

　　所有市场都基于某些不确定性的基础之上。时尚生产者承认这一在他们每日活动中出现的歧义（ambiguity），并且他们的职业被他们管理这一歧义的能力定义。但他们所面对的歧义是广义的，是所有市场设置中都会有的。他们必须与其他生产者们合作，制定出合理的协定，协定可能会有缺陷或者机能失调，就像大家都经历过的 2008 年经济危机。本书是对自然市场结果这类日常假设的挑战，因为这迫使我们去思考所有像时尚这样的市场和根植于社会协议下的所有经济行动。

时　　机

　　"这是时机问题。"当我问到为什么一位模特可以成功而与她类似的其他千百位竞争者不能的时候，经纪人瑞秋立即回答道，她停顿了一下，"你身后的团队可以促成你，但大部分是因为时机。"

　　模特、经纪人和客户回答难以回答的问题时，大部分常见答案是这两个简单的词：运气和时机。运气，如我已经说的那样，也并不是盲目从天而降，也确定不会是悄无声息的。运气根植于有组织的生产过程中，处身其中的人们战略性地为将游戏改变成对他们有利而战斗。时机是这些创造出赢家的战略的精确聚结，是模特审美劳动、经纪人的推广、客户喜好的集结，全部是文化条件的正确设置。

总结生成恰好外形的步骤，让我们回到在这本书中的分析，从文化到实践。模特的外形必须首先符合被种族和两性关系设定的当代文化价值观。莉兹和萨莎是苗条、高挑的白人女性；她们的身材符合西方对女性的美根深蒂固的规范，历史上白人资本主义社会的专属领域。今日，因为黑人家庭入主白宫，我们可以期待对这些规范的反对和改变同时出现。种族多样化可能会在商业时尚圈快速扩大，在这里生产者可以敏感地发现中等市场消费者的需求和期待。这一进程可能会在前卫的媒体时尚圈发展缓慢并且受限，因为在这里生产者在一个封闭的精英网络内部相互创造并满足他们自身狭隘、高端的品味[2]。

文化产品对于文化以及例如奥巴马当选这样的时事而言有着复杂的关系。当然，奥巴马家庭本身是精英和例外。然而他们的成功并没有改变系统性制度化的种族主义，他们只是开放了一个给公众想象的空间，去看黑人的美好和黑人的高阶层生活。但这并没有自动地渗入时尚当中，因为作为文化生产体系，时尚世界吸收在社交领域的转变要克服组织约束、生产常规和协定。就此而言，种族主义和反种族主义并不直接命令生产者如何创造时尚。当然，生产者们会反思在他们时代中的文化变革，并且的的确确许多经纪人和客户坦率地表达了对时尚界的白人偏爱的不快。但这样的反思是被调停的，生产者们如何在每日的实践中应用它，取决于不同的协定和构建出媒体时尚和商业时尚世界的社会关系。媒体时尚生产者最终再现种族主义或者性别歧视思想作为一个集体动态的一部分，一旦到位就会成为关系和协定惯例的霸权世界[3]。文化产品世界为做事的模式提供持久性和牵引力，以至于随着时间流逝而难以改变[4]。因此，外形并不能简单反映文化，并不能被降低为对现代价值观的简单表达。文化调和于人们所遵从的日常活动中。

对于任何走红的外形而言，它必定是符合每个文化的审美认可范围的。其次，对于经纪人和客户而言，它必须出现在合适的时候。萨莎相信一位模特成为时尚金字塔尖的超模几乎都会经历一系列的巧合："你会在恰当的时候被对的人力推或者是在恰当的那一天"。而与此同时客户们集结成群，如秀导乔丹·贝恩所称"大海捞针"，经纪人们为了提升模特的文化价值乃至市场价值而努力为模特造势炒作。高地位制作人发起的赞助可以引发马太效应，"富者更富"：受欢迎的模特会积累更多受欢迎度，他们会最终成为"赢者通吃"的赢家。

"如果你抓住了这个浪潮，你就能成为弄潮儿。"丹妮拉是曾经满负媒体时尚业盛名的澳大利亚模特。好运气对于时机而言是第三大关键因素。模特必须要时刻准备——去施展他们的技能和才智，将自己作为肉体和风度的双重物品出售。此外，他们必须迅速适应媒体时尚圈的反经济逻辑，即通过短期经济利益的损失以着眼于长期媒体时尚圈大奖。

经过长期的练习才能掌握审美劳动和媒体时尚圈的逻辑规

则。然而时间永远是模特的敌人，模特们的过气总是迫在眉睫。自相矛盾的是，那些积累了必要知识、自信和行业诀窍的模特不太可能是媒体客户们想要的新面孔。等模特已经社会化历练到驾驭得了幸运大突破的时候，可能属于她或者他的运潮已经退去了。

模特期望抓住社会风潮来推动他们的事业，整个时尚产业也都取决于消费资本的兴衰。我在这个行业的时期就正巧是一个对于全球化大城市而言的黄金经济时代，这一时期金融奇迹常见并且易于让人相信。在 2003 到 2007 年间不动产和金融资本增长，赢者通吃的市场增长并创造大笔的财富，这一大笔资金在 2008 年金融危机中蒸发。在 2010 年，新的岌岌可危的感觉遍及整个市场，特别是那些与奢侈品相关的市场。这一感觉在 Scene 经纪人当中尤为凸显，在全球经济复苏的前夕，有近三十年历史的 Scene 终于关门停业。

我不久前途经伦敦参加一个社会学会议时回到那个办公室。天空是伦敦典型的灰蒙蒙，但是通向 Scene 办公室的街道不同寻常的萧条。从外面看，办公大楼本身是阴沉的，屋前窗户的百叶窗是合上的。海伦，Scene 的创办人领我进来，兴奋地喋喋不休："亲爱的，你好！很高兴再见到你！"——整个经纪公司静悄悄的。曾经排满宣传档案和杂志的架子也空了，曾经装饰在墙上的时尚偶像们的黑白肖像照也被拿走，只有楼上少数几把椅子和长桌还在。成排的模特卡已经空了，只留下墙上的空白。一台电脑仍旧放在桌上，经纪人弗里亚仍旧用它发送些邮件，还有两到三位的"重要姑娘"要过渡到新的经纪。

海伦给我倒了杯茶，接着她和弗里亚开始向我讲述公司的衰落。Scene 在过去几年都默默承受着由于电视商业广告减少而业绩下滑所带来的苦果。因为 TiVo[5] 和卫星 TV，电视广告商们大幅砍掉了他们的模特预算。在过去的一年，Scene 幸运地协商到全球无线播放权限的 15000 美元模特商业广告，十年前，这个价格可能仅能在伦敦播放，而国际性的播放权价格有几倍之高。虽然 Scene 的定位是"有前卫媒体外型的时装屋"，他们总是从少量成功的商业模特（当然没有什么名气）中逐步稳定累积资产，公司的资产能吸引富有的投资者并将公司扩迁到东伦敦的时尚 LOFT。稳步增长的象征资本掩盖了 Scene 经济资本的缓慢流失，直到 2008 年经济危机的猛烈袭来，所有的广告商砍掉他们的预算，最终催化了它的停业。

当我问弗里亚对于关掉业务的感受时，她的回答让我惊讶。她最初一想起没有人会留意到 Scene 关门就感到沮丧。她担心的是没有人关心这一切。

"每个人都会经历这样的时刻"，她解释说，"时尚是如此的无关紧要。"但最后，如果她毕生的工作也被证明是会被遗忘的呢？

弗里亚回忆起最近与俄罗斯模特凯蒂娅的谈话，凯蒂娅从少女时期就来到伦敦，在 Scene 的照顾下开始工作，而现在已经发展得十分富有。当弗里亚叹息自己经纪人生涯的结束时："我本可以做些对世界很有价值的工作。"凯蒂娅回应她："比如照顾在非洲的儿童这类的事情？"是的，弗里亚同意，这类有意义的工作本来是这么长时间她应该在做的。

"你认为一直以来你都在做什么？！"凯蒂娅问，"你这些年来帮助过多少家庭的女孩？帮助过多少女孩子们的妈妈？"

当弗里亚向我讲述这件事的时候，她看起来真的很受感动，也承认她的确为这个世界上的很多女性创造了财富。我同样受到触动，恰恰在这个时候我回想起女模们谈话中提及弗里亚对她们外貌和身材的批评。很快，Scene 的经纪人们就被来自模特和客户的传达悲伤或者感激之情的电话和邮件淹没。管理人员也同样欣慰地表示，所有的经纪人都可以很快在城里的其他经纪公司找到新工作。

我们的茶杯几乎是空的了，我们谈到了离开模特工作后生活将如何。弗里亚计划搬到法国南部去，在那里她将要"享受生活"并且在海边学习法语。海伦睁着疲倦的双眼，用她那沙哑的大嗓门告诉我，她将尝试为电视节目试镜工作，也终于有时间写她的回忆录了。从此创意文化产业又多了新的一员。而我，我将成为一名社会学教授，对于此她们自豪地表示这是Scene 模特的先河。

我谢过她们，带着骄傲和怀念之情，走出 Scene，踏在坚硬的东伦敦人行道上，仰望 Scene 模特经纪公司的办公楼，它坐落在闪闪发光的砖墙与钢铁之中，几乎这条街上所有其他的建筑漆黑的窗户后都写着"出租"二字。

愿　　景

在这样一个迷人的产业中工作，残酷的波动性和一波又一波的拒绝驱散了初见时所出现的魅力。在这个充满魅力的世界工作，确保了模特与他们的人格建立企业关系；他们将成为自己的老板，推销自己的个性和身材——严格的老板，特别是对于那些必须监督自己身材趋于不可能的完美尺寸的女人。模特将会有弹性的时间表，当然也没有下班的时间，她必须时刻为自己工作，包括每一餐、每个夜晚的外出和每一个非正式的后台交流。为了在这个对女性而言最著名的贸易中获得一个位置，模特们将他们的自控能力让与社会地位、人际网络、品味和时机这些难以控制的因素。在进入这个市场后，模特们很快意识到模特梦并没有像人们说的那么好。而意识到声望和名声可能都超出他们的能力之上，模特们遂开始不断调整他们梦想的事业，现在的愿望只剩下一些短期的小目标。

模特们重新调整他们的目标，渴望追求直接的刺激。他们将追求长期的媒体时尚成功的目标，调整为通过获得特别的工作或者拍摄特别的照片的每日小甜头。模特工作不再是一项可追求的事业，而是一系列工作和工作面试，每个工作本身都带有承诺去激励下一个工作。通过这种方式，自由职业的审美劳工不断重新加入到对不太可能的突破的追求中来。

任何模特的事业都会终结于不再追逐她或者他最初高大光鲜的梦想，而接受她或者他合理期待下的平凡生活。对于女人来说，成为观赏对象有着更多的喜悦、激动和赞美。对于男人而言，兴奋点在稳稳地过上想象中的轻松生活并且拥有轻松赚钱的表面现象，拥有可观的小时工资还可以全球到处走。模特离开一个工作去往下一个，赚取足够的钱坚持到下一个工作、下一个广告大片，也许下一次就会被乔丹·贝恩选上，下一个时尚大片拍摄，下一个秀。他们知道机会微乎其微，但至少，机会都是平等的。

"我不是抱怨，"21岁的约翰是土生土长的俄克拉荷马州人，我们坐在他位于纽约狭小的双卧室公寓里，房间里散落着廉价家具，烟灰缸里溢满烟灰，衣服堆积在他三个室友的床垫上，"这足够生活吃饭和其他一切啦。"

这样的愿望可以在一个人身上产生美妙和灾难的双面影响。对于萨莎来说，模特显而易见是离开家乡的有限机会之一。"但像在我们国家，"她告诉我，"将模特做成大事业是很难的，除非你有很好的关系，来自有钱人家，或者有其他特别之处，比如是真正的天才。两个都没有，来自东京的模特邀请函显然是向上流生活移动的明确路线。萨莎游刃有余地在媒体时尚和商业时尚两个圈子里游走，建立起了足够的专业声望去增加她的目录拍摄薪酬，最终着陆于电视商业广告。她不再走时装秀，对此她说："浪费时间。在T台上像个摇滚明星那样感觉是很好，但是更好的感觉是看看银行户头而不觉得绝望。"

相反，向下的移动发生在大学生莉兹身上。对她而言，模特是消遣。如果她完成大学学业，最终如她的三个兄弟姐妹那样找个专业的工作，她可能会更好地处理突发的健康问题。现在，作为家中唯一一个没有大学学位的人，莉兹正接受瑜珈导师课程训练，弹性的自由职业工作仍旧吸引着她的创业精神。

正如模特行业会关上很多扇门，它也能再开一些。最常见的，模特教会年轻女人和男人如何在文化经济中工作，在这里自由的安排是常态，没有一天和之前的一样，劳动自身变成一种生活方式的消费，一种"功耗"类型。在这个调查中，模特们考虑未来的职业机会多半还是在文化经济之中，例如演员、音乐人、广告人、杂志制作人和摄影师，少数成为活动组织者、DJ、夜店推销员。除了创意文化产业之外，男模也计划回到学校，教健身和在各种各样的领域中自主创业，例如营养和信息技术。对于女性而言，模特生涯将会更多地破坏她们的生活，因为她们在 13 到 18 岁，还在高中的时候就被招募成为模特，而男模一般进入到这个市场中是在他们大学毕业之后，也留下了大量时间给他们的职业留有余地。

不言而喻，最终大部分模特都不会在学术上拿到博士学位，也少有博士学生成为模特——他们显然年纪太大了。通过展示这些美丽典范的建构和复制，社会学家们可以提出他们的专断和批评他们的不公平。但这个调查同时还是一个想要体现这些美丽典范的练习。社会学家们十分愿意沉浸在身体管理的意识形态和实践中，的的确确，我用了两年半的时间做这个，然后，最后，放手。

退　　场

"如果我是个女权主义者，"克莱夫，纽约造型师，边喝咖啡边说，"那么我会坐在这里说时尚真的很可悲，真的很恶心，在某种程度上，我能理解这个。"克莱夫和我在市中心的星巴克交谈，在我们的访谈中他用了很大的篇幅来同情推销身材和将自己视如商品的艰辛，用他的话说，像卖肉一样。我点头，同意他所认为的痛苦和胁迫，但他的观点之中有超过同情的东西。

"但同时，"他继续说，"时尚太有趣啦！太有趣了！如果每个人都能走出去做模特，那太棒了！做这个，尽情开心。"按照他个人经验领域内对社会意义复杂性的认知，克莱夫是个女权主义者。通过一个简单的形式，女权主义承认女性和男性经历的深度与价值，所有这些矛盾的快乐与压迫都同时存在于一个单一的实践之中。我同意克莱夫的观点，因为在我时装模特生涯的时时刻刻也有同样的感觉。和我的采访对象一样，通过履行一个我从 13 岁起因为第一本 *Vogue* 而燃起的梦想，我感觉每天都很激动和难以置信的兴奋。那时我 23 岁了（模特世界的我只有 18 岁），活在幻想里，但还是不得不每天重新调整它，得以从当下许多严酷的失望中寻求快乐。

我个人模特事业的退出来自 Metro 的经纪人的一封电邮，标题是"嘿，小可人儿"，内容如下：

我想谈谈你在 Metro 的未来。我们正在清算业务，决定一些女孩子何去何从，其中就有你。我知道模特不是你的优先选择，我们完全理解并且懂得。此时此刻，我们要把你从业务板中拿掉，因为当你不再有空的时候，真的没必要再去订购更多的卡片和继续支付费用。我相信你能理解……我这里有你的资料和你最后的支票。如果没有问题，我可以寄送到你的地址或者留着等你来取。让我知道你的想法，吻你！

　　这是一种软性失望，以"谈话"开始的一段式，经过深思熟虑，唯一的结果就是突然拿下了我的资料。我去 Metro 办公室取回了一张 150 美元的最后支票。在一系列的拥抱、美好祝福和保持联络的承诺中，我被扫地出门，站在熙熙攘攘的曼哈顿街道上。这是我从这个领域⁶的离开，我曾经再一次感受到那种熟悉的骄傲和幸福，一如既往被一丝拒绝带来的刺痛感包围。

　　时尚曾许诺下一个非凡的人生。这个承诺被少数成功的故事支撑，却又建立在成千上万看不见的失败之上。那些工作在这个魅力产业的人们将发现魔力会不可避免地消失，后台的秘密逐一呈现。

附录：民族志中的不稳定劳动

这本书讲述的是生产魅力，关于构建一个表面看起来毫不费力和自然而然的外形背后的无形工作。虽不是有意陈述模特市场，但这一研究还是揭示了看不到的估价过程和实践。在众多产业中，时尚行业也不例外地具备保守秘密的特质，如社会学家埃弗里特·休斯（Everett Hughes）曾经提到的，所有贸易都有阴暗面，局内人希望向局外人掩盖这些阴暗面[1]。这在民族志学者的工作中也常见，当然，这本书的产生过程中也有其自身背后的小秘密。

当我踏进模特经纪公司办公室的那一刻，我走进了一个伦理的、女性主义的和实践的研究困境，这其中并不是所有都能成功解决。作为一个受过重要训练的局外人，我害怕如果立即开始对模特工作进行有意识的参与观察，任何一家模特经纪公司都会赶我出去。毕竟，模特产业经受了大量来自媒体的负面关注以及来自女权主义和文化的批评。所以，为了立足，我并没有公开作为研究者的意图，直到我在这两家经纪公司拥有了作为模特的一席之地。

这也导致了在进入田野[2]的最初几周，我产生了巨大的焦虑。显而易见，欺骗是不道德的，但在高质量的资料面前也可以妥协[3]。几周以来我纠结于是否要向经纪公司"摊牌"。最终，我约了我的经纪人出来喝咖啡，在那里解释了我与公司签约的真正意图。让我惊讶的是，他认为这想法很酷，并给了我几个心理学上对美丽和美学的看法——他发现了特别有趣的主题。后来，我还和管理人员谈及此事，并且获许记录我参与观察的结果。除了表露出我要写下自己模特经历的目的，我在 Metro 的工作几乎没有任何改变，甚至在和每位工作人员单独谈过这个计划后，我身边没有人表现出明显的异样，除了偶然要出现一行"不要写上这句"——当有人在办公室里说了黄段子的时候。为了不妨碍正常工作，我通常不会在公司或者面试试镜时公开作记录。

向客户说明就是另一个问题了。在一个面试上，作为一名 18 岁的模特第一次向客户介绍自己的时候确实很尴尬，请求允许以博士研究的名义观察面试过程，在客户那里也不会太顺利。但如果民族志的重点是在原地展开了解社会，将不会是好的研究实践。在适当的时候，我拿出一页纸向人们解释我的研究计划，小心地不去打断正常的工作流程。我也通过替换书中的关键细节和日期，煞费苦心地掩盖我所记录的人的身份。由于是以工作在这个产业中的模特的身份进行调查，这同时也限制了我能公开接触的客户数量，这就是我决定以样本法采访他们的原因。

因为面试表上通常都有客户的联络信息，包括电话和地址，我可以轻而易举地跟进我的采访需求而并不会影响他们的日常工作。约访客户的行为同时为我的模特身份带来资源，给了我单独接触制作人的机会，作为严肃的学者，这被认为是在访谈中潜在的分心。为了张弛有度，我将采访放在了田野的最后阶段，即我已经不再在纽约工作以及在伦敦的最后几周里。在伦敦，我很走运地获得了和一位有着很广泛圈内关系的发型师的谈话机会，他对我的研究很有热情，把我介绍给了在伦敦时尚圈内的大人物。

甚至在公开研究身份后，民族志学者主张对他们的观察对象不同程度的诚实。在方法论术语上，我采用加里·艾伦·法恩曾经提出的"浅埋"（Shallow Cover），这是他从间谍活动实践中借用的术语[4]。在这种浅埋下，我的出现公开为调查者，但并没有宣布我研究的焦点是什么，在一定程度上讲这是我研究计划的妥协，但同时，作为典型的建立民族志调查方法，在相当长一段时间的田野后我才能知道自己的理论问题或者分析重点在哪里[5]。因此我的参与是介于告知和未告知的灰色地带。在某种程度上这是个理想的位置，主要因为它并不限制获得信息的方式。然而在其他方面，坏处是有时面对那些慷慨欢迎我进入他们的世界的人，我觉得自己是在暗中侦察他们[6]。

我和经纪人之间融洽的关系也是一个问题。在两家经纪公司里，公开表达喜爱之情是模特和经纪人之间的日常套路，任何一天步入 Scene 公司，我会和好几位经纪人做亲吻脸颊的贴面礼并听到"你好啊，亲爱的！"以及接二连三这样的话。我发现我也是这样拥抱、亲吻，不断地和那些希望在我之后的写作中有着深度分析作用的人交谈，至少在我的脑海里我是这样想他们的。用戈夫曼（Goffman）的话讲，这将让我成为"告密者"（Fink），一个靠不住的人[7]。冷酷无情到利用我和经纪人之间的私人交情如资源工具，有一点需要记住：社会关系的使用价值（use-value）显著地表现在模特市场中。我看上我的经纪人们的利用价值和他们看上我的一样。

经纪人和客户通常带着兴奋或者好奇满足我的需求，成为我调查研究的一部分。经纪人们特别明白他们的访谈是在给予我的学校作业以"帮助"——不是一个完全彻底的解释，但总算不是我试图阻止的那个说法。我把他们对待我论文的轻快的态度归结于两点，这两点都在研究站点本身。首先，作为一名模特，我被自动地当做幼儿对待，并被轻视。甚至在我研究的第一个月，经纪人将我作为纽约大学新生向客户介绍，即使我已经重复数次我在读博士一年级。这可能是因为，任何一位模特的人格面具都是简单地不兼容写重要论文的博士研究生的。然而更多的是：我仍旧被他们慷慨热情地接纳，进入他们的世界，因为我努力成为在这两家公司都具有价值的那个外形（look）。

不 进 则 退

以模特身份进入时尚圈的幕后有很多的便利之处，如戈夫曼提出的，民族志学者的目标是"调整"她的身体进入田野和田野参与者之中，能去感受他们的感受，除了接受罕见的机会加入到这个工作自身当中，没有更好的方式去了解这个世界。作为一个局内人，我不仅参与观察，同时也是观察的当事人[8]。然而这个独特的局内人位置也导致了一系列的严重问题。感受参与者的感受意味着我也经历着强烈的不安全感。我进入田野中的前提是基于其他人对我"外形"的估价。在竞争高度激烈的时尚市场中，作为自由职业者而为我的报告人工作，将我置于一个特别不稳定的位置。我极度希望经纪人可以继续我们的工作关系，因为我的论文基于此。因此甚至在公开了我作为研究者的身份之后，我仍旧紧张，因为作为一名模特我可能随时被"放弃"。此外，我的参与者们属于有权势的时尚人士的独有世界。美国社会学起源于对边缘族群的研究，早期芝加哥学派以帮派分子、无业游民和犹太人作为研究中心，换句话说，这些人的学术地位高于社会地位。边缘族群的研究继续吸引了很大一部分民族学者的兴趣，对这部分人群来说是如何进入的问题；而特权人群的困难在于，很难让他们和我们交谈。因此，作为一名社会学学者，一名研究生，千方百计努力在模特圈找到一席之地的模特中的一员，我觉得自己在研究主题中处于劣势地位。

鉴于我的位置，我竭力保持礼貌、谦恭和专业。我通常准时出现，无论何时见经纪人和客户，都保持着一个靠外表吃饭的审美劳动者的出色和风度。我投入很大量的情绪劳动，集中精力做到招人喜欢并且尽量无可替代。这意味着我也要花费时间苦恼于我的外表，这是我刚进研究生院时没有关注的事情。进入这个行业的第一天，在经纪人的建议下，我恭顺地去健身房，在进入田野工作的第一年，我由衷地担心我 36 英寸的臀围会将我排除在时装周的面试之外。在早上挑选出衣服是可怕的压力——试图以某种方式穿出，一来显示我的身材，二来让我看起来瘦并且年轻，再者不要太吸引我的同学和教授的注意。

　　带着所有这些焦虑，日复一日，在一个随时都会失去的工作中，局内人的主观位置给了我工作是什么滋味的一手资料。从中我可以经历的不仅仅是不确定的工作模式（作为自由职业者的不稳定性），还包括其工作内容上的含糊，特别是去尽力弄清如何做得好。在这些多重的不确定中，如果没有将自身变成审美劳动者，我的洞察不可能存在。但在戈夫曼的建议下，我从一个多少受到模特立场塑造的视角中脱身，这个视角可能会影响我如何看待工作中的其他受访者：经纪人和客户。

　　女性主义社会学者们重视平等和分享知识的生产过程，并且许多人同意民族志提出的一个方法论上的理想，因为研究者和主体可以一起工作并且分享社会学知识[9]。虽然我在摘要中支持这一目标，但在田野中我从未感受到特别的优势。事实上，面对经纪人和客户，我感受到了正好相反的东西：脆弱。因此，我并没有觉得必须要向我的参与者们分享我解释说明的权威。如斯图尔特·霍尔（Stuart Hall）提出的，表达关乎权力。时尚守门人相对于他们管理的模特们在模特市场拥有更大的权威。他们还拥有相当大的权力去塑造价值观和数以百万的人们想要或者不想要的外形。在展示时尚模特产业幕后的过程中，我也有一种权力，可以在民族志工作者自己的幕后实践中负责任地行使。

注　释

第一章　进入

1 除了少数采访者要求用真名外，本文所有个人及组织名称均为化名。

2 本书的引用来自采访录音和我进行非正式访谈的笔录。在一些情况下直接记录是不可能的，例如田野中的偶然邂逅，我会在所有交流互动后立刻记录，并在 24 小时内将所有这些录入我的田野日记。

3 罗伯特·弗兰克（Robert Frank）与菲利普·库克（Philip Cook）合著的《赢家通吃的社会》（*The Winner-take-all Society*），1995。

4 关于魅力的历史，见 Wilson, 2007。

5 轮廓分明、前卫。——译注

6 关于模特的历史，见 Evans, 2005。

7 Wacquant, 2004.

8 本书作者与威廉·芬利（William Finlay）合著，2005。

9 "创意经济" 见 Currid, 2007；"审美经济" 见 Entwistle, 2009；"文化经济" 见 Lash 与 Urry, 1994; Scott, 2000。研究文化经济的社会学者已经充分调查了艺术（Plattner, 1996; Velthuis, 2005）、音乐（Hirsch, 1972; Negus, 1999）、电视与电影（Bielby 与 Bielby 合著，1994）和时尚（Aspers, 2005; Crane, 2000）。除了分析文化产品的经济层面，文化经济的研究还调查作为文化实践的经济制度，尤其是在金融部门的文化分析（见 Abolafia, 1998; Du Gay 与 Pryke 合著，2002; Zaloom, 2006）。

10 成衣图册是展示设计师新系列服装的图册。

11 见 Bourdieu, 1993; Faulkner 与 Anderson 合著：《以好莱坞电影市场为例，发现明星与电影票房存在正相关性》，1987; Menger, 1999; Peterson 与 Berger 合著，1975。

12 例如 Etcoff, 1999。

13 我用"生产者"来形容模特、经纪人和客户，是为了凸显这是一个由生产者组成的产品市场的理念。

14 在创造力与商业之间的这一张力出现在各种文化产业之中，从文艺复兴的绘画（Berger, 1973）与当代艺术市场（Velthuis, 2005）到文学领域（Bourdieu, 1993a, 1996），图书出版市场（Thompson, 2005; Van Rees, 1983），当然还有时尚界（Aspers, 2005; Bourdieu, 1996; Crane, 2000; Kawamura, 2005）。

15 与商业时尚生产者相对。——译注

16 在这里我采用了维维安娜·泽利泽（Viviana Zelizer）的理论议程和她的"商业的圈子"（circuits of commerce）的灵感，见 Zelizer, 2004。

17 有关创意产业的不确定性，请见 Bielby & Bielby, 1994; Caves, 2000; Hirsch, 1972; Peterson & Berger, 1975。关于文化市场的经济定价，见 Karpik, 2010。

18 例如 White 认为不确定性是所有生产市场具有的特征（2002）。见 Lears, 1994 及 Zukin & Maguire, 2004 有关市场营销者应对不确定性的社会历史。

19 Simmel, 1957.

20 吉赛尔的收入数据来自 Bertoni & Blankfeld, 2010。美国劳工部的调查包括了时尚模特和艺术模特。这些数据因此是粗略估计的。见"职业就业统计"（41-9012 Models），www.bls.gov/oes/current/oes419012.htm（截至 2011 年 4 月 1 日）。

21 Kalleberg, 2009; Kalleberg, Reskin and Hudson, 2000.

22 Massoni, 2014.

23 Hirsch, 1972.

24 我的研究方法类似于乔安妮·恩特维斯特尔（Joanne Entwistle），她在关于时装模特的研究中也分析了社会生产的价值，这被她重要地称为"美学经济"（aesthetic economy）。恩特维斯特尔用术语"价值圈"（circuits of value）来描述媒体时尚和商业时尚生产相互影响给予模特极高的外貌要求。但是恩特维斯特尔主要用了布尔迪厄、最近的迈克尔·卡伦和行动者网络理论来描述美学经济的结构和内部关系，忽略了人际关系和惯例对"文化赋值"（ralorization）这一进程的重要性。本研究重拾恩特维斯特尔所忽略的这点，关注在媒体时尚和商业时尚圈中角色间的社会影响、关系和共同约定。

25 关于新闻工作者对模特的重视，见 Gross, 1995; Halperin, 2001。关于历史资料，见 Brown, 2008; Evans, 2001。文化研究，见 Bordo, 1993, 1999; Craig,

2002; Dyer, 1993; Goffman, 1959; Hooks, 1992。几例著名的对于模特界的社会学研究包括 Soley-Beltran（2004）与 Wissinger（2007）关于作为身体的商品化的模特工作及影响。Entwistle（2004）的男性模特作为性客体的访谈研究和（2009）模特作为审美经济的一部分的研究；Mears 与 Finlay（2005）的关于亚特兰大时尚市场模特工作的文章；Mears（2008）作为性别操演的模特工作的民族志；Godart 与 Mears（2009）关于 T 台生产者中地位阶层的网络研究。

26 关于伦敦，见 Freeman, 2010；关于纽约，见城市未来研究中心（Center for an Urban Future）2005。

27 有关纽约时尚的数据来自纽约市经济发展局，《2011 时尚产业初步印象》，见 www.nycedc.com/Fashion（截至 2011 年 4 月 1 日）。

28 关于文化中介机构的概述，见 Bourdieu，1984, pp. 318–371，以及 Featherstone，1991。关于文化产业捍卫者，见 Hirsch, 1972。关于实证案例，见 Crewe, 2003; Negus, 1999; Nixon, 2003; Skov, 2002; Velthuis, 2005。

29 West and Fenstermaker, 1995; West and Zimmerman, 1987.

30 关于女权主义评论，见 Bordo, 1993; Hesse-Biber, 2007; Wolf, 1991。关于区间分析，见 Craig, 2002; Hill Collins, 2004; Hooks, 1992。

31 Naomi Wolf, 1991, p. 50. 关于美丽和身体贸易遵从主观的后结构主义考虑和女性生活经验的阻碍的另一个阅读。第三次女性主义思潮的理论学者们已经重新定义了之前被认为是剥削和物化女性的所在，从性工作（chapkis, 1997）到美容化妆（Bordo, 1993, p. 245–275），而认为是女性赋权的趣味表达。在这篇文章中，时装模特行业是许多女性获得权利并享受展示身体和出售身体的行业之一。对于模特可能是或者可能不是什么的多样解释意味着限制了对实际工人主题的关注。

32 关于这样一个"外围"市场的经济研究，见 Gramp, 1989。关于新古典主义范式的批评，见 Smelser 与 Swedberg, 2005。

33 例如 Bikhchandani, Hirshleifer 与 Welch, 1998。

34 所有时尚组织与时装品牌都是化名。

35 所有的访谈都在 45 到 90 分钟之间并有录音，我用质性研究软件 Atlas.ti 分析原文，这一软件能使研究者通过音频原文归纳并发现主题。

36 Wacquant（2004, p. 6）用"参与观察"这一术语描述他所作为学徒拳手的研究。更多田野中的民族志以及其伦理困境，请见序言。

37 这类客户长期有模特需求，但不一定会马上雇用选中的模特。

38 资深经纪人解释，候选权发展于 20 世纪 60 年代，那时模特产业扩大以满足需求并应对广告产业发展带来的风险，候选权最早用来应对如劳伦·哈顿（Lauren Hutton）这类早期超模繁忙的档期，见 Godart 与 Mears（2009）。

39 Callender 报告，2005。

40 关于城市和文化生产，见 Currid, 2007, Scott, 2000。关于时尚与城市，见 Rantisi, 2004。

41 关于时尚作为城市品牌，请见 Breward & Gilbert, 2006，以及 McRobbie, 1998。《纽约时报》全球时装周调查见 Wilson, 2008。

42 见 Moore（2000）关于纽约与伦敦的不同发展轨迹的分析。

43 Williams, 1980, p. 185.

44 Bourdieu，1993b, pp. 137–138.

45 关于社会学与魔法，见 Bourdieu, 1993b。关于社会学与前台 / 后台的区别，见 Goffman，1959。

第二章　T 台经济学

1 阿努克·莱柏是一位著名模特，她的伴侣是杰弗森·哈克（Jefferson Hack），伦敦最有声望的先锋时尚杂志 *Dazed & Confused* 的联合创始人。

2 见 Bourdieu, 1993a, p. 162。从政治与经济领域到工业领域，有很多这样的社会配置，每一个都由一个内部逻辑和针对特定资本的强烈的竞争所指导。在文化生产领域中，松散地区分为摄影、文学、艺术等领域。甚至在时尚里，高端时尚模特领域也区分为儿童、艺术、魅惑（色情）模特，因为每个都有其自身的游戏逻辑指导与操作规则。

3 见 Zelizer, 2004。贸易圈（范围）与文化圈（范围）并不相同，这一框架分析从生产、消费、监管、表现及身份认同，解构了文化对象的含义，脱胎于英国的文化研究（Du Gay and Pryke, 2002）。

4 社会学者们在展示市场是如何嵌入社会网络上取得了飞跃的进展（Granovetter, 1985），同时有大量的文献研究时尚市场中的社会关系（Crane, 2000; Godart and Mears, 2009）。但我所涉及的最有意思的问题是聚焦这些网络的内容，它们当中所共享的实践、理解与意义。

5 一位叫加热兰（Gagelin）的女装裁缝被认为是第一位雇佣一位时装模特在沙龙内走动展示披肩的人，而沃斯增加了模特的数量，以试穿服装为客户展示（Evans, 2001, 2005）。

6 关于对丑闻和时装模特的疑心，见 Evans, 2001, Maynard, 2004。关于化妆的恐惧，见 Halttunen, 1986。关于可可·香奈儿的早期人体模特，见 Quick, 1997。

7 关于澳大利亚相似的历史，见 Maynard, 2004。

8 巴黎到 1959 年才较慢地引进了模特经纪公司，因为高级定制时装屋雇佣它们自己的全职模特来做服装展示和拍摄。（Evans, 2005）

9 记录于 Koda 与 Yohannan, 2009。

10 见 Arnold, 2001; Crane, 2000。

11 利基为商业用语，指针对企业的优势细分出来的市场，小众市场。——译注

12 见 Davis, 1992; Hebdige, 1979。

13 Evans, 2001, p. 299.

14 见 Crane, 2000; Okawa, 2008。

15 基于该行业的历史记录，似乎杂志和时装屋在这一时期逐渐由一个非正式的赞助和非永久性的就业转变为自由的工作，类似于电影产业从基于工作室的就业转变为自由职业。（Blair, 2001; see also Evans, 2001; Gross, 1995）今日服装陈列室模特是最后残存的半永久性的模特工作。

16 Koda and Yohannan, 2009.

17 见 Nixon, 1996。

18 关于广告见 Nixon, 2003; Scott, 2008。

19 Gross, 1995; Soley- Beltran, 2004.

20 Bertoni 与 Blankfield 报道，2010。

21 精锐模特公司（Elite Model Management），www.elitemodel -world（截至 2011 年 4 月 1 日）。

22 一些新闻报道描绘出这样的景象，案例见 Dodes, 2007; Lacey, 2003; Nussbaum, 2007。星探网络的运动寻找未被发现的天才值得更深入的研究。在采访中，经纪人和客户总结出民族性的刻板印象——"性感"拉丁、"饥饿"和绝望的俄罗斯，或者来自正常家庭的西欧女性。而星探们可能持有类似的

民族差异的典型概念。这样的评价表明，文化模式的力量塑造全球劳动力的流动。

23 见 Wissinger, 2007。

24 人口统计局估计，2009 年全美大约有 1510 人从事模特行业，但这是一种不可靠的估算，因为其涵盖了艺术模特、时装模特，并且没有算入非法模特。见 www .bls.gov/oes/current/oes419012.htm（截至 2011 年 4 月 1 日）。

25 见 McDougall, 2008。

26 模特健康小组报告，2007。

27 例如，《全美超模大赛》、《我要当超模》、《超级男模》、《世界男模特大赛》，以及 Janice Dickinson 模特经纪公司。

28 一种数字录像设备，可帮助下载录制和筛选电视上播放过的节目。

29 见 www.usefeetv.com。虽然英国演员工会（The British Actor's Cuild）建议演员和经理人们对抗买断性收购，这还是成为了一个越来越普遍的做法。

30 Blakeley 报告，2007b。

31 归因于皮埃尔·布尔迪厄的概念，见 Bourdieu, 1984, 1993a。

32 或者，如 Viviana Zelizer 关于钱的历史用途写的："并不是所有的美元都是等价或者可以互换。" 见 Zelizer, 1994, p. 5。

33 见 Aspers, 2005; Entwistle, 2009。关于经济的非功利性，见 Bourdieu, 1993a。

34 i-D 杂志创办于 1980 年，截至 2011 年拥有 78000 册的发行量。据估算，86% 的读者符合英国标准杂志 ABC1 的社会经济分类，其中包括上层中产阶级、中产阶级和低下层中产阶级（49% 为上层中产阶级）。见 www.i-donline.com（2011，4 月 1 日数据）。

35 Ruggerone, 2006.

36 Bourdieu, 1996.

37 关于艺术与商业的差异，见 Berger, 1973。

38 Bourdieu, 1996.

39 Zelizer, 2004.

40 见 Moore, 2000。在伦敦试装工作的薪水是 60 英镑 / 小时，但工作不如纽约那样频繁。纽约拥有超过 5000 家服装陈列室，超过世界上任何一个城市。见纽约城市经济发展公司，www.nycedc.com/BusinessInNYC/IndustryOverviews/Fashion/ Pages/Fashion .aspx（2011 年 4 月 1 日）。

41 时薪估算基于 Metro 模特公司高端、中端及低端收入工作种类百分比。对于目录拍摄工作而言，25% 每天薪酬为 5000 美元，75% 每天为 2000 美元，因此平均薪酬为 2750 美元 / 天，除以 8 小时，为每小时 343.75 美元。对于广告工作，5% 的印刷广告为 500000 美元，80% 的广告工作为 50000 美元，10% 为 1000 美元。

42 Simmel，转引自 Zelizer，1994，p. 19。关于象征法郎（franc symbolique）同上。

43 Mauss, [1924] 1990.

44 Trebay 报告，2009。

45 Plunkett 报告，2006。可见 Evans（2005）历史的讨论。

46 见 Crane, 2000; Moore, 2000, p. 268。

47 多赫是一位有着凌乱头发的摇滚明星，是伦敦乐队 The Libertines 的一员。他在大众面前频繁被提及，都是因为他的毒瘾以及凯特·摩丝前男友的身份。

48 有关纽约时尚的数据来自纽约城市经济发展公司（NYC Economic Development Corporation）"时尚产业快照 2011"，见 www.nycedc.com/Fashion（2011 年 4 月 1 日）。关于伦敦，见模特健康咨询（Model Health Inquiry）2008。

49 报告来自模特健康咨询，2008，见 www.britishfashioncouncil.com 以及 www.associationofmodelagents.org。纽约并没有类似组织，尽管非正式定价在 2002 年的一次集体反垄断诉讼被控，Fears v. Wilhelmina 模特经济公司，从法律上禁止了经纪公司"密谋"共同价格。

50 关于伦敦与纽约市场的比较，见 Rantisi, 2004。

51 Moore, 2000.

52 根据国家相关劳动法规，时尚都市也有不同的薪酬支付方案。例如，在法国，模特必须年满 16 岁，且必须给工资而不是物品。

53 见 Kawamura, 2005。

54 见 White, 1981。

55 月毛收入在各个经纪公司浮动很大，根据平均月收入的一半增减。

56 现在常见的这种双倍 20% 的佣金始于 20 世纪 90 年代，那时纽约主要经纪公司的老板们宣布除了向客户收取 20% 的服务费，模特佣金也集体从 10% 上涨到 20%。2002 年，一批退役模特起诉十大主要经纪公司，这些经纪公司被指控密谋修改价格向模特和客户收取费用。根据纽约州法律，那些模特经纪公司声称有才能的经理人没有佣金上限，不像职业中介机构只能收取 10% 以下的费用。Fears v. Wilhelmina 模特经纪公司案裁定退还给每位代理的模特从 1998 年到 2004 年额外的 10% 佣金。在 2005 年，经理人们落实了将近两千万美元，之后有报道说至少击垮了至少一个经纪公司所有人的个人财务情况，并且让纽约的 Elite 分公司破产。然而，作为非固定并且无组织的劳动力，只有少部分的模特有资格申请索赔，最终法院将 600 万无人认领费用，作为慈善款给那些饮食障碍和没有社会保障的女性。（Liptak, 2007）见 *Fears v. Wilhelmina Model Agency, Inc, et al.,* 02 Civ. 4911 (HB) (S. D. N. Y. May 5, 2005)。

57 Entwistle（2009）也提出市场参与者们会平衡"前沿"和商业上的成功，她发现这种平衡也运用在模特经纪公司与英国塞尔福里奇百货公司买手的工作中。

58 这些平均估计来自对于模特的访谈以及两家经纪公司经纪人和管理者的访谈。

59 Scene 最近的头筹就是一个价值 7 万英镑的奢侈品香水广告大片，连续四年金额每年增加 10%，可得到超过 42 万英镑。

60 在纽约，经纪人估算，中等收入者——在曲线的中间，除去那些陷入债务和那些收入超高的巨星，一年大约赚 60000 美元。

61 Model Health Inquiry, 2008.

62 见《职业类别就业统计》（41-9012 模特），awww.bls.gov/oes/current/oes419012. htm（截至 2010 年 4 月 1 日）。

63 在可以盈利之前，考虑到 20% 的佣金是自动从薪水中扣除的，模特们必须预定工作是债务的 120%。

64 我走了四场伦敦时装周的秀，一共赚了 808 英镑，平均 202 英镑（350 美元）一场秀。

65 我 7 月的时候在伦敦与 Scene 签约，稳定地为杂志客户工作了三个月，跨越整个夏天，离开伦敦的时候背着 1000 英镑的债务。两年后的秋天回来的时候，我稳定地又为目录拍摄工作了两个月。因此在 Scene 零星工作了两年多，一共赚了 6430 英镑，扣除 1072 英镑的佣金，4193 英镑开销。我在一年后收到了第一张也是唯一的一张支票，最后终于从赤字中摆脱，赚了 1165 英镑，合 2000 美元。

66 对工作场所进行参与式研究的研究者在过程中会得到报酬。在某些情况下，社会学者会放弃全部或部分报酬，跳出伦理的问题，回馈给他们的研究对象。Rachel Sherman 的奢侈品酒店产业民族志案例中，她成为领很低工资的服务人员（2007）。这样的安排可以产生意想不到的效果，如 Sherman 提到的，她可以帮助管理人员削减其他工作人员的工资。我参与观察起始于一个标准的用工合同，我认为我的收入来源可以作为模特职业薪酬架构里独特的数据来源。

第三章 成为一个外形

1 审美劳动的先驱概念见 Nickson, 2001 ；Warhurstet al., 2000 ；Witz, Warhurst 以及 Nickson, 2003，以及 Williams 与 Connell 于 2010 年对于美国高档零售工人的研究。关于典型的情绪劳动，见 Hochschild, 1983。关于当今争论与研究概况，见 Wolkowitz, 2006。

2 见 Hamermesh 与 Biddle, 1994，见 Mills, 1951 经典概述。

3 本书中多次提到的 Abercrombie & Fitch 这一品牌，1892 年创立于美国纽约，典型的美国休闲时尚风格，并以"性感营销"而知名。其在中国的开店活动就以半裸肌肉男模街头站台而轰动一时。——译注

4 关于 Abercrombie & Fitch 品牌研究，见 Green house, 2003 ；关于"看起来不错（Looking Good）"见 Nickson et al., 2001。

5 有关后福特主义经济时期的审美化劳动，见 Du Gay, 1996; Lash 与 Urry, 1994。

6 见 Faulkner 与 Anderson, 1987; Menger, 1999。

7 见 Neff et al., 2005。

8 Dean, 2005 ；Entwistle and Wissinger, 2006.

9 恩特维斯特尔与威辛格（2006）提出阶级是进入这行最不重要的人口统计条件，因为所有背景的模特都拥有同等的成功和失败机会。然而，除了对于中产阶级和工人阶级年轻人不稳定劳动的不公平后果，阶级也会塑造身材。在美国和英国，阶级地位低、肤色深和变胖都是相关的，这间接降低了贫困和少数族裔候选人符合模特要求的可能。在贫困地区的模特星探工作可能抵消了阶级影响，让非西方和非白人劳动力储备得以接融到西方时尚生产者。

10 Bielby 和 Bielby, 1994；指编剧 William Goldman。

11 Goffman, 1959.

12 时尚女性。——译注

13 见 Mears 与 Finlay 2005, pp. 328–329。

14 然而，随着工作期限在过去三十年的下降，这是在变化的。例如，45 岁到 54 岁男性的一般工作年限，从 1983 到 2008 年下降 37%，从 12.8 年下降到 4.1 年。见美国 U. S. DOL 新闻稿 10-1278（2010 年 9 月 14 日）。 访问：www. bls.gov/news. release/pdf/tenure.pdf. 关于反复的工作变动的情感代价讨论，见 Sennett, 1998。

15 见 Wacquant, 2004。

16 关于体操运动员，见 Johns 和 Johns, 2000。 关于赛艇，见 Chapman, 1997。

17 关于脱衣舞娘，见 Murphy, 2003; Wesely, 2003。

18 Goffman, 1959.

19 关于"自我护理"平行实践，见 Foucault, 1988。

20 最低身高约为 1 米 68，胸围的最小值为 31 英寸，腰围为 22 英寸，臀围为 32 英寸。身高约为 1 米 82，最大值为胸围 36 英寸，腰围为 26 英寸，臀围为 36 英寸。数据来自 2004 年 5 月，Metro 官网上对女性的描述。

21 见 Mears, 2008。

22 恩特维斯特尔与威辛格（2006）的理论，自由职业审美劳动者必须"时刻准备着"。

23 伯德·斯特洛（Brid Costello），"凯特·摩丝：咆哮的流浪儿（Kate Moss: The Waif That Roared）"，《女装日报》（WWD）美容版，2009 年 11 月 13 日，www.wwd.com/beauty-industry-news/kate-moss-the-waif-that-roared-2367932 ?full = true（登录日期：2011 年 4 月 1 日）。

24 低碳减肥法。

25 见 Kessler- Harris, 1990; Stacey, 2004。

26 见 Foucault 与 Gordon, 1980, p. 155，同样见 Foucault, 1977。

27 女性主义理论中的凝视，见 Bordo, 1993。 关于促使自我监督的职业，见 Chapman, 1997; Johns 与 Johns, 2000; Wesely, 2003。

28 Hochschild 1983, p. 7.

29 Goffman, 1959.

30 Bourdieu, 1984.

31 见 West 与 Zimmerman, 1987, 报告关于男性与女性如何"做性别"（do gender）。

32 Sennett, 1977.

33 Pierce, 1995, p. 72.

34 英国著名服装设计师。

35 见 McRobbie（2004）关于伦敦创意产业工人的比较研究。

36 Peters, 1997.

37 Aspers（2005）从瑞典的摄影师研究中提出；关于低薪酬零售商作为"工人 - 消费者"，见 Williams 与 Connellb, 2010；关于新闻产业，见 Ross, 2003。

38 关于性工作的女性主义讨论，见 Chapkis, 1997；关于化妆，见 Peiss, 1998。

39 Entwistle and Wissinger, 2006.

40 Simmel, 1957.

第四章　创造风尚的人

1 知名家具品牌。

2 自从宝丽来公司宣布在 2008 年终止即时胶片业务，在这个产业里，乔斯和她的同伴只能适应数码照片替代宝丽来，即使立拍得这一媒介现在被其他公司复制。

3 Lears, 1994; Zukin 与 Maguire, 2004。关于广告的历史，也可见 Schudson, 1984。

4 Bourdieu, 1984; Featherstone, 1991; Nixon and Du Gay, 2002.

5 Crewe, 2003; Salganik, Dodds, Watts, 2006.

6 Bourdieu, 1984, p. 6.

7 Style.com 是一个展示每个主要的设计师系列秀的线上公开目录。重要的是，标注有展示服装的模特名字。我只节选了女士成衣系列，因为这是时尚产业的主要部分，女模受到时尚媒体的大部分关注。2007 年春夏时装季，Style. com 报道来自 172 位设计师的女装线，63 位设计师的男装线。见 Godart 与 Mears, 2009。

8 在删除缺失数据后（少于 5% 的模特名字没有出现在图片上）。

9 平均数量是每位模特 6 场秀，最少为 1 场，标准偏差为 10。模特的平均数量是每场秀 25 位，最多 63 位，平均偏差为 10。

10 Blumer, 1969, p. 280；有关时尚作为阶级扩散进程的驱动对比分析，见 Simmel , 1957；Veblen,（1899）2007。

11 见 Lieberson, 2000。 关于更为普遍的品位的社会影响，见 Gladwell, 2000；Salganik, Dodds, Watts 2006。

12 超模，创办并主持《全美超模大赛》。——译注

13 考虑到他们的职业阶梯，时尚模特普遍因为年龄增长离开时尚领域，过渡到低学历要求的表演或者类似的创意产业，或者努力得到学位以转行。

14 我共在纽约和伦敦的经纪公司与 33 位经纪人和工作人员做了深度访谈，其中，25 位经纪人，2 位经纪人助理，6 位管理人员或者会计师。（见表 4.2）

15 异性恋女性。

16 异性恋男性。

17 见 Connell, 1995。 这些象征意义拥有结构和历史的根源。例如，麦克罗比（McRobbie， 1998）提出男性同性恋者及女性在时尚设计中的比例失调，来源于这一行业早期作为服装生产中低收入的女性化职业的地位，这是设计师一直渴望摆脱的。现今，文化生产者强调创新人才超过了制造和科技技术，麦克罗比发现，一些年轻的设计师以不会缝纫而感到自豪。

18 关于产品设计师，见 Molotch, 2003。

19 Bloom, 2007.

20 Aspers, 2006.

21 见 Nixon, 1996。 这一围绕文化中介者的注意力的扩张，反映在以那些有抱负的时尚造型师、发型师甚至是服装编辑助理这样低收入的工作时尚人士的竞争为看点的真人秀电视节目的增长。

22 关于自由职业的声誉，见 Blair, 2001。 Aspers（2001）发现类似限制出现在瑞典的时尚摄影师中。

23 情绪版是一幅巨大的白色海报，上面有着给制作团队和模特参考的照片和要点。

24 Blakeley, 2007a.

25 作为文化中介，经纪人们预想消费者，试图去吸引他们，Blaszczyk（2008）

提到"想象消费者"。但如 Nixon（2003）提出的，第一位观众是广告商自己。经纪人所想象的客户和作为客户的消费者们，必然整合了他们自己的喜好，毕竟经纪人本身当然也是时尚消费者。

26 Bourdieu, 1984, p. 318.

27 大部分杂志生产带有让广告商印象深刻的隐性目的，广告商对于杂志内容有相当大的控制权，因为他们带给杂志社的收入远远大于读者。见 Crewe, 2003; Evans et al., 1991; Steinem, 1990。

28 "Q Score"即电视观众对明星或节目喜欢的百分率，自 1964 年被营销研究公司发展沿用至今，是营销人员用来评估一个人或产品的用户熟悉与喜爱度的工具。www.qscores.com（截至 2011 年 4 月 1 日）

29 White（2002）关于"解绑"（decoupung）。广告的历史是从业者一系列试图以不供应组织市场的努力。广告学始于从业者想象消费者的需求，然后予以填补，在这个过程中构成消费需求。（Zukin and Maguire, 2004）

30 Bourdieu, 1993a.

31 两家经纪公司都订阅几十本杂志。例如 Scene 订阅了 26 本杂志，包括《10》、《125》、*All Access*、*Another*、*Amica*、*Bon*、*Citizen K*、*Dazed & Confused*、*Exit*、*Elle*（英国版和意大利版）、*Glamour*、*Flair*、*French*、*i-D*、*Issue One*、*Jalouse*、*Marie Claire*（英国版和意大利版）、*Numero*、*Pop*、*V*、*Vogue*（英国、美国、法国、中国版）、*Wonderland* 和 *W*。

32 地位的类似功能也在例如珠宝和投行市场中被发现。（Podolny, 2005）

33 两位客户，一位是造型师，一位是摄影师，解释他们刻意试图不去看太多的杂志，以免影响他们个人的品味。这些客户是我所访问的地位最高的制作人，他们看似豁免于或者至少是希望可以避免追逐潮流的压力。

34 Merton, 1968.

35 Weber, 1978.

36 见 Bikhchandani、Hirshleifer 与 Welch, 1998。

37 Podolny, 2005.

38 Trebay, 2009.

39 见 Beckert, 1996，特别是第 819 页；见 Storper 与 Salais, 1997。

40 这一关于艺术市场的观察，来自 Velthuis, 2005, p. 179。

41 这一术语类似于 Nixon 的"商务文化"，他解释为定义和制定商业策略的文化意义和价值。（2003, p. 35）关于研究文化生产的重要性，见 Du Gay（1997）与 Jackson et al.,（2000）。

42 见 Bourdieu, 1993b，"然而是谁创造创造者？" pp. 139–148。

第五章 0 号码的高端种族

1 实际上结束于巴黎。——译注

2 女性是本章的重心，因为她们在每一季的时装周获得了绝大多数媒体的关注，她们在时装模特产业的存在大于男性，这也是下一章的核心问题。

3 见 Feitelberg, 2007; Phillips, 2007; Pilkington, 2007。

4 见 Nikkhah, 2007; Nussbaum, 2007。

5 关于女性主义和时装模特形象交叉的批评，见 Arnold, 2001; Bordo, 1993; Dyer, 1993; Hill Collins, 2004; hooks, 1992。关于种族与性别如何定型殖民话语的分析见，Stoler, 1989。

6 Hill Collins, 1990; West 与 Fenstermaker, 1995.

7 见 Bordo, 1993; Hesse- Biber, 2007; Wolf, 1991，例子。

8 见 Smith, 1990, p. 187。有效利用日益增长的不切实际的美丽理念，1997 年，美体小铺（The Body Shop）发起带有这一口号的广告："300 万看起来不像超模的女性只有 8 位是做这行的。"这一女性赋权的商业用途是多年前广受好评（并且获得商业成功）的"多芬（Dove）真正美丽"这一关注"女性真我"的广告的前驱。

9 关于苗条的身材标准的趋势，见 Fay 与 Price, 1994；回顾文献见 Hesse Biber, 2007。尽管这一迹象显示关于女性形式越来越倾向于纤细审美，单自 60 年代开始的消费者细分市场比以往任何一个时候都更加明显，以至于更广泛的身形和尺码，例如 Hip-hop 视频和受众细分的杂志。

10 Fox, 1997.

11 Ogden et al., 2004.

12 关于男性整容手术案例增加的例子，见 Davis, 2002。

13 例证见 Trebay, 2008。

14 Ogden et al., 2004.

15 在去掉缺失数据（低于 5%）后。

16 Feitelberg, 2007 数据。

17 Haidarali, 2005.

18 Gross, 1995.

19 Life, 1969.

20 Arnold, 2001; Baumann, 2008; hooks, 1992.

21 Arnold, 2001, p. 96.

22 Dyer, 1993; Gilman, 1985; Hill Collins, 1990, 2004; Hooks, 1992.

23 关于性意向和殖民主义，见 Stoler, 1989。最近，Baumann（2008）发现在杂志广告中女性相比男性更倾向于浅肤色，深肤色的白人女性模特相较于浅肤色的白人女性模特更频繁并且明显地性感。Baumann 提出，深肤色存在的欲望内涵独立于种族意义而存在，但我的观点是，肤色、性别和种族是文化意义交织在一起的类别。

24 Hall, 1997.

25 Bannerman, 2006.

26 Austen, 2008.

27 在 Anna Holmes《黑人模特都在哪里？让我们先问问安娜·温图尔》（"*Where Are All the Black Models? Let's Start by Asking Anna Wintour*"）（2007）一文中，分析时采用的杂志包括 *Vogue*、*W*、《嘉人》、《时尚芭莎》、*Glamour*、《时尚》、*Allure*、*Lucky*、*Elle*, http://jezebel.com/ gossip/ maghag/ where-are-all-the-black-models-lets-start-by-asking-anna-wintour-310667.php（截至 2011 年 4 月 1 日）。

28 有关这一论点的一个流行版本见 Frank, 2004。

29 Evans, 2005.

30 Quick, 1997.

31 Phillips, 2007.

32 模特健康调查，Model Health Inquiry, 2007。

33 Evans, 2005.

34 Trebay, 2008.

35 有关在科技市场中的这一相似进程，见 Arthur, 1989。

36 Becker, 1995.

37 见 Dimaggio 与 Powell 关于类同质化的研究（1983）。

38 关于媒体类男模日益缩小的尺码背后惊人相似的推理路线，见 Trebay, 2008。

39 Trebay, 2008.

40 见 McRobbie, 1998; Wilson, 2005。

41 20 世纪 80 年代关于时尚与男同性恋者的讨论，见 Bordo, 1999; Nixon, 1996。

42 Scene 非白人男模的准确数字已经不可得知了，在我采访的 18 个月前，这家模特公司就已经结束了男模业务，然而经纪人们估算，男模业务中的 55 位模特，在任何一个时刻少数族裔都不超过 5 位。

43 Lacey, 2003.

44 2005 年（采访进行的时间）市场数据来自 Target Market News, 2005。

45 David et al., 2002.

46 一些证据显示，广告商们也认为黑人消费者的价值不及白人。主流市场对于购买黑人受众杂志上的广告行动迟缓。例如，发行量 1100 万份的 *Essence* 杂志，相比发行量相近的白人女性杂志，这一类广告商数量少得不成比例。（见 Moses, 2007）

47 Bobo et al., 1997.

48 Warren and Twine, 1997.

49 关于这一讨论，见 Kaplan, 2008, www.salon.com/ mwt/ feature/2008/ 11/ 18/ michelles booty/。（截至 2011 年 4 月 1 日）

50 Hooks, 1992, p. 73.

51 Entman and Book, 2000.

52 Glassman, 2007.

53 见 Rhodes et al., 2005; Bloomfield, 2006。

54 关于混血种族形象的影响，见 Brown, 1997; Streeter, 2003。

55 Hooks, 1992; Streeter, 2003.

56 白人至上主义者选择攻击目标的时候，都有这么一条似乎不证自明的规则去辨别谁是黑人，那就是恶名昭彰的"一滴法则"（one-drop rule）。它来自黑奴时代的美国南方；它的定义是只要你身上有一滴黑人的血液，你就是黑人了，哪怕那滴血来自你从未见过的曾祖父。——译注

57 Haney-López, 1996.

58 JD 是贾马尔·埃达尔（Jamal Daher）的首字母缩写。——译注

59 Arnold, 2001, p.96.

60 Bonilla-Silva, 2003.

61 Lambert, 1987.

62 Williams 于 1989 年构建这一论点。

63 Horyn, 2007.

64 Bordo, 1993.

65 Granovetter, 1985.

66 见 Dyer, 1993。

第六章　T 台性别

1 有关女性受骚扰的女性主义研究分析，见 Bordo, 1999, pp. 265–280。

2 基于全美全职员工的平均周薪，女性仍旧比男性赚得少 80 美分到 1 美元（U. S. DOL. 2010）。估算的不同取决于测量方法和工会、教育程度、工作时间、地理特点还有产业。截至 2011 年，女性在更高水平的收入分配上赚得比男性少，但是在非全日制工作上超过男性，并且在例如仓储员与装运填写员、债务催收员、食物准备与服务人员这类工作上，收入略高于男性。数据基于劳工统计局（Bureau of Labor Statistics）和当前人口调查（见 www.bls.gov/cps/earnings.htm，2011 年 4 月 1 日）。

3 England, 1992; Reskin, 1993.

4 关于女性和美学劳工，见 Wolkowitz, 2006；关于性别和工作场所，见 Entwistle, 2000；关于性别化的组织，见 Acker, 1990; Kanter, 1977; Williams, 1995。

5 一个职业是一份"女性的工作"意味着其女性比例等于或者高于女性全国劳动力比例，在美国这一比例是 50%。非传统的女性职业是女性占就业人口的 25% 或更少。劳工统计局统计，模特行业中女性的比例为大约 84%，但这一数据包括了艺术模特和产品演示者。见 2010 年 U. S. DOL"根据职业、性别和 2009 年平均收入所列的全职工作者每周周薪中值表格"图表 6.1。

6 男模在米兰时装周（大约 5000 美元一场秀）上比在纽约时装周上收入高。

7 然而，20 世纪男装广告包含了相当多的有关同性恋的控告。见 Jobling, 2005。

8 关于皮尔·卡丹，见 Cunningham, 2001; Mort, 1996; Nixon, 1996。 关于纽约男模经纪公司的发展，见 Bender, 1967。

9 关于万宝路男的社会历史，见 Brown, 2008。

10 关于男装市场扩张的综述，见 Crewe（2003）与 Nixon（1996）有关男性杂志的论述，Entwistle（2004）关于男模行业的论述。

11 Williams, 1995.

12 有关市场与性别的经济社会分析，见 England 与 Folbre 2005.

13 案 例 见：Acker, 1990; Browne, 2006; England, 1992; Kanter, 1977; Kessler-Harris, 1990; Williams, 1995。

14 Connell, 1995. 关于交叉法理论的综述，见 Hill Collins, 1990。

15 MacKinnon, 1987, pp. 24–25.

16 关于女性和审视的概述，见 Berger, 1973; Bordo, 1993; Mulvey, 1989。 关于性别化美丽溢价，见 Hamermesh 与 Biddle, 1994; Stacey, 2004。

17 见 Dressel and Petersen（1982）关于男性脱衣舞者的研究，与 Escoffier（2003）关于男性成人电影演员的研究。

18 见 Messner（2002）有关性别与运动的研究，见 Clarey（2007）关于温布尔登网球公开赛奖金的研究。

19 Almeling, 2007.

20 West 与 Zimmerman, 1987, p. 141。

21 见 Berger, 1973; Mulvey, 1989。

22 尽管如 Jobling（2005）记载，1900 年到 1940 年间，英国广告商花费了大量钱用于宣传男士内衣，通常这些图片形象都具有挑逗性，以情欲为卖点。然而，根据礼仪，这些广告依靠男性插画，在 60 年代前很少用照片。如一位编辑标注在 1963 年的产业杂志 *Advertiser's Weekly*："展示阳刚外表上的内衣揭露了最无尊严和最荒诞的装扮。"（Jobling, 2005, p. 124）

23 关于杂志标题和直邮目录，见 SRDS, 2005。 NPD 集团基于客户跟踪服务，估算在 2010 年，女性服装生产为 1070 亿而男性是 520 万。见 NPD 集团，2011。

24 Coleman, 2005.

25 根据来自卫生部与公共事业部门的健康统计摘要，60% 男性为当前定期饮酒者，而女性的这一比例为 42%。23% 的男性为当前吸烟者，女性为 19%。见

Pleis et al., 2009。

26 Target Market News, 2005.

27 据 1969 年《生活杂志》报道估计，黑人模特在摄影图片工作中的所得是白人模特的一半。见 Bender, 1967；《生活杂志》，1969。

28 关于历史研究见 Kessler- Harris, 1990，这一观点同时也被 Zelizer（2005）讨论。

29 见 McRobbie, 1998，有关新闻报道见 Wilson, 2005。关于"为报酬而伪装成同性恋"，见 Escoffier, 2003。

30 Phillips, 2006, p. 24. 虽然男性收入与女性收入同等，但当女性裸体的文化偏好转化为低需求的男性艺术模特时，男性的工作机会受到限制。

31 这一观点来自 Entwistle, 2004。

32 Simmel, [1911] 1984.

33 一个创立于纽约的时尚品牌。

34 Stacey, 1987.

35 England, 1992.

第七章 退场

1 Crane, 2000.

2 有关这样进步与阻碍的有趣例子，是 2009 年春季在奥巴马刚刚就职后举办的秋冬时装周。纽约设计师相比往年起用了大量的混血模特，而同时米兰的设计师几乎没有雇佣少数族裔女模。见《纽约杂志》http://nymag.com/daily/fashion/2009/02/new-york-runways-more-diverse.html#comments；http://nymag.com/daily/fashion/ 2009/03/why-is-milan-so-whitewashed.html。（截至 2011 年 4 月 1 日）

3 Storper, 1997, p. 255.

4 Becker, 1995.

5 一种数字录像设备，可帮助录制和筛选电视上播放过的节目。

6 The field，也是社会学调查的田野。——译注

附录: 民族志中的不稳定劳动

1 由加里·艾伦·法恩(Gary Alan Fine)提出。

2 田野调查的简称,又称实地调查或现场研究。这种研究方式有助于获得第一手资料,在民族学、人类学、社会学、民俗学、考古学等领域有广泛应用。

3 如劳拉·格林德斯塔夫(Laura Grindstaff, 2002)在她关于日间脱口秀的民族志中所提到的,隐蔽的人类学家,如同那些她所研究的不诚实的脱口秀制作人,在数据的质量和可靠性上,比经坦诚与公开地工作而建立信任的关系所得到的要不可预测得多。

4 Fine, 1993.

5 Glaser and Strauss, 1967.

6 Fine, 1993.

7 Goffman, 1989.

8 Wacquant, 2004, p. 6.

9 朱迪思·斯泰西(Judith Stacey, 1988)反对把女权主义民族志的提高看作更为平等,因为民族志学者保持有一个地位优势,可以在时机到来时离开被调查的社会情境。

参考文献

Abolafia, Michel. 1998. "Markets as Cultures: An Ethnographic Approach." In *The Laws of the Markets*, edited by Michel Callon, 69–85. Oxford: Blackwell.

Acker, Joan. 1990. "Hierarchies, Occupations, Bodies: A Theory of Gendered Organizations." *Gender and Society* 4:139–58.

Almeling, Rene. 2007. "Selling Genes, Selling Gender: Egg Agencies, Sperm Banks, and the Medical Market in Genetic Material." *American Sociological Review* 72:319–40.

Arnold, Rebecca. 2001. *Fashion, Desire, and Anxiety: Image and Morality in the 20th Century*. New Brunswick, NJ: Rutgers University Press.

Arthur, Brian. 1989. "Competing Technologies, Increasing Returns, and Lock-In by Historical Events." *The Economic Journal* 99:116–31.

Aspers, Patrik. 2005. *Markets in Fashion: A Phenomenological Approach. London: Routledge.*

———. 2006. "Contextual Knowledge." *Current Sociology* 54:745–63.

Austen, Ian. 2008. "Suits; Models Too Thin? A Store Says

Yes." *New York Times, August* 31.

Bannerman, Lucy. 2006. "Paul Smith Says Skinny Will Go Out of Fashion." *The Times* (London), September 20.

Baumann, Shyon. 2008. "The Moral Underpinnings of Beauty: A Meaning-Based Explanation for Light and Dark Complexions in Advertising." *Poetics* 36:2–23.

Becker, Gary Stanley. 1976. *The Economic Approach to Human Behavior*. Chicago: University of Chicago Press.

Becker, Howard S. 1982. *Art Worlds*. Berkeley: University of California Press.

———. 1995. "The Power of Inertia." *Qualitative Sociology* 18:301–9.

Beckert, Jens. 1996. "What Is Sociological about Economic Sociology? Uncertainty and the Embeddedness of Economic Action." *Theory and Society* 25:803–40.

Bender, Marylin. 1967. "The Male Model: From Prop to Cynosure." *New York Times*, August 21.

Berger, John. 1973. Ways of Seeing. New York: Viking.

Bertoni, Steven, and Karen Blankfeld. 2010. "The World's Top-Earning Models." *Forbes*, May 13. www.forbes.com/2010/05/12/top-earning-models-business-entertainment-models.html (accessed April 1, 2011).

Bielby, William T., and Denise D. Bielby. 1994. "All Hits Are Flukes: Institutionalized Decision Making and the Rhetoric of

Network Prime-Time Program Development." *American Journal of Sociology* 99:1287–313.

Bikhchandani, Sushil, David Hirshleifer, and Ivo Welch. 1998. "Learning from the Behavior of Others: Conformity, Fads, and Informational Cascades." *Journal of Economic Perspectives* 12:151–70.

Blair, Helen. 2001. " 'You're Only as Good as Your Last Job': The Labour Process and Labour Market in the British Film Industry." *Work, Employment and Society* 15:149–69.

Blakeley, Kiri. 2007a. "How to Be a Supermodel." Forbes, October 3. www.forbes.com/2007/10/02/modeling-moss-bundchen-biz-media_cz_kb_1003supermodels.html (accessed April 1, 2011).

———. 2007b. "The World's Top-Earning Models." Forbes, July 16. www.forbes.com/2007/07/19/models-media-bundchen-biz-media-cz_kb_0716topmodels.html (accessed April 1, 2011).

Blaszczyk, Regina Lee. 2008. *Producing Fashion: Commerce, Culture, and Consumers.* Philadelphia: University of Pennsylvania Press.

Bloom, Julie. 2007. "A Synergetic Pas de Deux for Dance and Fashion." *New York Times*, September 5.

Bloomfield, Steve. 2006. "The Face of the Future: Why Eurasians Are Changing the Rules of Attraction." *The Independent*, January 15.

Blumer, Harold. 1969. "Fashion: From Class Differentiation

to Collective Selection." *Sociological Quarterly* 10:275–91.

Bobo, Lawrence, James R. Kluegel, and Ryan A. Smith. 1997. "Laissez-Faire Racism: The Crystallization of a Kinder, Gentler, Antiblack Ideology." In *Racial Attitudes in the 1990s: Continuity and Change*, edited by Steven A. Tuch and Jack K. Martin, 15–44. Westport, CT: Praeger.

Bonilla-Silva, Eduardo. 2003. *Racism without Racists: Color-blind Racism and the Persistence of Racial Inequality in the United States*. Lanham, MD: Rowman & Littlefield.

Bordo, Susan. 1993. *Unbearable Weight: Feminism, Western Culture, and the Body*. Berkeley: University of California Press.

———. 1999. *The Male Body: A New Look at Men in Public and in Private*. New York: Farrar, Straus and Giroux.

Bourdieu, Pierre. 1984. *Distinction: A Social Critique of the Judgment of Taste*. Cambridge, MA: Harvard University Press

———. 1993a. *The Field of Cultural Production: Essays on Art and Literature*. New York: Columbia University Press.

———. 1993b. *Sociology in Question*. London and Thousand Oaks, CA: Sage.

———. 1996. *The Rules of Art: Genesis and Structure of the Literary Field*. Stanford, CA: Stanford University Press.

Breward, Christopher, and David Gilbert. 2006. *Fashion's World Cities*. Oxford and New York: Berg.

Brown, Elspeth. 2008. "Marlboro Men: Outsider Masculinities

and Commercial Modeling in Postwar America." In *Producing Fashion: Commerce, Culture, and Consumers*, edited by Regina Lee Blaszczyk, 187–206. Philadelphia: University of Pennsylvania Press.

Brown, Linda Joyce. 1997. "Assimilation and the Re-Racialization of Immigrant Bodies: A Study of *TIME's* Special Issue on Immigration." *The Centennial Review* 41:603–8.

Browne, Jude. 2006. *Sex Segregation and Inequality in the Modern Labour Market*. Bristol, UK: Policy Press.

Caballero, Marjorie J., and Paul J. Solomon. 1984. "Effects of Model Attractiveness on Sales Response." *Journal of Advertising* 13:17–23.

Callender, Cat. 2005. "The Model Maker." The Independent, September 29.

Caves, Richard E. 2000. Creative Industries: Contracts between Art and Commerce. Cambridge, MA: Harvard University Press.

Center for an Urban Future. 2005. "Creative New York." New York: City Futures. www.nycfuture.org (accessed April 1, 2011).

Chapkis, Wendy. 1997. *Live Sex Acts: Women Performing Erotic Labor*. New York: Routledge.

Chapman, G. E. 1997. "Making Weight: Lightweight Rowing, Technologies of Power, and Technologies of the Self." *Sociology of Sport Journal* 14:205–23.

Cialdini, Robert B., and Noah J. Goldstein. 2004. "Social Influence: Compliance and Conformity." *Annual Review of Psychology*

55:591–621.

Clarey, Christopher. 2007. "Wimbledon to Pay Women and Men Equal Prize Money." *New York Times*, February 22.

Coleman, David. 2005. "Gay or Straight? Hard to Tell." New York Times, June 19.

Connell, R. W. 1995. Masculinities: Knowledge, Power and Social Change. Berkeley: University of California Press.

Craig, Maxine Leeds. 2002. *Ain't I a Beauty Queen? Black Women, Beauty, and the Politics of Culture.* New York: Oxford University Press.

Crane, Diana. 2000. *Fashion and Its Social Agenda: Class, Gender, and Identity in Clothing.* Chicago: University of Chicago Press.

Crewe, Ben. 2003. *Representing Men: Cultural Production and Producers in the Men's Magazine Market.* Oxford: Berg.

Cunningham, Thomas. 2001. "Before Cardin, There Was No Designer Fashion for Men." *Daily News Record*, December 31.

Currid, Elizabeth. 2007. *The Warhol Economy: How Fashion, Art, and Music Drive New York City.* Princeton, NJ: Princeton University Press.

Darling-Wolf, Fabienne. 2001. "Gender, Beauty, and Western Influence: Negotiated Femininity in Japanese Women's Magazines." In *The Gender Challenge to the Media: Diverse Voices from the Field*, edited by Elizabeth L. Toth and Linda Aldoory, 277–311. Cresskill, NJ: Hampton Press.

David, Prabu, Glenda Morrison, Melissa A. Johnson, and Felicia Ross. 2002. "Body Image, Race, and Fashion Models: Social Distance and Social Identification in Third-Person Effects." *Communication Research* 29:270–94.

Davis, Fred. 1992. *Fashion, Culture, and Identity*. Chicago: University of Chicago Press.

Davis, Kathy. 2002. " 'A Dubious Equality' : Men, Women and Cosmetic Surgery." *Body and Society* 8:49–65.

Dean, Deborah. 2005. "Recruiting a Self: Women Performers and Aesthetic Labor." *Work, Employment and Society* 19:761–74.

DiMaggio, Paul J., and Walter W. Powell. 1983. "The Iron Cage Revisited: Institutional Isomorphism and Collective Rationality in Organizational Fields." *American Sociological Review* 48:147–60.

Dodes, Rachel. 2007. "Strike a Pose, Count Your Pennies." *Wall Street Journal,* February 3.

Dressel, Paula L., and David M. Petersen. 1982. "Becoming a Male Stripper— Recruitment, Socialization, and Ideological Development." *Work and Occupations* 9:387–406.

Du Gay, Paul. 1996. *Consumption and Identity at Work*. London and Thousand Oaks, CA: Sage.

Du Gay, Paul, and Michael Pryke, eds. 2002. "Cultural Economy: An Introduction." In *Cultural Economy*: *Cultural Analysis and Commercial Life*, 1–20. London: Sage.

Dyer, Richard. 1993. *The Matter of Images: Essays on*

Representations. London and New York: Routledge.

England, Paula. 1992. *Comparable Worth: Theories and Evidence*. New York: Aldine de Gruyter.

England, Paula, and Nancy Folbre. 2005. "Gender and Economic Sociology." In *The Handbook of Economic Sociology*, edited by Neil J. Smelser and Richard Swedberg, 627–49. Princeton, NJ: Princeton University Press.

Entman, Robert M., and Constance L. Book. 2000. "Light Makes Right: Skin Color and Racial Hierarchy in Television Advertising." In *Critical Studies in Media Commercialism*, edited by Robin Andersen and Lance Strate, 214–24. New York: Oxford University Press.

Entwistle, Joanne. 2000. *The Fashioned Body: Fashion, Dress, and Modern Social Theory*. Malden, MA: Polity Press, in association with Blackwell.

———. 2004. "From Catwalk to Catalogue: Male Models, Masculinity and Identity." In *Cultural Bodies: Ethnography and Theory*, edited by Helen Thomas and Jamilah Ahmen, 55–75. Malden, MA, and Oxford: Blackwell.

———. 2009. *The Aesthetic Economy of Fashion: Markets and Value in Clothing and Modeling*. London: Berg.

Entwistle, Joanne, and Elizabeth Wissinger. 2006. "Keeping Up Appearances: Aesthetic Labour and Identity in the Fashion Modelling Industries of London and New York." *Sociological*

Review 54:773–93.

Escoffier, Jeffrey. 2003. "Gay for Pay: Straight Men and the Making of Gay Pornography." *Qualitative Sociology* 26:531–53.

Etcoff, Nancy L. 1999. *Survival of the Prettiest: The Science of Beauty*. New York: Doubleday.

Evans, Caroline. 2001. "The Enchanted Spectacle." *Fashion Theory: The Journal of Dress, Body & Culture* 5:271–310.

———. 2005. "Multiple, Movement, Model, Mode: The Mannequin Parade 1900–1929." In *Fashion and Modernity*, edited by Christopher Breward and Caroline Evans, 125–45. Oxford and New York: Berg.

Evans, Ellis D., Judith Rutberg, Carmela Sather, and Charli Turner. 1991. "Content Analysis of Contemporary Teen Magazines for Adolescent Females." *Youth & Society* 23:99–120.

Faulkner, Robert R., and Andy B. Anderson. 1987. "Short-Term Projects and Emergent Careers: Evidence from Hollywood." *American Journal of Sociology* 92:879–909.

Fay, Michael, and Christopher Price. 1994. "Female Body Shape in Print Advertisements and the Increase in Anorexia Nervosa." *European Journal of Marketing* 28:5–14.

Featherstone, Mike. 1991. *Consumer Culture and Postmodernism*. London and Newbury Park, CA: Sage.

Feitelberg, Rosemary. 2007. "Little Diversity in Fashion: African-Americans Bemoan Their Absence in Industry." *Women's*

Wear Daily, September 17.

Fine, Gary Alan. 1993. "Ten Lies of Ethnography: Moral Dilemmas of Field Research." *Journal of Contemporary Ethnography* 22:267–94.

Foucault, Michel. 1977. *Discipline & Punish: The Birth of the Prison*. New York: Pantheon Books.

———. 1988. *The History of Sexuality Volume 3: The Care of the Self*. New York: Vintage Books.

Foucault, Michel, and Colin Gordon. 1980. *Power/Knowledge: Selected Interviews and Other Writings*, 1972–1977. New York: Pantheon Books.

Fox, Kate. 1997. "Mirror, Mirror: A Summary of Research Findings on Body Image." Social Issues Research Center. www.sirc.org/publik/mirror.html (accessed April 1, 2011).

Frank, Robert H., and Philip J. Cook. 1995. *The Winner-Take-All Society: How More and More Americans Compete for Ever Fewer and Bigger Prizes, Encouraging Economic Waste, Income Inequality, and an Impoverished Cultural Life*. New York: Free Press.

Frank, Thomas. 2004. *What's the Matter with Kansas? How Conservatives Won the Heart of America*. New York: Metropolitan Books.

Freeman, Alan. 2010. London's Creative Workforce, 2009 Update. Working Paper 40, Greater London Authority. www.london.gov.uk/priorities/art-culture/cultural-metropolis (accessed

April 1, 2011).

Gilman, Sander L. 1985. *Difference and Pathology: Stereotypes of Sexuality, Race, and Madness*. Ithaca, NY: Cornell University Press.

Gladwell, Malcolm. 2000. *The Tipping Point: How Little Things Can Make a Big Difference*. Boston: Little, Brown.

Glaser, Barney, and Anselm Strauss. 1967. *The Discovery of Grounded Theory Strategies for Qualitative Research*. Chicago: Aldine.

Glassman, Sara. 2007. "Model Minnesotan." *Star Tribune*, March 15.

Godart, Frederic, and Ashley Mears. 2009. "How Do Cultural Producers Make Creative Decisions? Lessons from the Catwalk." Social Forces 88:671–92. Goffman, Erving. 1959. The Presentation of Self in Everyday Life. Garden City, NY: Doubleday.

———. 1989. "On Fieldwork." Transcribed by Lyn H. Lofland. *The Journal of Contemporary Ethnography* 18:123–32.

Grampp, William Dyer. 1989. *Pricing the Priceless*: *Art, Artists, and Economics*. New York: Basic Books.

Granovetter, Mark. 1985. "Economic Action and Social Structure: The Problem of Embeddedness." *American Journal of Sociology* 91:481–510.

Greenhouse, Steven. 2003. "Going for the Look, but Risking Discrimination." *New York Times*, July 13.

Grindstaff, Laura. 2002. *The Money Shot: Trash, Class, and the Making of TV Talk Shows*. Chicago: University of Chicago Press.

Gross, Michael. 1995. *Model: The Ugly Business of Beautiful Women*. New York: W. Morrow.

Haidarali, Laila. 2005. "Polishing Brown Diamonds: African American Women, Popular Magazines, and the Advent of Modeling in Early Postwar America." *Journal of Women's History* 17:10–37.

Hall, Stuart. 1997. *Representation: Cultural Representations and Signifying Practices*. London and Thousand Oaks, CA: Sage, in association with the Open University.

Halperin, Ian. 2001. *Bad & Beautiful: Inside the Dazzling and Deadly World of Supermodels*. New York: Citadel Press.

Halttunen, Karen. 1986. *Confidence Men and Painted Women: A Study of Middle-Class Culture in America*, 1830–1870. New Haven, CT: Yale University Press.

Hamermesh, Daniel S., and Jeff E. Biddle. 1994. "Beauty and the Labor-Market." *American Economic Review* 84:1174–94.

Haney Lopez, Ian. 1996. *White by Law: The Legal Construction of Race*. New York: New York University Press.

Hartmann, Heidi I. 1981. "The Family as the Locus of Gender, Class, and Political Struggle: The Example of Housework." *Signs* 6:366–94.

Hebdige, Dick. 1979. *Subculture: The Meaning of Style*. London: Methuen.

Hesse-Biber, Sharlene. 2007. *The Cult of Thinness*. New York: Oxford University Press.

Hill Collins, Patricia. 1990. Black *Feminist Thought: Knowledge, Consciousness, and the Politics of Empowerment*. Boston: Unwin Hyman.

————. 2004. *Black Sexual Politics: African Americans, Gender, and the New Racism*. New York: Routledge.

Hirsch, Paul M. 1972. "Processing Fads and Fashions: An Organization Set Analysis of Cultural Industry Systems." *American Journal of Sociology* 77:639–59.

Hochschild, Arlie Russell. 1983. *The Managed Heart: Commercialization of Human Feeling*. Berkeley: University of California Press.

Hooks, bell. 1992. *Black Looks: Race and Representation*. Boston: South End Press.

Horyn, Cathy. 2007. "Designers in a Time of Many Dresses, Some Terrific." *New York Times*, September 13.

Jackson, Peter, Michelle Lowe, Daniel Miller, and Frank Mort. 2000. *Commercial Cultures: Economies, Practices, Spaces..* Oxford: Berg.

Jobling, Paul. 2005. *Man Appeal: Advertising, Modernism and Men's Wear*. Oxford and New York: Berg.

Johns, David P., and Jennifer S. Johns. 2000. "Surveillance, Subjectivism, and Technologies of Power: An Analysis of the

Discursive Practices of Weight-Performance Sport." *International Review for the Sociology of Sport* 35:219–34.

Kalleberg, Arne L. 2009. "Precarious Work, Insecure Workers: Employment Relations in Transition." *American Sociological Review* 74:1–22.

Kalleberg, Arne L., Barbara F. Reskin, and Ken Hudson. 2000. "Bad Jobs in America: Standard and Nonstandard Employment Relations and Job Quality in the United States." *American Sociological Review* 65:256–78.

Kanter, Rosabeth Moss. 1977. *Men and Women of the Corporation*. New York: Basic Books.

Kaplan, Erin Aubry. 2008. "First Lady Got Back." Salon.com, November 18. www.salon.com/mwt/feature/2008/11/18/michelles_booty/ (accessed April 1, 2011).

Karpik, Lucien. 2010. *Valuing the Unique: The Economics of Singularities*, translated by Nora Scott. Princeton, NJ: Princeton University Press.

Kawamura, Yuniya. 2005. *Fashion-logy: An Introduction to Fashion Studies*. Oxford and New York: Berg.

Kessler-Harris, Alice. 1990. *A Woman's Wage: Historical Meanings and Social Consequences*. Lexington: University Press of Kentucky.

Knight, Frank H. [1921] 1957. Risk, *Uncertainty and Profit*. New York: Kelley & Millman.

Koda, Harold, and Kohle Yohannan. 2009. *The Model as Muse: Embodying Fashion*. New Haven, CT: Yale University Press.

Lacey, Marc. 2003. "In Remotest Kenya, a Supermodel Is Hard to Find." *New York Times*, April 22.

Lambert, Bruce. 1987. "Rockettes and Race: Barrier Slips." *New York Times*, December 26.

Lash, Scott, and John Urry. 1994. *Economies of Signs and Space*. London: Sage.

Lears, T. J. Jackson. 1994. *Fables of Abundance: A Cultural History of Advertising in America*. New York: Basic Books.

Lieberson, Stanley. 2000. *A Matter of Taste: How Names, Fashions, and Culture Change*. New Haven, CT: Yale University Press.

Life. 1969. "Black Models Take Center Stage." October 17.

Liptak, Adam. 2007. "Doling Out Other People's Money." *New York Times*, November 26.

MacKinnon, Catharine A. 1987. *Feminism Unmodified: Discourses on Life and Law*. Cambridge, MA: Harvard University Press.

March, James G., and Johan P. Olsen. 1979. *Ambiguity and Choice in Organizations*. Bergen, Norway: Universitetsforlaget

Massoni, Kelley. 2004. "Modeling Work: Occupational Messages in Seventeen Magazine." Gender & Society 18:47–65.

Mauss, Marcel. [1924] 1990. *The Gift: The Form and Reason for Exchange in Archaic Societies*. New York: W. W. Norton.

Maynard, Margaret. 2004. "Living Dolls: The Fashion Model

in Australia." *The Journal of Popular Culture* 33:191–205.

McDougall, Paul. 2008. "Congressman Wants Foreign Models off Tech Visas." *Information Week*, June 12.

McRobbie, Angela. 1998. *British Fashion Design: Rag Trade or Image Industry?* London: Routledge.

———. 2002. "From Clubs to Companies: Notes on the Decline of Political Culture in Speeded Up Creative Worlds." *Cultural Studies* 16:516–31.

———. 2004. "Making a Living in London's Small-Scale Creative Sector." In *Cultural Industries and the Production of Culture*, edited by Dominic Power and Allen J. Scott, 130–44. New York and London: Routledge.

Mears, Ashley. 2008. "Discipline of the Catwalk: Gender, Power and Uncertainty in Fashion Modeling." *Ethnography* 9:429–56.

Mears, Ashley, and William Finlay. 2005. "Not Just a Paper Doll: How Models Manage Bodily Capital and Why They Perform Emotional Labor." *Journal of Contemporary Ethnography* 34:317–43.

Menger, Pierre-Michel. 1999. "Artistic Labor Markets and Careers." *Annual Review of Sociology* 25:541–74.

Merton, Robert. 1968. "The Matthew Effect in Science." Science 159:56–63.

Messner, Michael A. 2002. Taking the Field: Women, Men, and Sports. Minneapolis: University of Minnesota Press.

Mills, C. Wright. 1951. *White Collar: The American Middle*

Classes. New York: Oxford University Press.

Model Health Inquiry. 2007. Interim Report. Unpublished report by the British Fashion Council, London, July 11. www. britishfashioncouncil.com/ (accessed April 1, 2009).

———. 2008. "Model Health Certificates: Feasibility Study." Unpublished final report to the British Fashion Council, August 15. www.britishfashioncouncil.com/ (accessed April 1, 2009).

Molotch, Harvey L. 2003. *Where Stuff Comes From: How Toasters, Toilets, Cars, Computers, and Many Others Things Come to Be as They Are*. New York: Routledge.

Moore, Christopher M. 2000. "Streets of Style: Fashion Designer Retailing within London and New York." In *Commercial Cultures: Economies, Practices, Spaces,* edited by Peter Jackson, Michelle Lowe, Daniel Miller, and Frank Mort, 261–78. Oxford: Berg.

Mort, Frank. 1996. *Cultures of Consumption: Masculinities and Social Space in Late Twentieth-Century Britain.* London and New York: Routledge.

Moses, Lucia. 2007. "Black Women's Titles Continue Mainstream Struggle." *Mediaweek.com*, September 10. www. mediaweek.com/mw/esearch/ article_display.jsp?vnu_content_ id=1003637076 (accessed April 1, 2011).

Mulvey, Laura. 1989. *Visual and Other Pleasures*. Bloomington: Indiana University Press.

Murphy, Alexandra G. 2003. "The Dialectical Gaze: Exploring

the Subject-Object Tension in the Performances of Women Who Strip." *Journal of Contemporary Ethnography* 32:305–35.

Neff, Gina, Elizabeth Wissinger, and Sharon Zukin. 2005. "Entrepreneurial Labor among Cultural Producers: 'Cool' Jobs in 'Hot' Industries." Social Semiotics 15:307–34.

Negus, Keith. 1999. *Music Genres and Corporate Cultures.* *London* and New York: Routledge.

Nickson, Dennis, Chris Warhurst, Anne Witz, and Anne Marie Cullen. 2003. "The Importance of Being Aesthetic: Work, Employment and Service Organization." In *Customer Service: Empowerment and Entrapment,* edited by Andrew Sturdy, Irena Grugulis, and Hugh Willmott, 170–90. Basingstoke: Palgrave.

Nikkhah, Roya. 2007. "Dame Vivienne Attacks 'Racist' Magazines." *The Telegraph* (London), October 15.

Nixon, Sean. 1996. Hard Looks: *Masculinities, Spectatorship and Contemporary Consumption*. New York: St. Martin's Press.

———. 2003. *Advertising Cultures: Gender, Commerce, Creativity*. London and Thousand Oaks, CA: Sage.

Nixon, Sean, and Paul Du Gay. 2002. "Who Needs Cultural Intermediaries?" *Cultural Studies* 16:495–500.

NPD Group. 2011. "NPD Reports on the U.S. Apparel Market for 2010: Encouraging Signs Within." Press release, February 10. www.npd.com/press/ releases/press_110210.html (accessed April 1, 2011).

Nussbaum, Emily. 2007. "The Incredible Shrinking Model." *New York* magazine, February 18.

NYCEDC. 2007. "NYC Fashion Industry Snapshot." New York.

Ogden, Cynthia L., Cheryl D. Fryar, Margaret D. Carroll, and Katherine M. Flegal. 2004. "Mean Body Weight, Height, and Body Mass Index, United States, 1960–2002." Centers for Disease Control and Prevention, Advance Data from Vital and Health Statistics.

Okawa, Tomoko. 2008. "Licensing Practices at Maison Christian Dior." In *Producing Fashion: Commerce, Culture and Consumers*, edited by Regina Lee Blaszczyk, 82–110. Philadelphia: University of Pennsylvania Press.

Peiss, Kathy Lee. 1998. *Hope in a Jar: The Making of America's Beauty Culture*. New York: Metropolitan Books.

Peters, Tom. 1997. "The Brand Called You." *Fast Company* 10, August.www.fastcompany.com/magazine/10/brandyou.html (accessed April 1, 2011).

Peterson, Richard, and David Berger. 1975. "Cycles in Symbol Production: The Case of Popular Music." *American Sociological Review* 40:158–73.

Phillips, Sarah R. 2006. Modeling Life: Art Models Speak about Nudity, Sexuality, and the Creative Process. Albany: State University of New York Press.

Phillips, Tom. 2007. "Everyone Knew She Was Ill." The

Observer, January 14.

Pierce, Jennifer L. 1995. *Gender Trials: Emotional Lives in Contemporary Law Firms.* Berkeley: University of California Press.

Pilkington, Ed. 2007. "Supermodels Launch Anti-Racism Protest." *The Guardian, September* 15.

Plattner, Stuart. 1996. *High Art Down Home: An Economic Ethnography of a Local Art Market.* Chicago: University of Chicago Press.

Pleis J. R., J. W. Lucas, and B. W. Ward. 2009. "Summary Health Statistics for U.S. Adults: National Health Interview Survey, 2008." National Center for Health Statistics. Vital Health Stat Series 10, Number 242.

Plunkett, Jack W. 2006. *Plunkett's Retail Industry Almanac 2006.* Houston, TX: Plunkett Research, Ltd.

Podolny, Joel M. 2005. *Status Signals: A Sociological Study of Market Competition.* Princeton, NJ: Princeton University Press.

Quick, Harriet. 1997. *Catwalking: A History of the Fashion Model.* Edison, NJ: Wellfleet Press.

Rantisi, Norma. 2004. "The Designer in the City and the City in the Designer." In *Cultural Industries and the Production of Culture,* edited by Dominic Power and Allen J. Scott, 91–1o9. New York and London: Routledge.

Reskin, Barbara. 1993. "Sex Segregation in the Workplace." *Annual Review of Sociology* 19:241–70.

Rhodes, G., K., K. Lee, R. Palermo, M. Weiss, S. Yoshikawa, P. Clissa, T. Williams, M. Peters, C. Winkler, and L. Jeffrey. 2005. "Attractiveness of Own-Race, Other-Race and Mixed-Race Faces." *Perception* 34:319–40.

Rosen, Sherwin. 1983. "The Economics of Superstars." *American Economic Review* 71:845–58.

Ross, Andrew. 2003. No-Collar: *The Humane Workplace and Its Hidden Costs.* New York: Basic Books.

Ruggerone, Lucia. 2006. "The Simulated (Fictitious) Body: The Production of Women's Images in Fashion Photography." *Poetics* 34:354–69.

Salganik, Matthew J., Peter Sheridan Dodds, and Duncan J. Watts. 2006. "Experimental Study of Inequality and Unpredictability in an Artificial Cultural Market." *Science* 311:854–56.

Schudson, Michael. 1984. *Advertising, the Uneasy Persuasion: Its Dubious Impact on American Society.* New York: Basic Books.

Scott, Allen J. 2000. *The Cultural Economy of Cities: Essays on the Geography of Image-Producing Industries.* London and Thousand Oaks, CA: Sage.

Scott, William R. 2008. "California Casual: Lifestyle Marketing and Men's Leisurewear, 1930–1960." In *Producing Fashion: Commerce, Culture and Consumers*, edited by Regina Lee Blaszczyk, 169–86. Philadelphia: University of Pennsylvania Press.

Sennett, Richard. 1977. *The Fall of Public Man*. New York: Knopf.

———. 1998. *The Corrosion of Character: The Personal Consequences of Work in the New Capitalism*. New York: Norton.

Sherman, Rachel. 2007. *Class Acts: Service and Inequality in Luxury Hotels*. Berkeley: University of California Press.

Simmel, Georg. [1911] 1984. "Flirtation." In *Georg Simmel: On Women, Sexuality, and Love*, translated and edited by Guy Oakes, 133–52. New Haven, CT: Yale University Press.

———. 1957. "Fashion." *American Journal of Sociology* 62:541–58.

Skov, Lisa. 2002. "Hong Kong Fashion Designers as Cultural Intermediaries: Out of Global Garment Production." *Cultural Studies* 16:553–69.

Smelser, Neil J., and Richard Swedberg. 2005. "Introducing Economic Sociology." In *The Handbook of Economic Sociology*, edited by Neil J. Smelser and Richard Swedberg, 3–25. Princeton, NJ: Princeton University Press.

Smith, Dorothy. 1990. *Texts, Facts, and Femininity: Exploring the Relations of Ruling*. London: Routledge.

Soley-Beltran, Patricia. 2004. "Modelling Femininity." *European Journal of Women's Studies* 11:309–26.

SRDS. 2005. "The Lifestyle Market Analyst: A Reference Guide for Consumer Market Analysis." Des Plaines, IL: Standard

Rate and Data Service.

Stacey, Judith. 1987. "Sexism by a Subtler Name? Post-industrial Conditions and Postfeminist Consciousness in the Silicon Valley." *Socialist Review* 96:7–28.

———. 1988. "Can There Be a Feminist Ethnography?" *Women's Studies International Forum* 11:21–27.

———. 2004. "Cruising to Familyland: Gay Hypergamy and Rainbow Kinship." *Current Sociology* 52:181–97.

Steinem, Gloria. 1990. "Sex, Lies, and Advertising." Ms. magazine, July/August. Stoler, Ann L. 1989. "Making Empire Respectable: The Politics of Race and Sexual Morality in 20th-Century Colonial Cultures." American Ethnologist 16:634–60.

Storper, Michael. 1997. *The Regional World: Territorial Development in a Global Economy*. New York: Guilford Press.

Storper, Michael, and Robert Salais. 1997. Worlds of Production: The Action Frameworks of the Economy. Cambridge, MA: Harvard University Press.

Streeter, Caroline A. 2003. "The Hazards of Visibility: 'Biracial' Women, Media, Images, and Narratives of Identity." In New Faces in a Changing America, edited by Herman L. DeBose and Loretta I. Winters, 301–22. Thousand Oaks, CA: Sage.

Target Market News. 2005. The Buying Power of Black America Report. Chicago, The Black Consumer Market Authority.

Thompson, John B. 2005. *Books in the Digital Age: The*

Transformation of Academic and Higher Education Publishing in Britain and the United States. Cambridge and Malden, MA: Polity Press.

Trebay, Guy. 2008. "The Vanishing Point." *New York Times*, February 7.

———. 2009. "Testing Her Strong Suit." *New York Times*, February 11.

U.S. DOL. 2010. "Highlights of Women's Earnings in 2009." Report 1025, Bureau of Labor Statistics. www.bls.gov/cps/earnings.htm (accessed April 1, 2010).

Van Rees, Kees. 1983. "Advances in the Empirical Sociology of Literature and the Arts: The Institutional Approach." *Poetics* 12:285–310.

Veblen, Thorstein. [1899] 2007. *The Theory of the Leisure Class*. New York: Oxford University Press.

Velthuis, Olav. 2005. *Talking Prices: Symbolic Meanings of Prices on the Market for Contemporary Art*. Princeton, NJ: Princeton University Press.

Wacquant, Loïc. 2004. *Body & Soul: Notebooks of an Apprentice Boxer*. Oxford and New York: Oxford University Press.

Warhurst, Chris, Dennis Nickson, Anne Witz, and Anne Marie Cullen. 2000. "Aesthetic Labour in Interactive Service Work: Some Case Study Evidence from the 'New' Glasgow." *Service Industries Journal* 20:1–18.

Warren, Jonathan W., and France Winndance Twine. 1997.

"White Americans, the New Minority? Non-Blacks and the Ever-Expanding Boundaries of Whiteness." *Journal of Black Studies* 28:200–218.

Weber, Max. 1978. *Economy and Society: An Outline of Interpretive Sociology*. Berkeley: University of California Press.

Wesely, Jennifer K. 2003. "Exotic Dancing and the Negotiation of Identity: The Multiple Uses of Body Technologies." *Journal of Contemporary Ethnography* 32:643–69.

West, Candace, and Sarah Fenstermaker. 1995. "Doing Difference." *Gender & Society* 9:8–37.

West, Candace, and Don Zimmerman. 1987. "Doing Gender." *Gender & Society* 1:125–51.

White, Harrison C. 1981. "Where Do Markets Come From?" *American Journal of Sociology* 87:517–47.

———. 2002. *Markets from Networks: Socioeconomic Models of Production*. Princeton, NJ: Princeton University Press.

Williams, Christine L. 1995. *Still a Man's World: Men Who Do "Women's" Work*. Berkeley: University of California Press.

Williams, Christine L., and Catherine Connell. 2010. " 'Looking Good and Sounding Right' : Aesthetic Labor and Social Inequality in the Retail Industry." *Work and Occupations* 37:349–77.

Williams, Patricia. 1989. "The Obliging Shell: An Informal Essay on Formal Equal Opportunity." *Michigan Law Review*

87:2128–51.

Williams, Raymond. 1980. *Problems in Materialism and Culture: Selected Essays*. London: New Left Books.

Wilson, Elizabeth. 1985. *Adorned in Dreams: Fashion and Modernity*. London: Virago.

———. 1992. "The Invisible Flaneur." *New Left Review* 191:90–110.

———. 2007. "A Note on Glamour." *Fashion Theory: The Journal of Dress, Body & Culture* 11:95–107.

Wilson, Eric. 2005. "In Fashion, Who Really Gets Ahead?" *New York Times*, December 8.

———. 2008. "The Sun Never Sets on the Runway." *New York Times*, September 7.

Wissinger, Elizabeth. 2007. "Modelling a Way of Life: Immaterial and Affective Labour in the Fashion Modelling Industry." *Ephemera: Theory and Politics in Organization* 7:250–69.

Witz, Anne, Chris Warhurst, and Dennis Nickson. 2003. "The Labour of Aesthetics and the Aesthetics of Organization." *Organization* 10:33–54.

Wolf, Naomi. 1991. *The Beauty Myth: How Images of Beauty Are Used Against Women*. New York: W. Morrow.

Wolkowitz, Carol. 2006. *Bodies at Work*. London: Sage.

Woodward, Ian, and Michael Emmison. 2001. "From Aesthetic Principles to Collective Sentiments: The Logics of Everyday

Judgements of Taste." *Poetics* 29:295–316.

Zaloom, Caitlin. 2006. *Out of the Pits: Traders and Technology from Chicago to London*. Chicago: University of Chicago Press.

Zelizer, Viviana. 1994. *The Social Meaning of Money*. New York: Basic Books.

———. 2004. "Circuits of Commerce." In *Self, Social Structure, and Beliefs: Explorations in Sociology*, edited by Jeffrey C. Alexander, Gary T. Marx, and Christine L. Williams, 122–44. Berkeley: University of California Press.

———. 2005. *The Purchase of Intimacy*. Princeton, NJ: Princeton University Press.

Zukin, Sharon, and Jennifer Smith Maguire. 2004. "Consumers and Consumption." *Annual Review of Sociology* 30:173–97.

图书在版编目（CIP）数据

美丽的标价：模特行业的规则 /（美）阿什利·米尔斯著；张皓译 . —上海：华东师范大学出版社，2017

ISBN 978-7-5675-6640-8

Ⅰ. ①美 ... Ⅱ. ①阿 ... ②张 ... Ⅲ. ①模特儿—职业—研究 Ⅳ. ① TS942.5

中国版本图书馆 CIP 数据核字（2017）第 170000 号

Pricing Beauty: The Making of a Fashion Model
By Ashley Mears
Copyright © 2011 The Regents of the University of California
Simplified Chinese translation copyright © East China Normal University Press Ltd
This edition published by arrangement with University of California Press
Photographs courtesy of Beowulf Sheehan, except as noted.
上海市版权局著作权合同登记　图字：09-2015-454 号

美丽的标价：模特行业的规则

著　者	（美）阿什利·米尔斯
译　者	张　皓
责任编辑	顾晓清
封面设计	周伟伟

出版发行	华东师范大学出版社
社　址	上海市中山北路 3663 号　邮编　200062
网　址	www.ecnupress.com.cn
邮购电话	021 - 62869887
网　店	http://hdsdcbs.tmall.com/

印刷者	苏州工业园区美柯乐制版印务有限责任公司
开　本	890×1240　32 开
印　张	14
字　数	285 千字
版　次	2018 年 6 月第 1 版
印　次	2019 年 3 月第 2 次
书　号	ISBN 978-7-5675-6640-8/C·248
定　价	69.80 元

出版人	王　焰

（如发现本版图书有印订质量问题，请寄回本社市场部调换或电话 021-62865537 联系）